北海道開拓者精神とキリスト教

白井暢明 著

北海道大学出版会

目次

目次

目　次

凡例

一、本書中における史料からの引用文においては、正漢字を含めてすべて原文通りとし、誤記と思われる部分には〔ママ〕を付した。

二、引用文以外の文中の人名については、通常の標記に従い、「澤茂吉」は「沢茂吉」、「信太壽之」は「信太寿之」とした。

三、引用文中の引用者による註記については、〔　〕をつけた。

序章　主題設定と方法

第一節　対象と方法

明治維新以降、明治政府は西欧列強に伍するための日本の早急な近代化を政策の柱とし、そのための生産基盤となる広大な土地を所有すると同時に石炭など豊富な鉱物資源に恵まれた北海道に対して、強力に開拓殖民を進めることを重要な国策と定めた。そしてこの政策に基づいて、それ以後の数十年の間にとくに北海道内陸部への本州からの移民は急速に増加し、結果的に今日五六〇万人を擁する地方自治体としての発展の基礎が築かれた。

ところで、北海道への移民の形態としては多数の個人や家族単位の移住のほかに、開拓使、北海道庁などが推奨し、積極的な保護を与えることによって推進した団体移住がある。このような団体のなかにもまた、一地域の農民の集団移住や会社組織の形をとって移住してきたものなどさまざまなタイプが見られる。本書が考察の対象とするのは、そのなかでもなんらかのキリスト教的な意図や動機をもって北海道に集団移住してきた団体、すなわち、明治十三年(一八八〇)に神戸から現浦河町に入殖した「赤心社」、明治二十六年(一八九三)に京都および埼玉から現今金町に入殖したふたつのグループが、現地で共同して開墾事業を起こした「インマヌエル団体」、同じく明治二十五年に高知から現浦臼町に入殖した「聖園農場(高知殖民社)」、明治三十一年(一八九八)に高知から現北見市に入殖した「北光社」、そして同じく明治三十一年に新潟、山形から現遠軽町に入殖した「北海道同志教育会」である。これらの団体の移住動機や移住の経緯、そして移住後の教会活動を含めたコミュニティ(集落)形成のありようを、精神史的、宗教社会学的観点から考察することが本書の主題である。

ここでとくにキリスト教的団体を考察の対象にした理由は、とりあえずはこれらの団体が他種の団体に比較してより定住性が高く、その後の北海道のコミュニティ形成に果たした役割が大きいと考えられること、またとくに地域の教育・文化や倫理の醸成に大きな影響を及ぼしたことが推測されるからである。

いかに国策に沿ったものとはいえ、長年住み慣れた郷里を離れてまったく未知の世界に身を委ねる決意をすることには大きな精神的なエネルギーが必要であろう。また、移住後に当時の北海道の過酷な自然・気候条件のなかで開拓移住者たちが体験した艱難辛苦は想像以上のものであったと思われる。そこでまず、この種の団体移住者たちの北海道移住の動機や目的は何であったのか、そしてこのような苦難を耐え忍び、克服して開拓の実をあげた人びとを支えた精神的基盤はどのようなものであったのかという精神史的な問いが成立する。本書での考察の主眼はこのような歴史的な関心にある。ただし、この場合の「精神」にはさまざまな要素が含まれている。従ってここでいう「精神史」とは、後述するように、「思想史」、「宗教史」、「社会史」、「心性史」[1]とは部分的に重なり合いながらも、そのどれとも完全には合致しない領域を含んでいる。これらのことから、ここではあえて「精神史」という、より対象領域の広い概念を採用することとした。

同時にまた、このような対象と視点をもつ本書での考察にとって、こうした精神が歴史的に展開していく過程で宗教的な要素、すなわち信仰やエートスが自らの経済的基盤や地域社会の構造的特性、そしてその地域の文化一般のあり方といかなる相互的な関連性をもって展開してきたのかという視点もまた重要であり、その点で、ここでは宗教社会学的な視点からの考察もまた必要となる。

ところで、これまでの「北海道開拓」一般に関する研究、論考は数多く存在する。しかしその大半は国の政策とその成果という観点からのものがほとんどであり、開拓移住した人々の精神のありようとその結果という側面に着目したものはほとんどない。また、このような精神的側面に関する研究について見れば、キリスト教の側から、すなわち、キリスト教思想史、キリスト教教会史または布教史の観点から、明治以降の北海道へのキリスト教布教とキリスト教共同体(教会)の成立の経緯を論じた研究、そして特定のキリスト教的団体の移住開拓の経緯について論じた研究はいくつか存在する。[2] しかし、北海道へのキリスト教的移住団体のすべてを対象として、先に述べたような意味での精神史的、宗教社会学的観点から包括的に論じた研究はいまだ存在しない。

また、本書で取り上げた各移住団体個々の歴史と経緯については、それぞれに該当する自治体(市町村)史でかなり詳しく記述されている。しかし、後述するように、これら自治体史の記述の多くは、依拠する史料批判・吟味という点ではきわめて不完全な点が多く、そのために明らかに史実とは異なると思われる記述も少なくない。このような状況から、本書に納められた諸研究は、史料の精査に基づき、またできる限り一次史料に依拠しつつ、より正確な史実の再構成を目指している。さらに、本書では、これまでの諸研究がまったく参照していない一次史料・文献やこの研究の過程で筆者が新たに発見し、解読した古文書にも依拠した考察・記述が行われている(例えば第三章など)。このような意味で、本書が関連領域におけるなにがしかの学問的寄与を果たせるものと考える。

第二節　北海道開拓者精神と宗教との一般的関係

この研究の背景として、北海道開拓にキリスト教を含む「宗教」が果たした役割、機能はどのようなものであるかという、より一般的な問いが存在している。この点については、移住者の宗教的信仰が開拓事業の成功(とくに定着性)に一定のプラスの役割を果たしうる、または実際に果たしているとする主張がこれまでにいくつかの観点からなされている。その際、まず第一に強調されるのは、「なんらかの宗教的信仰が北海道の厳しい自然環境や社会環境のなかで生き抜くための個人的・内面的な拠り所を与える」という側面である。

明治十三年（一八八〇）一月、後述するように赤心社設立に決定的な影響を与えた学農社の『開拓雑誌』第一号で、発刊者の津田仙は「開拓雑誌発行の主旨」と題する記事のなかで北海道開拓の緊急必要性を論じ[3]、二月の第二号では「開拓の四策」と題して、北海道開拓に必要なものである精神、圧制（政治的強制）、屯田、保護のうち、もっとも重要なものは精神であることを、ピューリタンのアメリカ移住を例に熱弁している[4]。その理由を簡潔に表現すれば、信仰をもつ者は成否を天に任せ、死生を顧みずひたすら自己の目的に向かって進むものだという点にある。すなわち「精神一たび到らば何事か成らざるべき。断じて行えば鬼神も之れを避く[5]」というわけである。

また、明治二十五年（一八九二）に出版された阪本柴門・片岡政次『北海道宗教殖民論』もまた、より一層世俗化された宗教機能論を展開している。そこではまず、北海道開拓における農業移民の永住土着を緊急必要なる課題と主張する。そしてこの時点までの開拓移民団体の実績をふまえ、従来の金銭的保護など有形的なものの限界を指摘する。そこで要請される無形的保護とは、厳しい北海道の風土のなかで団結し忍耐と精励を生み出す神経衛生法であり、殖民地における人々が神経衰弱症や失望に陥ることを防ぐものである。

この「神経衛生法」とはつまり宗教のことである。ここでは当時までの開拓移住団体のなかで成功した例として、伊達紋別の旧亘理藩団体（明治二年、宮城から移住）、浦河郡荻伏の赤心社、静内郡碧蘂《るべしべ》の日蓮宗本門仏立講団体（明治十七年、淡路から移住）の三つを挙げ、そのいずれにも確固たる精神的支柱があったとする。例えば、亘理藩団体の成功を支えた精神的支柱は道学などの教育を受けた士族たちの「武門の教訓」であり、これは宗教に類するものである。また赤心社の場合は「耶蘇教による道徳の涵養」、さらに淡路団体の場合は日蓮宗信徒としての団結心である。ここから著者は、とくに平民である農民移民の永住・土着をもたらすためには「宗教殖民策」しかないと断定する[6]。このような論法は開拓という「目的」に対して、宗教をその成功のための有効な「手段」と考える、一種の宗教機能論といえるであろう。

これと同趣旨の論法は赤心社に関する工藤英一氏の研究論文にも見られる。彼は赤心社におけるキリスト教が果たした役割のなかで、それが逃亡を防ぐための対応策である点を強調している。彼によれば赤心社においても、キリスト教倫理の一定の徳目が事業経営上の必要に絡み合いながら特別に強調された。ことに開墾の創業期にあっては、艱苦を忍び、これを喜ぶといった点が倫理的に強調され、キリスト教信仰は、結果的に移住民の土着に貢献し、逃亡を防ぐ効果があったとする。そして平民階層にとっての精神的な支えは宗教であった点を強調している(7)。

また、やや異なる角度から開拓地における宗教(家)の役割を論じたものもある。明治二十四年(一八九一)発行の勝山孝三『北海道殖民策　日本開富』では、北海道の宗教者の義務として、自らの宗派の布教に努めるだけではなく、人々に愛国心と「報恩酬徳」の思想を教え、富国と北海道の「実利実益」の必要性を悟らせること、ただ「空理空論」を説くだけではなくて信徒に「独立生計」の方法を教えること、そして、北海道と内地との物的、人的交流を盛んにするために、北海道の実情を内地の人にも知らせることを挙げている(8)。

さらに、このような北海道開拓における宗教の役割に関する類型的パターン、すなわち「宗教は過酷な状況(とくに北海道の厳しい気候風土)を克服する精神力を与えるものである」という見解は、実際に北海道開拓に従事した人物の著述にも見られる。明治三十四年(一九〇一)以来、浦臼・聖園農場の影響を受けてキリスト者として美深、佐呂間で開拓に従事した近藤直作は自伝的著作のなかで、北海道開拓における宗教心の重要性について次のように述べている。

道民の思想傾向いかん。内地府県人に比し、宗教心ははるかに強い。なぜかというと、遠く祖先墳墓の地を離れて、北辺に居を定め、開墾に着手はしても、昼尚暗い密林は容易に手斧や鋸を受けつけない。夏は熊の横行に肝を冷やし、冬には零下二、三十度のシバレの中で越年の苦痛に耐えねばならない。そぞろに開拓の険わしさが身にしみる。隣家もまた甚だ遠いのが常である故、いい知れぬ孤独悲哀を覚え、望郷の念の嵩じ来るもやむを得ない次第である。ここにおいて何人も人間以上の絶対力に頼らんとする心が生じるわけである。すなわち宗教心の発芽である。それ故、自己の住居を顧慮するよりも先ず祭壇を設け、祖先をまつり、神人を尊崇する念の生じくるところより、何処の村落にも比較的立派な寺院、神社、教会堂の建っているのを見ることが出来る。かくのごとく、宗教信仰にふかく根ざした思想精神の現われが自由闊達堅忍不抜の行動を生み出すといえる。キリスト教のごときも、各都市は言うまでもなく、農村地帯においても、会堂を散見出来、府県に於て見かねる旺盛さを示しつつある。(9)

ところで、北海道開拓と宗教との関連はこのような側面だけで十分に尽されているわけではない。第二に、「移住」は必然的に、前近代日本における共同体の中心原理である「地縁」的、「血縁」的結合から自らを切り離すことを意味しており、このような離脱のエネルギーを強く内蔵しているものとして、地縁・血縁を超える価値の創造者としての宗教・信仰の力が考えられる。とくにキリスト教的団体の場合、ピューリタンの新大陸移住に象徴されるように、旧社会からの脱出(エクソダス)と「新天地での理想的コミュニティ建設」という理念・思想が北海道開拓移住に重ね合わされるケースが多々あり、この点では、より一層、離脱と新世界開拓というモチーフの重要性が強調されてよいであろう。

第三は、コミュニティを支えるヨコの絆という社会学的側面がある。とくに北海道開拓移住者の場合、故郷を離れて遠い異郷の地で求められるアイデンティティを形成する可能性をもつものとして、主従関係で結ばれた同族的な絆(士族移住者)や同郷者意識(各地からの農村移住者)とならんで信仰や志の同一性(宗教的移住団体)が考えられる。ただし、主従関係で結ばれる精神的絆はタテの人間関係であるのに対して、とくにキリスト教に顕著であるように、信仰は本来的には人々をヨコの関係(権利・義務を核とした契約関係、住民規約の制定など)として結びつけるものである。例えば、封建的主従関係を基礎とした初期の伊達移住士族や、北辺の防備という国家的義務を担って移住した屯田兵に固有の「お上」意識や官依存的な体質と、キリスト教的移住団体である赤心社やインマヌエル、浦臼・聖園農場におけるコミュニティ形成の精神原理を比較するとき、とくにこのような差異が明らかになると思われる。

第四は、新たな地域アイデンティティ形成の問題である。ひとつの地域(村落)に複数の出身地を異にする集団が入った場合、その地域に住む者全体の「アイデンティティ」をいかにして形成するかという緊急の問題が生ずる。とくに開拓期の北海道のように、さまざまに異なった文化や伝統が混在するコミュニティにおいては、これは最重要な問題となるであろう。このような局面でもっとも大きな役割を果たすものは、コミュニティ・アイデンティティの象徴としての祭祀や神社仏閣、教会の建設、つまり「宗教的統合原理」にほかならない。

第五に、宗教的移住団体には、礼拝所や教会が媒介となって、メンバーや子弟に対する教育の場を提供する例が多く見られる。これはやがて公立学校に受け継がれることによって、その地域の連帯と文化的・倫理的水準の向上に寄与することになったと思われる例が多い。とくにキリスト教的移住団体の場合、初期の士族団体と同様に、士族をはじめ、比較的知的水準の高いメンバーが多かったことによる教育の奨励が顕著であり、そして当時の北海道の自然的・社会的環境からどうしても飲酒癖や享楽的・刹那的生活に流れやすい移住者たちの生活の倫理意識の向上に寄与することが期待された。

ところで、このような宗教による道徳心の涵養という観点から興味深いものとして、先の『北海道宗教殖民論』より一〇年も早い明治十四年(一八八一)の『七一雑報』に「在横浜山田」の名前で掲載された投稿記事がある。そこでは、北海道ではまだキリスト教を信ずる者がきわめて少ないために人々には学も道徳もないこと、そして「土民」（アイヌ）を迫害・蔑視し、人々は怠惰に流れ、働かずに食おうとする者が多いこと、従って一日も早くキリスト教を伝道普及して人々の怠惰心を改めさせ、産業の振興を図ることがキリスト教徒の使命であることが主張されている[10]。

そして第六に、とくにキリスト教の場合、教会は西洋文化に触れる接点でもあった。賛美歌などの音楽や幻灯などを使った教会や信者の宣教活動は、厳しい自然環境のなかで生きる人々にとって慰めや生きる喜びを与えるものでもあった[11]。

このように、宗教・信仰、とくにキリスト教は初期の北海道開拓における「開拓者精神」の一端を醸成するにふさわしい数々の特質を備えているとする見方が成り立つであろう。

本書では、それぞれの移住団体について、団体によってその比重は異なるとはいえ、全体を通してこれらの諸側面に焦点を合わせて検討・考察が行われている。従って、その点で比較史的観点からの各団体の共通性や独自性もまた明らかになるであろう。

第三節　「開拓者精神」の意味

一　北海道「開拓」の意味

「開拓」という語の一般的意味は、「人々がまだ定住者がいない地域に入り、未開の山林・原野などを切り開いて田畑や居住地、道路などをつくること」であろう。本書で論じられる北海道「開拓」とは、主として明治維新以降に国策に基づいて内地(本州、四国、九州)から大量の人々が北海道に移住し、まさに未開の荒野を切り開き、耕作をしてそこに定住するようになった事実を指している。しかしまた、「開拓」が意味するものは、物理的な意味での開墾という局面に尽きるものではない。その地域の風土に根ざした独自の文化を生み出し、それを定着させることもまた開拓の重要な要素であろう。従って当然のことながら、ここでの「開拓」にはこうした文化的な側面も含まれている。

ところで、「北海道開拓」という場合、ここでの「開拓」が先に述べた一般的な意味での「開拓」と完全に一致するとはいえない。それは、明治期の移住の際に、そこに「定住者」がまったくいなかったわけではないからである。すなわち先住民族アイヌの存在である。従って、和人移住者たちにとっての「開拓」がアイヌにとってはある種の「侵略」であり、ひとつの文化によるほかの文化の破壊につながるものでもあったという一面を否定することはできないであろう。事実、明治以降日本国政府および開拓使はもともと土地私有という観念をもたなかったアイヌの定住地を強制的に国有地や御料地とし、先住民アイヌの文化を和人の文化より劣ったものとみなして、和人の文化への「同化」を強制するという形で事実上のアイヌ文化の蔑視や破壊を行ったと考えられる。たとえ、大部分の和人開拓移住者たち自身にはそのような意図はなかったとしても、結果としては彼ら(つまり、我々の祖先)もまたこうした国の政策に加担した人々と見なされても仕方ないであろう。

このような事情を考えるとき、北海道「開拓」という用語になんらかのプラスのイメージ(前向き、積極的、逞しさなど)を込めて使用することは慎むべきであろう。従って、北海道「開拓」がもつこのような客観的な負の一面を常に意識しつつ、ここでは、移住者たち自身の精神のあり方に重点を置いて考察することとしたい。

二　「開拓者精神」とはなにか

前節で述べた北海道開拓と宗教との一般的関係においては、おもに開拓移住者の「精神」的なあり方が主題になっている。そこで次に、本書で用いられる「開拓者精神」という用語の意味と用法についてあらかじめ一定の整理をしておきたい。まずその意味内容は多義的である。一般的に「開拓精神」といった場合、もっとも広義に解釈するなら、そのなかには国策としての拓殖政策や方針、そして「開拓」や「殖民」に関する団体または個人の一般的思想も含まれるであろう。しかし、本研究で対象とする「開拓者精神」とは、実際に北海道へ移住し、自らの手で開墾、開拓にたずさわった人々の精神のあり方を指している。ここで「開拓精神」[12]ではなく、「開拓者精神」という用語を使用するのは、「上からの」、つまり国家政策的立場からの政府ないし官吏の開拓思想や理念などではなく、「実際に北海道に移住し、自らの手で開拓作業にたずさわった人々自身の精神」という意味をもたせるためである。

ただし、このように概念規定された「開拓者精神」の意味内容もまだ一義的ではない。大きく分けるならまず第一に移住の動機という側面、そして第二に開拓活動を支えた精神力(精神的支柱)という側面がある。さらにそれぞれの内部で内容の相違や移住者の身分・階層による差異がある。

三　動機としての「開拓者精神」

明治維新以降に急増する北海道内陸部への開拓移住者のほとんどが結果的には農業(開墾)を目的としていたと

すれば、その動機は貧窮にあえぐ農民たちの広い土地への憧れと生存のための最大要件である食料の確保である。これは移住者の身分・階層あるいはその外面的な移住目的に関わらずあらゆる移住者や団体に普遍的なものであろう。もちろん少数ではあるが、商売による儲けや以前からあった北海道沿岸の漁業収入をあてにして移住してきた者もいる。またなかには金鉱など〝宝の山〟での一獲千金の夢を抱いて渡道してきた人々もいるであろう。これらはいずれも郷里での生活苦から逃れようとする個人的な利害関心から出た動機(食い扶持の確保)としてまとめることができる。ただそのなかでも、資金を集めて株式会社組織を作り、一応は開拓・開墾による利潤の配当・獲得を目的とした移住団体もあるが、その場合の利害関心はより組織的・合理的な性格をもっているといえよう。

また、領地と禄を失って明治初期に移住してきた士族集団(伊達一門など)の場合、その動機は単に食い扶持だけの問題ではない。そこには、帰農して平民になるかそれとも北辺の守りに従事することで武士(軍人)としての対面を守るかという精神的な選択という側面があった。これは武士の意地であると同時に、一部は愛国心(国防、北門の鎖鑰)という要素にも繋がるものである。明治七年(一八七四)に始まった屯田兵の精神についてもこのような意識は部分的には共通であったと考えられる。

さらに、なんらかの理想や信念を掲げて移住してきた団体もある。本書における研究の主題である宗教的移住団体はこの類型に属する。キリスト教的移住団体の場合、それはピューリタンによるアメリカ移住開拓を暗に意識し、もっとも明瞭な形をとった場合には「新天地におけるキリスト教的楽園建設」という理想が立てられた。ただし団体によって、その理想の比重や明晰度はまちまちである。また、アメリカへのピューリタン移住の場合には最大の動機となっていた宗教的弾圧からの「信抑の自由」という要素は、北海道移住団体の場合にはほとんどあてはまらないと考えられる。それはキリスト教的移住諸団体が北海道に移住してきた時期は内地でキリスト教への弾圧が厳しかった時期とは必ずしも一致しないからである。

四　苦難に耐える精神力としての「開拓者精神」

過酷な環境のなかで日々営まれる生活を支えている精神力は、明確に自覚され、言語化できるような理想や信念というよりも、なかば無自覚的で持続的な倫理的精神態度であろう。例えば、ほかの移住団体と比較して土着率が格段に高い伊達士族の場合は武士としての意地と主君や国家への忠誠心がその核になっていると考えられる。また先に述べたように、とくにこのような精神が何らかの宗教的理念や信抑から生まれたものである場合、優れた定着性を示すケースが多いと考えられる。その場合、このような精神的要素をマックス・ヴェーバーの用語である「エートス」(信仰に根ざしながら、すでにその教義的意識が失われた半ば無自覚的な倫理的生活態度)という概念[13]を用いて考察することが有効であろう。単なる利害関心のみの動機による移住者の場合には、過酷な環境に耐えきれずに逃亡、帰郷するケースが多いと考えられるのに対して、何らかの信仰心に根ざしたエートスは一般に移住者の土着性を高める機能をもつと考えられるからである。

また、先に述べたコミュニティ形成力(団結力)の点に関していえば、キリスト教の場合にはほとんど例外なく、まず移住地に教会が建設され、礼拝をともにすることによる内的な連帯感が苦しい生活を支える精神的な拠り所になった。このことはキリスト教に限らず、神社・寺の建立によってその地域に精神的共同体意識を作り出すことは、とくに郷里を異にする複合団体の場合にはきわめて有効であったと考えられる。

つまり、ここで対象とする「開拓者精神」とは、北国の厳しい自然環境や移住の背景でもある貧困という過酷な条件のなかで、明治以降北海道に移住し、開拓に従事した人々を内面から支えたある種の「精神的エネルギー」を意味している。

なお、「精神史」とは、こうした精神の成立(動機)や展開を継時的に、すなわち歴史的に探求することを意味している。「思想史」と異なるのは、その対象が必ずしも「思想」という理論的・体系的なもの[14]に限られず、これまでに述べたように人間の精神作用一般を広く含んだものとして考えられている点である。

五　榎本守恵氏の「開拓精神」との関連と相違点

榎本守恵氏はすでに昭和五十一年(一九七六)刊行の著書『北海道開拓精神の形成』において、「北海道開拓精神」という、本研究と類似した主題設定のもとでの論稿を発表している。そこでこの著書における論考と本書における論考との接点や基本的相違点について述べておきたい。
榎本氏の著書の研究目的として、彼は序章および終章で次のように述べている。
この千古不抜の原始林を前に、くじけた勇気をふるいおこして、敢然とその大自然に対決していった精神的条件はなんであったのだろうか。…その問題はいかなる歴史的必然として位置付けられるのか、北海道開拓史を、日本近代史のひとつの具体層として明らかにしていくことが、本書の課題である。[15]
ボーイズ・ビ・アンビシャス、フロンティアスピリットの幻想…、本書は、移民を拓殖政策の客体としてではなく、主体としての道民意識の立場から、このような研究史上の空白を埋めるべくこころみたものであった。[16]
序章からの引用文では、苦難に耐える精神力を歴史的に考察すること、そして終章では、開拓精神を拓殖政策ではなく、移民の側から捉えることを述べており、この点においては先に述べた本書の視点、立場とほぼ同じものであると思われる。しかし、実際に著書のなかで彼が「開拓精神」の対象として論及しているもののなかにはかなり異質なものが含まれている。すなわち、「明治政府及び開拓使の移民・殖民政策」、「伊達移民の移住動機と心情」、「屯田精神」、「自由民権運動」、「キリスト教(内村鑑三、クラークと札幌農学校、赤心社)」、「報徳教」、「道民性」がその対象である。しかもそれぞれの要素のレベルや位置について必ずしも充分に整理されているとはいえない。従って彼の「開拓精神」の重点がどこに置かれているのかはそれほど明瞭ではない。

いずれにせよ注目すべきことは、彼は結果的には「北海道開拓精神」の成立を「屯田精神」の形成と明瞭に重ね合わせていることである。この著書で彼は次のように述べている。

これ〔「屯田兵員及家族教令」――引用者註〕を有珠郡士族契約と比較して、精粗の差こそあれ、徳目自体にはさして変わりはない。しかし、前者が、かれらだけがもつ、かれら自身の問題として約束した心情とは異なって、これは上からの倫理規制・随順の強制として出されている。それだけにより普遍化の可能性をもつわけで、家族への拘束力も生活内容に関しても、倫理として明記されうる。平民が参加してきたことによって、それは上からの倫理の強制としなければならない理由が存在するのである。…(中略)…ここに「屯田兵員及家族教令」が制度としての屯田精神の完成、すなわち北海道開拓精神の成立という画期的意義が存在する。[17]〔傍点は原文のママ〕

すなわち、ここでは、上から強制された倫理と明記した上でそこに書かれた「屯田精神」を明確に「北海道開拓精神」と規定しているのである。要点のひとつはこの官製の倫理を屯田兵たちが実際にどれほど自らのものとして遵守したかどうかであろう。もしそうであれば、これは自発的なものではなかったとしても、その後の北海道の発展に何らかの貢献を果したと見ることもできるだろう。しかし、この点についても、屯田兵の土着率がそれほど高くはなかったという事実[18]からしてもかなり疑わしい。

しかしそれ以上に決定的な問題点は、「開拓者精神」ではなくて「開拓精神」という彼の用語のうちにすでに含まれている。つまり、この精神の主体はなにかという点である。「開拓者」の精神ではなく「開拓」の精神という表現は、先に述べたような当局の開拓政策をも含むより広い意味を包含するものであろう。ここから、終章における彼の叙述とはまったく相反して、彼は「北海道開拓精神」の名のもとにまさに「開拓政策の客体」としての移民の受動的精神をおもな対象に据えているのである。ここに本書における研究対象および方法との基本的相違がある。

第四節　クラーク精神および札幌独立教会(札幌バンド)との関連

北海道「開拓者精神」について語る場合、一般的にはしばしば札幌農学校教師クラークの言葉「ボーイズ・ビー・アンビシャス！」あるいは「フロンティア・スピリット」というキリスト教的色彩を帯びた明るく逞しいイメージとの関連性が意識されることが多いであろう。しかし、このような精神的要素については、本書の考察対象である「開拓者精神」とは必ずしも重なり合わないものとして、ここでのおもな考察の対象からはずされている。この点では、榎本氏と同様である。その第一の理由は、クラークとその弟子である札幌農学校生は北海道への集団移住者ではなかったことにあるが、さらに、彼らの精神はむしろ「上から」の官の精神であって、北海道を自らの手で切り開き、そこに骨をうずめようというような開拓移住者の精神とは本質的に異質なものと考えられるからである。

そもそも、「Boys be ambitious as this old man!」(19) というクラークの言葉は一般的に理解されているような〝高邁な〟意味をもつものとは考えられない。この言葉はambitiousという語がもつ本来のニュアンスを考えるとむしろ「青年たちよ、この老人〔クラーク自身のこと〕のように、もっと野心をもちなさい」と訳されるべきものであり、一般的理解にはある種の過大評価による美化されたクラーク像が反映しているのであろう。

もちろん、クラークの弟子である札幌農学校の一・二期生たちによって創立された札幌独立教会は、その超教派性という特質と関連して、北海道キリスト教史ないし教会史の観点から見てきわめて大きな意味をもっており、とくにその信条的特性はいわゆる「札幌バンド」として日本キリスト教思想史全体のなかでも特異な地位を占めていることは否定できない。また、この独立教会の存在がここでの考察対象であるキリスト教的移住団体の北海道移住に直接的、間接的な影響を与えたこと、[20]さらに後述するように、札幌農学校一期生の大島正健などと赤心社の鈴木清など移住団体の指導者たちとの交流[21]がとくに移住地における教会活動に大きな影響を与えたこともまた事実である。

また、札幌独立教会(札幌バンド)が札幌以外で北海道のキリスト教布教に果たした貢献として挙げられることとしては、市来知《いちきしり》にあった空知集治監の関係者(看守、囚人)を母体として生まれた空知教会の成立・発展への貢献がある。明治十九年(一八八六)以降、大島正健はなんどもこの教会を訪れて伝道し、信者を増やした結果、結局空知教会は札幌独立教会の影響下に置かれることになった。[22]ただし、ここでの信者獲得は、個別に移住し、この地方に散在していた士族などの人々を教会のなかに取り込む形で行われたため、開拓の成果があがらないことや転勤などによる信者の移動とともに教会の基盤それ自体が揺らぐことになった。この点で、キリスト教的な集団移住団体の場合にはむしろ教会の存在が開拓の成果を支えたのとは事情がまったく異なっている。

さらに、札幌独立教会のメンバーは、留岡幸助[23]が大島正健や聖園の武市安哉などに呼びかけて結成した北海道冬季学校では指導的役割を果たしている。[24]しかしこの北海道における新たなキリスト教的運動も永続的なものにはならなかった。

総体的にいえば、ここでの問題関心からみる限り、少なくとも札幌独立教会とそのリーダーたちが「北海道開拓」に果たした役割は、限定的なものであったといってよいであろう。彼ら札幌農学校卒業生のほとんどはいわば日本国政府の官僚として北海道開拓に関わったのであり、そのような立場からその後の北海道開拓・発展にそれぞれの分野で大きな貢献をなしたことはまちがいない。しかし、ここで論じられている意味での開拓者精神という観点から見れば、彼らには一般的に北海道民としてのアイデンティティはむしろ希薄であり、また個人主義的ともいわれる彼らのキリスト教信仰(独立教会)もまた本質的には地域性、土着性がそれほど強固であったとはいえないからである。

第五節　教派性および上部組織(親教会、ミッション)との関係

ここで考察の対象となっている移住団体はすべてプロテスタント系の団体であり、それぞれ特定の教派の系譜を背景としてもっている。そしてこれら移住団体とその団体を母体にして各地に造られた教会は北海道キリスト教史はもちろん、日本キリスト教会史の立場からも重要な地位を占めている。すなわち、赤心社は日本組合教会(会衆制教派)、インマヌエル団体は日本組合教会と聖公会(英国国教会派)との混合、聖園農場、北光社、北海道同志教育会は旧日本基督教会(25)(長老制教派)を信仰の基盤とした団体であった。

日本キリスト教会史上それぞれの系譜をもつこれらの団体の親教会との関係についていえば、赤心社の創立者で初代社長の鈴木清は日本最初の組合派基督教会である摂津第一公会の創立メンバーの一人であり、開拓現地の

リーダーであった沢茂吉は摂津第三公会（三田公会）の信者であった。また、インマヌエル団体の組合教会派のリーダーであった志方之善は新島襄の薫陶を受けた同志社大学の神学生であり、同志社教会の信者であった。つまり、鈴木、沢、志方の三名はいずれもアメリカン・ボードを母体とする会衆派教会の系譜に属しており、とくに赤心社のメンバーによって設立された元浦河教会（一八八六年設立、当初は浦河公会と称した）は北海道における最初の組合派教会となった。

また、インマヌエル団体のもう一方の聖公会グループのリーダーである天沼恒三郎は埼玉県熊谷の聖公会信者であった。両グループは当初共同で礼拝を行っていたが、明治二十八年（一八九五）頃に事実上分裂し、それぞれの教会を作った。その後第二次大戦中の昭和十八年（一九四三）にふたたび合同して「日本基督教団利別教会」となったが、昭和二十九年（一九五四）には聖公会派が独立して「聖公会インマヌエル教会」となり、現在に至っている。(26)

一方、聖園農場のリーダー武市安哉と北光社の初代社長坂本直寛はともに長老派に属する高知教会の中心メンバーであり、同時に自由民権運動の闘士でもあった。聖園農場によって拓かれた浦臼には聖園教会（明治三十年設立）が、そして北光社の地元北見には北見教会が設立された（明治三十七年）。とくに聖園教会のメンバーはその後さらに美深教会（明治三十七年設立）、佐呂間教会（明治四十年設立）の設立に関わっている。また、北海道同志教育会のリーダー信太寿之は、それ以前は長老派に属する札幌北一条教会の牧師であったが、なぜか彼は地元の遠軽教会設立（明治三十五年）には関与せず、教会の基礎を築いたのはむしろ聖園農場から転じた野口芳太郎であった。(27)なお、こうして生まれた各教派の教会における牧師の決定や交流などはもちろんそれぞれの教派内部で行われた。

ところで、本来のプロテスタント各教派はそれぞれ独自の歴史と教義的基盤をもっており、日本におけるこれら諸教派もその系譜に従ってそれぞれその性格を異にしている。あえて単純化していえば、組合派教会は各地域の教会の独立性と教会内部における民主的な運営を重んずるのに対して、長老派教会は信条を重視するとともに牧師・長老と中会という上部組織に運営の主体があり、聖公会は本教会から各地に派遣された宣教師（ミッション）によって各地域の教会が統一的に運営・管理されるという組織上の特色が挙げられるであろう。そこで、北海道への移住団体の場合、このような教派的な特性がそれぞれの開拓事業や定住のあり方に何らかの影響を与えているかどうかという、教派性に関わる興味深い研究課題が成立する。しかしながら、これまでの研究からみる限り、北海道移住団体の場合にこのような教派的な相違が明確な形でなんらかの重要な結果に結びついているとはいえない。

むしろ、北海道におけるキリスト教信仰においては教派性が希薄であることが一般的特性として指摘できるであろう。例えば、初期のインマヌエル団体が組合派教会と聖公会という本来相容れない教義的相違をもつふたつのグループの共同によって成立したことがその例である。また、明治十四年および十五年の『七一雑報』には、この当時函館、札幌では超教派的なキリスト教徒の交流が行われていたことが報じられており、[28] こうした動向を背景として、明治十五年（一九八二）クラークの影響を受け、「イエスを信ずる者の誓約」に署名した札幌農学校卒業生を中心として超教派的な「独立教会」（札幌バンド）が成立した。[29] こうした状況は、北海道の開放的で自由な精神風土とも関連していると考えられる。

北海道に移住してきた信者や北海道で新たに洗礼を受けた多くの一般信者たちの意識は、基本的には教義上の相違や教派性には無関心であった。信者の多くが農民であったこと、そして過酷な自然条件のなかでの開墾作業と生計の確保に日々追われていたという状況は宗教信仰の理論的側面よりも情緒的な側面を優先させる一因になっていると思われる。先に挙げた例のほかにも、北光社や北海道同志教育会の地盤であった網走、北見、釧路など道東地域では、明治期に聖公会と長老派教会との協力関係(聖職者の相互派遣など)や信者の相互交流(移動)などがかなり見られる。(30)ほとんどの一般的信者にとっては、各教派がもつ教義上あるいは典礼上の相違などはそれほど重要なことではなかったと考えられる。ただ、当然のこととして、キリスト教に関する専門的知識をもち、教会運営の中心にいる牧師や宣教師、一部の長老的立場にいる信者たちは自らの教派的立場が薄れてゆくことには警戒心をもっていたであろう。

一般的にいえば、北海道における一般信徒の超教派的傾向に対して、財政的支援を基盤にして(宣教上、教勢の拡張という観点から)教派性という枠組みを保守する方向へと働きかけたのがとくに最上部組織であるミッションの存在であったということができるであろう。後述するように、その典型的な例をインマヌエル団体における両教派の分裂に見ることができる。

第六節　明治期の政府の北海道開拓・殖民政策との関連

ところで当然のことであるが、これらのキリスト教的団体の北海道開拓移住は国の北海道開拓・殖民政策を条件ないし背景として行われたものである。従ってここでは、本書の研究対象に関係の深い局面に焦点を絞って開拓使および北海道庁の開拓・殖民政策について概観しておきたい。明治政府は当初から北海道開拓・殖民に積極的に取り組んだが、その根本的な理由として考えられるものはおおよそ次の四点であると考えられる。①欧米列強への対抗、近代化を基本にした対ロシアの北辺防衛、②内地の人口増加と農地の狭溢化問題(農村の貧困化)の解決、③北海道の資源の開発・獲得、④士族授産(特権的身分を剥奪され、経済的基盤を失った士族に生計の道を与えること)。

明治二年(一八六九)に開拓使が創設されてすぐ、開拓使は明治五年(一八七二)までに「移民扶助規則」、「勧農規則」に基づく保護のもとで本州(酒田、柏崎、長崎、熊本、鹿児島各県)から募集した農工民、漁夫などを根室、宗谷、樺太、札幌、日高などへ入地させた。これが最初の団体移民、すなわち官募移民である。

また、これとほぼ同時期に政府が採用した諸藩・華士族・寺院などへの分領支配に出願して移住してきた士族団体がある。仙台藩(沙流郡)、角田藩(室蘭郡)、亘理藩(有珠郡)、白石藩(幌別郡)、仙台岩出山藩(厚田郡)はいずれも仙台藩とその支藩(伊達一門)で、戊辰の役で政府軍に抵抗したために開拓使からの一切の保護がなかったが、敗残士族として一族の存続・再生と士族としての対面(北方を守る軍人)を保つための苦渋の決断の上での移住であった。しかしそのなかでも伊達に入った亘理藩はとくに優れた開拓の成果をあげ、移住団体の模範とされた。他方、同じ士族団体でも、維新時に官軍に味方して本藩と抗争状態になり、静内郡に入った徳島藩稲田家は多額の移住日費を支給されるなど、優遇されている。

このように開拓使は北海道開拓のための第一条件ともいうべき人間の移住に対して熱心に取り組んだが、内地の人々に対するPR活動については、当初は必ずしも充分とはいえなかった。しかし、明治十三年(一八八〇)一月に津田仙が主宰する学農社から『開拓雑誌』が創刊されることによって状況は好転した。学農社農学校はキリスト教精神を基盤とした人材養成を目的とするものであり、『開拓雑誌』は北海道の開拓こそ国力の増進に寄与するという考えから、北海道の気候風土、北海道農業に関する知識、北海道の風俗などを広く紹介することを内容としていた。これは当然開拓使にとっても格好のPR誌となった。この雑誌に触発されて北海道に集団移住した最初のキリスト教的団体が本書第一章で論じられる赤心社である[31]。

一方、明治六年(一八七三)には、開拓次官黒田清隆の建議で、軍人と農民を兼ね、北方の守り(北門の鎖鑰)を任務とする屯田兵制度が創設された。当初兵士は道南および東北三県の貧窮士族を対象としていたが、明治二十三年(一八九〇)以降は平民召募が主体になった。しかし、明治二十九年(一八九六)に創設された第七師団にその役割を移すことによって、明治三十二年(一八九九)にこの制度は事実上その役割を終えた。それまでの二五年間で三七カ村、約三、七〇〇戸、家族を合わせて総数約四万人が北海道に移住した。食糧・家屋・農具などについての手厚い保護があった反面、明治七年(一八七四)の「屯田兵例則」、明治二十三年(一八九〇)の「屯田兵及家族教令」によって、日常生活の規制や軍事教練などの規律は厳しかった。そのため、兵村からの脱落者も多く、最終的な土着率はおよそ二〇%といわれている。屯田兵制度がその量的な規模の点からしても北海道の開発・発展に多大な貢献をなしたことは疑いないが、質的な観点から見て、とくに定着性や自主的なコミュニティ形成という点では一定の限界をもつものといえるであろう。

明治十九年(一八八六)には北海道庁が設置され、初代長官として岩村通俊が就任するとともに北海道開拓政策はひとつの大きな転換期を迎えることになった。それまでの手厚い保護による移住政策がむしろ移住民の開拓意欲を低下させているという反省から、間接的な保護(社会資本の整備など)へと政策の重点を移し、意欲や財政(資本)力のある者の移住を進めるものであった。そのきっかけとなったのは長官の施政方針演説のなかの有名な次の部分である。

移住民を奨励保護するの道多しといえども、渡航費を給与して、内地無頼の徒を召募し、北海道をもって貧民の淵藪《えんそう》となす如きは、策のよろしき者にあらず。…自今以往は、貧民を植えずして富民を植えん。是を極言すれば、人民の移住を求めずして、資本の移住を是れ求めんと欲す。(32)〔ルビ引用者付与〕

このような基本方針に基づいて道庁は同年から殖民地選定事業を開始するとともに「北海道土地払下規則」を発布して国有未開地の民間への大地積の払下げが実施された。これは原則として一〇年間無償で土地を希望者に貸与し、その後事業の成功度合いに関する検査を行い、事業が計画どおりの成果をあげている場合はその土地を有償で払い下げ、そうでない場合は貸付地を返納させようというものであった。しかし、実際には、団体移住の名目で大規模な土地の貸下げを受けながら、開墾事業を計画どおりに行おうとせず、利益だけをえようとする《不心得者》も多かった。

そこでこうした憂慮すべき事態を克服するため、北海道庁は、より確実な成果が見込める団体移住の奨励・推進に乗り出した。その端緒となったのが明治二十五年(一八九二)十二月の「団結移住ニ関スル要領」、「移住規約ノ要領」、「団結移住特別取扱内規」の制定である。[33] これらの規定の骨子は次の諸点である。①団体移住をする場合は事前に関係者が来道して現地の状況を十分に視察し、移住に関する情報を北海道庁からえておくこと、②移住しようとする団体についてはその団体が属する府県庁に「移住規約」を提出させ、府県庁が移住の目的・方法について十分に事前審査をした上で移住を認可すること(認可前に道庁に書類を回付)、③北海道庁が確実と認めた団体については、一戸につき五町歩を基準に総戸数分の貸下予定地を設定すること、④団体移住の対象となる移住戸数は三〇戸以上で、毎年一〇戸以上の移住を要すること、⑤貸下げ予定地の存置年限は三年以内とすること、以上である。後述するように、明治二十五年(一八九二)に今金に入殖したインマヌエル団体、なかでもとくに聖公会グループのリーダー、天沼恒三郎が北海道庁から移住開拓の許可をえるための手続きに翻弄されたのは、ちょうどこのような政策転換期に遭遇し、しかも自らの団体結成の基盤がきわめて弱かったためである。[34] 一方、同年に入殖した浦臼・聖園農場の場合には、リーダーの武市安哉がそれまで国会議員という名士であったであったこと、団体の組織形態がかなり強固であったことから、むしろこのような北海道庁の政策転換が有利に作用した結果としての認可であったといえるであろう。

このような北海道庁の団体移住奨励政策を背景に、明治二十年代後半から北海道開拓移民は急激に増加したが、さらに明治三十年(一八九七)四月、拓殖務省は「北海道移住民規則」を定め、さらに北海道庁も同月にこのことに関する「北海道庁令」を交付した。拓殖務省の規則制定の意義は、先に触れた北海道庁による「団結移住ニ関スル要領」に準拠したものでありながら、中央省庁である内務省(拓殖務省は同年九月に廃止となり、管轄が内務省に代わった)の「規則」に格上げしてその権威性を高めていることであり、北海道庁令では、団結移住者の戸数がそれまでの「三〇戸以上」から「二〇戸以上」に改正され、団体の結成が容易になったことである。(35) このような緩和政策・制度に沿った形で明治三十一年(一八九八)北海道に移住したのが北見・北光社と遠軽・北海道同志教育会である。

第七節　史料について——自治体地方史との関連

本研究における考察と立論の根拠としては、各団体の移住前後の歴史的経緯について記された現存する一次史料(移住当事の関係者によって直接記述された古文書類とそのコピー、および後にそれを原文どおりに印刷したもの)、二次史料(一次史料や移住関係者からの聞き取りなどに基づいて新たに書かれた各自治体の市町村史の記述や郷土史家による記述など)、間接史料(ここでの考察の間接的な根拠、傍証になると判断される諸史料で、このなかにも一次史料と二次史料がある)がある。本書での考察は基本的に一次史料を最重視し、二次史料や間接的二次史料に基づいた推測や仮説を述べることはできる限り抑制している。少なくとも、考察や立論の史料的根拠をそのつど明確にし、また一次史料が不足していることからやむを得ず間接的な根拠に基づいて推測や仮説を述べる際にはそのことがわかるよう明示したつもりである。

なお、このような基本方針から、本書で引用される史料(解読文も含む)中の用語については、すべて原文どおりに掲載している。従って、引用文に限り、例えば「部落」などの用語(とくに第二～三章)もあえて変更していない。

ところで、これまでに各自治体が発行している市町村史のなかでは、ここで扱われている移住団体の歴史的経緯についてはいずれもかなりの紙面をさき、詳細に記述されており、本研究も多くの点でこれらを参照あるいは引用している。また、研究の過程で自治体史の記述の根拠になっている史料の閲覧などの面で自治体の担当部局の方々にはお世話になった。しかし自治体史に多々見られるひとつの問題点として、そのなかでは記述の史料的根拠が明示されていないことが多く、また史料の調査、内容の解読などが不十分であるために、明らかに誤った記述もまた少なくはない。またなかには、地元の郷土史家の記述をそのまま転載している場合があり、しかも、元になっているその郷土史家の記述そのものに史料的根拠が明示されておらず、記述者の推測、そして一部には創作とさえ思われる記述を無批判的に転載しているケースもまた見られる。こうしたことは一般的に各市町村史がもっている大きな課題であると同時に、歴史的記述としては根本的な欠陥ともいえよう。もし本書の刊行に何らかの価値があるとすれば、そのひとつはこうした誤りを史料に基づいて修正できる可能性をもっていることであろう。

さらに、ここでの研究対象に関連する一次史料の保存・整理に関しても問題点は多い。とくに貴重な一次史料がその記述者や団体のリーダー格であった人物の子孫(多くは長男の家系)によって個人的に保存されている場合があり、その際保存状態が良くないために、史料の損傷や散逸が著しいケースも見られる。このような場合には、保存者と協議した上で、また古文書に関する専門家を介して当該地域の自治体とその付属図書館(また、史料の内容によっては北海道立文書館、北海道開拓記念館)が責任をもって史料の保存・管理にあたるべきであろう。

（1） 一九六〇年代から「社会史」的研究分野で盛んであった方法。ここでいう「心性」とはフランス語の mentalité（英語の mentality）であり、後述の「エートス」を包摂する概念と考えられる。
（2） 北海道キリスト教史全般に関する代表的なものとして、福島恒雄『北海道キリスト教史』（日本基督教団出版局、一九八二年）がある。そのほか、各団体を個別に論じたものについては本書当該箇所の註を参照。
（3） 『開拓雑誌』農学社、第一号、明治一三年一月、二〜五頁。
（4） 『開拓雑誌』農学社、第二号、明治一三年二月。
（5） 『開拓雑誌』農学社、第二号、明治一三年二月、八頁。
（6） 阪本柴門・片岡政次『北海道宗教殖民論』田中治兵衛、一八九二年、五〇頁。
（7） 工藤英一「社会経済史的視角より見たる赤心社の北海道開拓とキリスト教——創業期を中心として」『明治学院論叢経済研究』四六号、一九五七年、一二〇頁。そこでは次のように記述されている。「第一回移民の戸主二十名のうち七名、第二回移民の戸主二十二名のうち九名が、契約を破棄し或は逃亡したという。それゆえに、耕夫の逃亡を防ぎ、困苦欠乏に耐える精神を昂揚するためには、艱難を耐え忍ぶことが倫理的に強調されたのは当然のことであったといえよう。「浦河公会人名簿」によれば、明治二十二年までの受洗・入会の信徒五十六名のうち、逃亡と明記されているものはわずか一名、契約を破棄して帰省したと考えられるものは二名あるのみである。」。
（8） 勝山孝三『北海道殖民策　日本開富』大日本殖民会、一八九一年、一九〇〜一九二頁。
（9） 近藤治義編『近藤直作——北辺のパイオニア』一九七二年、非売品、八八〜八九頁。
（10） 『七一雑報』雑報社、六巻四一号（明治一四年一〇月一四日）掲載記事。『七一雑報』は、神戸第一公会の信者、村上俊吉によって明治七年十一月に発刊された日本で最初の基督教週報である。明治十六年に廃刊となったが、同年大阪で発刊された『福音新報』に引き継がれた。
（11） 例えば、本書第二章一〇五頁とその箇所に付された註（49）を参照。
（12） 榎本守恵『北海道開拓精神の形成』（雄山閣出版、一九七六年）をはじめ、ほとんどの著書が「開拓精神」という語を使用している。詳細については本章一四〜一六頁参照。
（13） 「エートス」（Ethos）は、マックス・ヴェーバーが彼の宗教社会学的研究のキーワードのひとつであり、宗教的倫理教説そのもの（Ethik）ではなく、それを基盤にしながら、ほとんど無意識的に習性化した倫理的な生活態度を意味する。本書で考察される「開拓者精神」は、それがキリスト教信仰を基盤にもっている限りで「エートス」と呼ばれるが、宗教的な要素が完全に失われている場合は先に触れた「心性」(メンタリティ)という概念とほぼ重なるであろう。ヴェーバーにおけるエートス概念の実際の用法については、MaxWeber, Die Protestantische Ethik und der "Geist" des Kapitalismus, in *Gesammelte Aufsätze zur Religionssoziologie*, B. I. (Tübingen, 1920), S. 17f(マックス・ヴェーバー、梶山力・大塚久雄訳『プロテスタンティズムの倫理と資本主義の精神』上巻、岩波書店(岩波文庫)、四二～四四頁)参照。

(14) 本書で言及されている関連人物のなかで、北光社の坂本直寛の場合には、第五章で詳論されているように、明らかに北海道開拓「思想」といわれるべきものが見られる。しかし、それ以外の場合には、移住の精神的要因、動機を「思想」という範疇に含めることは適当ではない。従ってここでは、より広い意味をもつ「精神」史という用語を用いることにした。

(15) 榎本守恵前掲書、一二頁。

(16) 同右、二四〇頁。

(17) 同右、三六頁。

(18) 一説には二〇%といわれる(榎本前掲書、四五頁)。

(19) 一般には省略される後半の「as old this man」の部分は重要である。何故なら、札幌農学校の任務を終えて帰国した後のクラークの私的人生は、まさにambitiousというにふさわしいものであったからである。彼は帰国後クラーク・ボスウェルという会社を作って鉱山株式の売買に乗り出したが、結局失敗した。こうした事情については、ジョン・エム・マキ、高久真一訳『W・S・クラーク　その栄光と挫折』北海道大学図書刊行会、一九七八年、三〇四～三五二頁参照。

(20) 武市安哉が聖園農場を組織して移住する決意をする際に、札幌独立教会の存在が大きな影響を与えたことが語られている。本書第四章、一九〇頁参照。

(21) 本多貢『ピューリタン開拓――赤心社の百年』赤心株式会社、一九七九、一八一～一八八頁参照。また、本書第一章六三頁参照。

(22) このような経緯に関しては、次の著書が詳しい。大濱徹也『明治キリスト教会史の研究』吉川弘文館、一九七九、二〇九～二六二頁。

(23) 留岡幸助については、本書第四章二〇五頁の記述とその箇所に付された註(58)～(60)を参照。

(24) この冬季学校では内田瀞(高知出身)など、札幌農学校卒で独立教会メンバーが講演している。本書第四章二〇五頁参照。

(25) 現在の組織である「日本基督教会」と区別するため、「旧」を付した。
(26) このことについては本書第二章九四〜九七頁で詳細に論じられている。
(27) この間の詳細については、本書第六章三〇六〜三一一頁参照。
(28) 『七一雑報』雑報社、六巻四二号(明治一四年一〇月二一日号)「札幌教会近報」、同六巻四四号(明治一四年一一月四日号)投書「北海は良穀将に豊熟せんとす」、同七巻四〇号(明治一五年一〇月六日号)「札幌報知」など。
(29) 超教派的な札幌独立教会の設立を協力に後押ししたのは同志社の新島襄であった。彼は北海道を新たなキリスト教の聖地にしようという考えを抱き、大島正健などに接触した。こうした経緯については大濱徹也前掲書、二二〇〜二二一頁を参照。しかし、結局独立教会も超教派主義は挫折した。
(30) 例えば、明治三十三年、北光社移民の最初の洗礼者となった戸田安太郎に洗礼を授けたのは聖公会長老D・M・ラングであった。また、『教区九十年史』(日本聖公会北海道教区、一九九六年、九九頁)には、釧路では明治三十九年の大半を長老派の信者と一緒に礼拝を守ったことが記述されている(長老派側に伝道所がなかったため)。さらに遠軽教会設立に際しては、湧別の聖公会信者であった者がかなりの数長老派である遠軽教会に移ってきた。この間の事情については、本書第六章三一四〜三一五頁参照。
(31) 詳細は本書第一章三六〜三七頁参照。
(32) 「岩村長官施政方針演説書」北海道庁編『新撰北海道史』第六巻史料二、北海道庁、一九三六年、六五六頁。
(33) この間の経緯について詳細に論じているものとして次の論考がある。関秀志「明治期における団結移住の奨励と貸付地予定存置制度について」(旭川市総務局総務部市史編集事務局『旭川研究〈昔と今〉』第一五号、一九九一年三月)。
(34) 本書第三章、一二九〜一三二頁参照。
(35) 関秀志前掲論文、五一頁参照。

第一章　浦河・赤心社

——その成果とピューリタニズム

はじめに

明治十四年(一八八一)、広島県および兵庫県から浦河郡西舎《にしちゃ》に入殖した「赤心社」開拓移民団体は、キリスト教的指導理念をもった最初の北海道開拓移住団体であった。またこの団体は単なる農地開墾のみならずさまざまな事業経営を試みながら、ほかの同種団体が教会のみを残して組織としては遠からず解体、消失してしまったのとは異なって、その事業内容こそ変質したとはいえ会社としては現在までその姿を存続させている(赤心社商店として)こと、しかも、この団体が中心となって形成されたコミュニティ(荻伏村)が移住の三〇年後に模範村として表彰されたことなど[1]、ほかの同種団体と比較して大きな特色をもっている。そこで、この団体の名目上の成功・存続とキリスト教との関連はどのようなものか、そしてその原因がこの団体のいかなる特性によるのか、という問題関心に焦点を合わせて精神史的、宗教社会学視点から考察することがここでの課題である。

ところで、赤心社に関する歴史的史料・文献は、全体としてそれほど多くはない。とくに赤心社開設当時からの内部史料については、昭和二十二年(一九四七)赤心社事務所が火災で全焼したため、ほとんど消失してしまったことが惜しまれる。現在入手しうるおもな一次史料・文献には次のものが挙げられる。

『開拓雑誌』学農社、第六、七、一三、一四、一五号、明治一三年
『七一雑報』雑報社、明治一三年一一月から明治一六年に多数回掲載された赤心社関連記事
鈴木清『北行日誌』赤心社、一八八二年
『赤心社沿革』赤心社、一八八九年

『神戸又新日報《ゆうしん》』明治二三年四月に掲載された数回にわたる赤心社関連記事〔ルビ引用者付与〕。
『赤心社同盟規則』赤心社、一八九〇年五月
久松義典『開拓指鍼　北海道通覧』経済雑誌社、一八九三年
北海道庁殖民部拓殖課編『北海道殖民状況報文　日高国』北海道庁殖民部拓殖課、一八九九年
北海道庁殖民部拓殖課編『殖民公報』第四号、一九〇一年一〇月
北海道庁内務部編『北海道農場調査』北海道庁内務部、一九一三年
小川秀一『元浦河教会五十年史―一八八六年～一九三六年』元浦河教会、一九七九年、ただし執筆時期は昭和五～六年頃。

このなかで、もっとも早く赤心社に関する記事を掲載しているのは『開拓雑誌』第六号(明治一三年四月一〇日号)である。そこでは「赤心社員の奮発」と題して、この雑誌の発行者である津田仙が赤心社の企画を紹介している。さらに、第七号(同四月二四日号)には「赤心社設立の趣旨」、「赤心社同盟申合規則」、第一三号、第一四号(同七月一七日号、七月三一日号)には「赤心社副規則案」が掲載されている。その後、赤心社がこれらの文書をはじめ、明治二十三年までの赤心社の歩みを詳細に記述して出版したのが『赤心社沿革』(非売品)であり、翌年それをほぼそのまま(規則等は省略)掲載したのが『神戸又新日報』である。規則はその後若干改正され、赤心社から『赤心社同盟規則』として出版された。久松義典『開拓指鍼　北海道通覧』は、これらの史料を忠実に再記述したものであるが、『赤心社沿革』には含まれていない明治二十三年から二十五年までの赤心社の沿革に関する詳細な記述がある。この部分の記述の基になった史料が何であるかは不明であるが、この時期の赤心社に関するほかのなんらかの史料があったものと推定される。

また、現在浦河町荻伏にある赤心社記念館(2)には、火災焼失を免れたわずかな一次史料が保存・展示されている。

「新株元簿」(明治二三年七月)、「實際計算報告」(明治一七年、一九年各一冊)、「計算報告収入別冊」(明治一七年調整、明治一九年調整各一冊)、「日記」(明治一九年一月)、「支出明細簿」(明治二八年)など、財務・経理関係の文書が多く、その内容を見ると、当時の赤心社が株式会社として、緻密でかつ近代的・合理的な経営をしていたことがうかがわれる。また、そのほかでは「徳育會記事」(明治一八年)、「徳育會規約書」は徳育会設立の経緯やその内容(3)を知る上で貴重な史料である。

さらに、これらの一次史料に基づいて書かれた研究書など、間接的な史料・文献については、以下のものがある。

『赤心社七十年史』赤心株式会社、一九五一年
富田四郎『会社組織に依る北海道開拓の研究――日高国、赤心株式会社を中心として』澤幸夫、一九五二年
工藤英一「社会経済史的視角より見たる赤心社の北海道開拓とキリスト教――創業期を中心として」『明治学院論叢経済研究』四六号、一九五七年
斎藤之男「移民経営形態についての考察(六)」『農林省綜合農業研究所北海道支所　研究季報』三〇、一九六二年
土居晴夫「赤心社移住史」『歴史と神戸』第七巻四号(三三号)、一九六八年一二月
榎本守恵「赤心社についての考察」『北海道開拓精神の形成』雄山閣出版、一九七六年
本多貢『ピュリタン開拓――赤心社の百年』赤心株式会社、一九七九年
山下弦橘『風説と栄光の百二十年――ピューリタン開拓団赤心社のルーツと業績を辿る』赤心株式会社、二〇〇二年

これらの研究書、論文のうち、富田四郎著書は、赤心社創立七〇周年を機会に赤心社から出版されたもの(非

売品)で、赤心社の会社としての事業経営の推移について数値的なデータをふんだんに用いながら詳細に叙述したものであるが、明治二十三年(一八九〇)までのドキュメントについてはほぼ上記の久松義典『開拓指鍼　北海道通覧』に従っている。また、宗教的・精神史的側面についての記述は少ない。これに対して工藤英一、斎藤之男、榎本守恵各氏の論文は赤心社事業とキリスト教との関連を論じている点で本章のテーマと重なる部分をもっている。このうち工藤論文は赤心社創業期におけるキリスト教の意義と役割に関する試論であるが、断片的ながらいくつかの興味深い視点を含んでいる。斎藤論文は、宗教倫理と経済倫理との関連という、きわめて独自の視点から赤心社を扱ったものとして興味深い。榎本論文は著書『北海道開拓精神の形成』の第三章として書かれたもので、これまでの諸研究を整理・批評しつつ会社開拓の意義、キリスト教と開拓との関係を論じたものである。土居論文は主として初期の赤心社を歴史的に記述したものでとくに新たな視点はないが、赤心社の成功の原因について北見・北光社や浦臼・聖園農場との比較に独自性がある。本多貢著書および山下弦橘著書は、入手可能な赤心社に関する文献・史料を網羅的に駆使しつつ(ただし、依拠した史料の明示は不十分である)[4]、また独自の調査に基づいて赤心社の全体像を叙述したものである。この両者に共通する特色は、赤心社発祥の地である兵庫県(三田市、神戸市)にも足を運び、赤心社創立にいたる指導者たちの足跡を辿りながら、この団体の精神的ルーツ、背景にも光を当てようとしていることである。

第一節　赤心社設立の経緯

一　設立の経緯、趣旨

㈠　発端、津田仙『開拓雑誌』[5]

赤心社の創立に関わる詳細な経緯については史料・文献が充分ではないため、推測に頼らなければならない部分も多い。諸史料によれば、明治十三年(一八八〇)、岡山県出身の平民加藤清徳が最初に北海道開拓移住を思い立ち、友人の橋本一狼を誘い、それから神戸の教会で知り合った士族鈴木清の賛同をえて三人の連名で「赤心社設立之趣意」書(明治十三年三月)を作成したとされている。その過程で津田仙が主宰している学農社が出版していた『開拓雑誌』を読み、そこで展開されていた北海道開拓への熱情に強い影響を受けたと考えられる。明治十三年の『開拓雑誌』第一号で津田仙は、ピューリタンのアメリカ移住を例に、北海道開拓の緊急必要性を熱弁している。

また、これを読んだ加藤らは直接この雑誌に投稿し、北海道移住に関する事務的・技術的な疑問点について質問したが、この雑誌第六号誌上では、その質問内容と回答が掲載されている[6]。またその後の趣意書の作成にも津田のサポートをえているようである。さらに四月の『開拓雑誌』第六号、第七号で、津田仙は、「赤心社員の奮発」と題して、彼らの企画を紹介し、政教一致で北海道に進出しつつあるロシア＝ギリシャ正教の危険性に対するプロテスタントの進出意義を論じてこれを支援している[7]。これら一連の経緯から、とりあえずは赤心社の設立はこの津田仙の思想、つまり「キリスト教的愛国心」から出た北海道開拓の必要性という思想に大きな影響を受けたものという推測が成り立つであろう。

㈡ 創立者

幹部中ただ一人の平民であった加藤清徳は最初神官の修行中にキリシタンを邪教と考え、これを阻止する目的で基督教徒に近づき激論を交わしているうちに、自ら信者となった人物とされている。(8) キリスト教会に出入りしている際に鈴木清と知り合ったと思われるが、赤心社設立に際して両者がどのような経緯でこの共同企画に至ったのかは明らかではない。後に彼は赤心社副社長となって最初に現地(西舎)に入り、第一次移住者による開墾を指導することになるが、不運も重なってほとんど成果が上がらなかった。明治十六年(一八八三)には、表向きは落馬して腰を痛めたとの理由で副社長の地位を辞職したことになっているが、事実上は副社長から雑務係に格下げされ、明治十九年には赤心社を退社することになる。(9) 本多貢著書によれば、この後、彼は新たな開拓事業に手を出したり、キリスト教を捨てて神道に戻り、伊豆で黒住教に関わっていたという情報も紹介されており、(10) もしそれが信頼するに足る情報であるとすれば、そもそも彼のキリスト教信仰が鈴木らの信仰と同レベルのものであったかどうかという点での疑問も生ずるであろう。

一方、鈴木清は、三田藩士の家に生まれた。時代の流れをつかむ才能に恵まれていた彼はまず藩校造士館に学んで川本次郎から英語を学び、明治六年(一八七三)には志摩三商会に入った。(11) その後米国宣教師デビスから神学を、またグリーン教師などから英語を学び、明治七年、同志一一名とともに、日本最初の組合派キリスト教会である摂津第一公会を設立、同時に洗礼を受けている。彼はその後牛肉缶詰業に成功して一財産を築き、明治十二年には神戸区会議員に選ばれている。ここからも鈴木が赤心社事業に着手する以前にすでに先見性と事業の才覚に恵まれていたことがうかがえる(12)。

もう一人の橋本一狼についてはその素性についてほとんど史料がない(13)ばかりか、彼は趣意書提出後消息がなくなっており、本多貢著書によれば、なぜか赤心社の第一次移住の前にすでに幌別に入殖している。恐らく彼の参加の意図がほかの二人とは最初から相違していたか、もしくは途中から加藤、鈴木との間に何らかの不和があったのであろう(14)。

(三)「趣意書」、「同盟規則」

さて、こうして明治十三年(一八八〇)三月に作られた「赤心社設立之趣意(15)」書(以下「趣意書」と略記する)には次のように書かれている。

近時憂國の志士口を開けば輸出入の不平均を論じ金貨の濫出を歎き筆を取れば貧窮士族の無産を説き工業の起こらざるを憤り喋々囂々《ごうごう》として日も亦足らずとす。我輩不似と雖も又以て感を同じうする者なり。然りと雖も徒に婦女子の如く日夜泣涕して空しく光陰を費し此の憂苦を轉じて快樂を來すの術策を講ぜずんば豈大丈夫の恥ならずや。今の時に方りて其策略や尠しとせず就中北海道開拓の如きは其最も著明にして最も確實なる者なり。抑北海道の地たるや地味肥沃にして土地廣大眞に我國の寶庫なる事は學農記者を始めとして具眼の識者が詳論して措かざる所なれば今我輩の贅言を俟ず當路の諸賢を夙く此所に見る所ありて巨額の官資を投じて其の開拓に下手するや茲に年あり又近くは開進社の如きも將に為所あらんとするは普く世人の知る所なり(北海道の實況を詳知せんと欲せば東京麻布學農社の農業雜誌等に就て見るべし)然れども其の事業たる素より遠大の鴻業にして一朝一夕に奏功すべきにあらず隋て資本も莫大なれば苟も數百金を投じて數年の後にあらざれば其利益を見ざるが故に我輩の如き貧人に至ては假令後來大なる利益ありて自家の富樂を來往々國家に鴻益あるを知るも、目下資本に乏しきを以て只徒に遥望して他人の快樂を羨むのみなれば其の業の進むに隋ひ富者は益々富み、貧者は彌々貧に陥り遂に國家の衰運を招き來さんとす。爰を以て吾輩同志相集り無資無産の貧人をして容易に此に従事するを得て小より大に進み、卑きより高きに達し、遂に國家の衰運を挽回するの大事業を興起せんと同盟の人に申合規則を設立する事下の如し。〔句読点は原文のママ、ルビ引用者付与〕

このあと「同盟規則」(16)が続くが、そのうち第一條と第一七條は次の如くである。

第一條　本社の趣旨たる、無資の貧人をして容易に入社するを得せしめんとするが故に、其の株金を少額と定め、株數も僅少を以て起り入社あれば隨て大ならしめん事を要す。

第十七條　満期已後と雖も決して本社を解放するを欲せず、社員は各自奮発勉勵して永續の方法を謀り同盟者は子孫永々同心協力して小にしては各自の生産を經營し、大にしては日本帝國の財政を隆豊ならしめ萬一有事の日に際せば北門樞要の衝路に當り屍を北海の濱にさらし、日本男子たるの本分を盡さん事を最後の目的とす。嗚呼我が同志愛國の諸君よ、僅々の酒食料の一部を投じて永く子孫の生産を圖り併せて報國の赤心を奮起するの意なき歟。〔句読点は原文のママ〕

さらに明治十三年六月には、細部の手続きを示した「赤心社副規則案」(17)が定められているが、そのなかでとくに注目すべき項目は「預約」と題される第一九條である。

第十九條　工耕夫(18)の勞働は都て副社長の指揮する所と雖も預め一條を約せん。夫れ工耕夫たる者は常に農耕事にのみ勤勞するものなれば世の新聞紙雜誌等を閲する事充分ならず從て心裏の學術に缺點を免れざれば毎日曜には一時間或は二時間の演説討論等をなし、知識の進歩と倶に道徳を治めん為副社長及び幹事の注意怠るべからず。

前條の正副規則を承認して入社したる以上は、各自同一の権利を有すれば亦随て同一の責任なきを得ず。抑々本社の趣旨たる既に前條に明記したる如く、全く愛國の志士相集僅少の義金を投じて無限の大事業を起し、聊か國家に報んとするの赤心を表し、自ら赤心社と號するものなれば、前途の困難は甘んじて之を嘗め同盟者は之を相親愛するの眞情を盡して奏功を期すべし。〔漢字、句読点は原文のママ〕

以上の趣旨・規則から、とりあえず赤心社の特徴を示すものとして挙げられるのは、愛国主義、貧民救済、徳育の重視などであるが、その詳細な検討については後述される。

(四)　会社組織、移住

赤心社の会社設立、組織と移住については、『七一雑報』、『神戸又新日報』の記事[19]、久松義典『開拓指鍼　北海道通覧』の記述[20]から次のような経緯がわかる。明治十三年(一八八〇)八月、開拓長官[21]から結社許可が下りた後、赤心社は神戸で創立総会を開き、役員選出を行った。そこで社長に鈴木清、副社長に加藤清徳、幹事には、神戸多聞教会の会員である湯沢誠明と移住後受洗礼した倉賀野棐《たすく》が選ばれた。十月には加藤副社長と赤峰正記が入殖地選定員として渡道し、浦河西舎地区を入殖地とした(加藤は準備のためそのまま現地に残った)。同十四年一月、赤心社第一回株主総会が開かれ、委員一四名の選出と「赤心社耕工夫規則」を決めた。そこで社長は本社に残り、副社長は現地で指揮をとることにした。また募集株が六〇〇株になったので移民募集を始めた。ここで重要なことは、赤心社は当初小作人ではなく「耕工夫」と称する一種の農業労働者によって土地を開こうとしたということである。この耕工夫を管理する規則が「耕工夫規則」[22]であった。

この規則の要点は、収穫物はすべて会社のものとなり、耕工夫は一定の給料を受け、家屋、牛馬、農機具等の生産手段のほとんどは会社から貸与されていたこと、そしてその成績次第で給与の増減が考慮されていること

（いわゆる能力給）である。翌十五年（一八八二）には「墾成地割渡規則[23]」が作られ、新たな条件が付け加わった。すなわち、地代の金納制が発生したこと、会社からの経営への干渉によって耕工夫が自己の創意によって農業経営ができないような状況が生まれたこと、そして会社の用のための賃労働が科せられたことである。これらのことが赤心社の事業経営に与えた意味については後述したい[24]。

明治十四年五月、倉賀野幹事が引率して第一次移民団（主として広島県、兵庫県の五〇余名）が西舎に入殖した。しかしその三カ月後に現地を視察した鈴木清は、加藤に指導された開墾がほとんど進んでいないのに驚き、急いでその対策を講ずる一方、新たな開墾地として元浦河（現荻伏）を定め、本社に帰った。

明治十五年五月、沢茂吉部長、和久山磐尾がリーダーとなって第二次移民団（愛媛県、広島県、兵庫県人八〇余名）が元浦河に入殖したが、その際第一次入殖地の西舎地区を第一部として加藤が管理し、元浦河を第二部として沢が管理することになった（第一部は明治二十一年（一八八八）に消滅し第二部に合流した）。明治十六年三月の株主総会では副社長加藤の辞職を認めて雑務係とし、沢茂吉が副社長になった。その後明治十七年に兵庫県人を主体とする第三次移民一七戸二〇名が入殖している。

鈴木に請われて現地の新たなリーダーとなり、赤心社最大の功労者といわれる沢茂吉は三田藩士の家に生まれ、藩校造士館で学んだ後、一七歳で慶応義塾に入って福沢諭吉に学んだ。二年後、三田に帰って牧畜の技術を学び、牧牛の飼育をしながら神戸ホームで教育にたずさわり、明治八年（一八七五）、摂津第三組合公会で受洗、長老に選ばれた。明治十五年に赤心社に来てから同四十二年（一九一〇）九月に永眠するまで、赤心社の実質的な代表者としてその後の赤心社の発展を導いたのはほかならぬ彼であった。

図１　浦河町役場荻伏支所前の沢茂吉像

二　赤心社設立の動機と目的

㈠　政治的動機（愛国主義）

赤心社設立の動機・目的については、大きく政治的（愛国主義）、経済的（貧民救済、士族授産）、宗教的（キリスト教信仰）の三つの領域に分けて考えることができるであろう。

先に引用した「趣意書」の文面等を見る限り、そこに一貫しているのは明治初期の士族（士族のキリスト教徒も含めて）に典型的といわれる愛国主義である。とくに同盟規則第一七条の「万一有事の日に際せば…屍を北海の浜にさらし」の語句は当時の士族の心情が北門の鎖鑰論として吐露されたものといってよいであろう。

ところで、この明治時代のキリスト教徒、とくに士族信徒に特徴的なキリスト教信仰と愛国主義との結合はかなり一般的に見られる類型的現象であった。しかしその内的な結合の論理やプロセスについては必ずしも明らかになっているとはいえない。その点について工藤英一氏は、この「愛国的赤心」を「当時の士族キリスト教信者の信仰の実践的あらわれ」と理解する。彼の説明によれば、「〝信仰即愛国心〟という考えは、日本の初代プロテスタントに共通したものであった。従って、かれらの愛国の赤心は、信仰的赤心の発露なのであり、当時の士族信徒が、祖国の救いのために伝道者の道をとったと同様に、赤心社幹部の北海道開拓も国富増進のための信仰的実践にほかならなかったのである」[25]（傍点引用者付与）ということになる。もしこの理解が正しいとすれば、当時の士族キリスト教徒においては、愛国心が信仰に先立って存在しており、また赤心社設立の目的は最終的には「国富増進」ということになる。しかし、このような政治・経済的動機づけは、ある程度は〝表向き〟のことにすぎないのではないだろうか。

彼らが一般的に愛国主義者であったことは事実であるとしても、このような愛国主義や北門の鎖鑰論、とくに同盟規則一七条の「有事の日に際せば…」の語句は、むしろ当時の士族の愛国的心情を外に向かって訴える際のいわば〝常套文句〟である感を否めない。創立者たちの真意はどこにあったのか、また彼ら創立者たちの内部に思惑上の違いはなかったのか、これらの点についてもより慎重に検討されなければならないであろう。

(二)　経済的動機（貧窮士族授産、資本主義的経営への志向）

また、経済的な要素としては、同盟規則第一条にあるように、「貧窮士族授産」の発想が表れている。工藤英一論文では、赤心社創立を「愛国主義と窮乏士族の協力による国富の増進、士族授産の一助をなすもの」[26]としている。また、富田四郎著書でもその目的のひとつに士族授産を挙げている。[27] しかし、この士族授産という側面がそれほど大きな比重を示すものかどうかについてはおおいに疑問がある。それは、榎本守恵氏も指摘しているように、最初の発起人加藤清徳が平民であることや少なくとも創立者の一人である鈴木清や後の沢茂吉が決して〝貧窮〟士族とはいえないこと、また実際の移住者に占める士族の割合がかなり低いこと(第一・二回移民で三六%)という事実があるからである。[28] また、斎藤之男氏は、「貧民の自力による救治が動機の根幹にある」としながらも、平民(加藤)の発想が士族(鈴木など)の志向と結びついたものであり、士族授産とはいえないとしている。[29] しかし同時に「貧窮農民の救済」という発想もまたあてはまらないであろう。聖園農場の武市安哉の場合には、移住の動機として真っ先に土佐の貧窮農民の救済が出てくるが、[30] 少なくとも鈴木清にそのような思想があったことを示す史料はない。

筆者は、赤心社創立の当初から加藤清徳、橋本一狼、鈴木清という三人の創立者の間に動機や目的の点である程度の〝温度差〟があったのではないかと見ている。愛国主義や貧民救済という動機はどちらかといえば加藤や橋本に強かったのではないだろうか。その後の赤心社の歴史のなかで生ずる橋本の脱落、加藤の失脚、そして後の鈴木―沢体制の確立という流れは、このような当初からの理念的なズレが、のちに述べるような赤心社の性格の変化と連動して顕在化したもののように思われる。

ただ、経済的動機という点に限ってたしかにいえることは、会社としての性格上ある意味では当然のことながら、赤心社は会社としてそれなりの成果(利益)をあげることを優先的な目的として組織され、立ち上げられているということである。というのは、耕工夫に関する諸規則、つまり「赤心社耕工夫規則」(明治十四年)、「墾成地割渡規則」(同十五年)、「特別地所割規則」(同十九年)、「耕工夫大旨」(同二十二年)を見る限り、赤心社が設立趣旨として貧人の参加を謳っている一方で、実際に現地で開拓に従事する耕工夫に対してはかなり厳しい要求・制限を課し、後述するように、会社の経営に支障をきたさないようなさまざまな配慮がなされているからである。[31]ところで、赤心社の設立の背景として三田藩による西欧文化の積極的導入、三田藩の藩主と福沢諭吉との密接な関係、そして志摩三商会の存在がある。[32]こうした背景が赤心社の経済的志向の優位を決定付けていると思われる。あえていえば、赤心社事業は当初から現地移住者よりもむしろ株主の方を向いていたのではなかろうか。この点は後述するように、赤心社の歴史を貫流する精神、すなわち、指導者であった鈴木清、沢茂吉のピューリタン固有の合理主義的・資本主義的経営姿勢と関連しているであろう。

(三)　宗教的動機(キリスト教信仰、理想郷建設)

さて、問題の核心は宗教的動機、つまり彼らのキリスト教信仰が赤心社創立の動機のなかに占める度合いである。まず第一に強調されるべき点は、後続の聖園農場や北光社の場合とは異なって、赤心社の場合には、「趣意書」や「同盟規則」のなかにキリスト教という言葉が一切出ていないことである。創立者の鈴木清や加藤清徳自身が赤心社設立の動機として自らのキリスト教的理想について語ったという史料もない。また、組織としても、聖園や北光社では移住者に対して要求された倫理規定としての飲酒、姦淫、賭博等の禁止規定[33]が赤心社の場合には欠けている。しいてキリスト教的な色彩が表れているといえるのは、前出の副規則第一九条のみであり、ここでは耕工夫に対して明確に日曜集会への出席が義務づけられている。

また他方で、赤心社はその創業の段階からキリスト教信仰を強制してはいない。それどころかむしろ意識的にそうすることを避けているようにも見える。このことをどう解釈すべきであろうか。それについて『元浦河教会創立百周年記念誌』のなかで、五味一牧師は「いまはやりの匿名の信仰です。この匿名の信抑が彼らの開拓の生命だったのです」と述べている。[34]この「匿名の信仰」とは、神の声に無条件に従って旅に出たアブラハム(創世記一二・一)に倣った内なる強い信仰や伝道への熱い想いの存在を意味しているのであろうか。

このキリスト教色抑制の理由について、斎藤之男氏は、信仰の一致は発起人たちだけのものであったので、設立の趣旨にとくに織り込む必要もなかったのだろうと推測している。[35]また、工藤英一氏によれば、当時、ロシアの殖民政策と結びついたギリシャ正教の進出(政教一致)によってキリスト教徒による開拓が一般に白眼視されがちであったという事実が、キリスト教の名を控えさせた理由ではないかという。[36]

しかし筆者は、これは後述する赤心社のモットーとされる「宗教の自由」の表れであり、できる限り多くの出資者や移住者を獲得するために当面キリスト教色を出すことを控えたと理解するのが自然であると考えている。さらに付け加えるならば、創立当初から赤心社自身が、自らをキリスト教的理念に基づく団体であるという意識をそれほど強くはもっていなかったのではなかろうか。

ところで、客観的に、赤心社が全体としてどの程度キリスト教的であったかという観点から見るならば、初期の指導者たちの大多数をはじめ、一般移住民のなかにはかなり多くのキリスト教徒が含まれていた。[37]そして、指導者たちが入殖の当初から移住者に対する徳育の目的でキリスト教的な教化を意図していたことも確かであろう。事実、当初から西舎においても元浦河においても、日曜日午前の集会は厳守され、キリスト教講話や修養談がなされていた。ことに元浦河では、会社より与えられた草小屋において、日曜日には安息日学校が開かれ、月曜から土曜までは寺子屋式の教育が実施されたという。

その後の赤心社の歴史を見ても、明治十六年(一八八三)に田中助、翌年塚本新吉が現地に来ると伝道が盛んになり、求道者は日増しに加わった。ここで、信徒の集会および子弟の教育のために、学校兼会堂建設の趣意書が作成された。この結果、赤心社移民中七九名、浦河村より七名、そのほか有志から、さらに赤心社本社から寄付金が出され、明治十八年学校兼会堂と教師用住宅が建てられた。また明治十九年には浦河公会が設立され、この

図２　旧浦河公会堂。現在は江別市の開拓の村に移築されている。

教会では会員が自主的に組織した「徳育会」が教会財政維持の重要な役割を果した(会社と教会との区別)。ちなみに、明治二十三年(一八九〇)の時点では移住民一八九名中、教会員四八名(二五・四%)となっている。[38]

このように、赤心社が事実上きわめてキリスト教的色彩の強い団体であったことは間違いない。そしてこのようなキリスト教的環境が移住者の倫理的水準を支え、集団の精神的連帯性を高めることによって何度も赤心社を襲った経済的危機を救ったという点では赤心社の会員のみならず、すべての研究者の意見も一致している。

ところで、赤心社創立の時点で、北光社の坂本直寛や聖園農場の武市安哉に見られたような〝ピューリタンのアメリカ移住〟に倣った〝理想郷建設〟という思想や観念が加藤清徳や鈴木清、沢茂吉にあったかどうかは不明である。[39]ただ、教派的には新天地に向けて〝脱出〟したピルグリム・ファーザーズの系譜に直接つながっている組合教会の信徒であった鈴木たちが、『開拓雑誌』第一号で北海道開拓をメイフラワー号によるピューリタンのアメリカ移住になぞらえた津田仙の熱弁に大きく心を動かされたことは十分に想像できることであろう。

ところで、赤心社の内部史料で初めてピューリタンの語が登場するのは、明治十七年(一八八四)の「学校兼会堂新築之趣意書」においてである。ここには次のように書かれている。

智徳ニ育ノ必要ナル識者ヲ待タズシテ明カナリ。殊ニ赤心社開墾地ノ如キハ急務中ノ急ナルガ故ニ本社ニ乞ヒ満期迄五百坪ノ敷地ヲ借受ケ米国ノ始祖ピュリタンニ倣ヒ同志ノ義金ヲ以テ学校兼会堂ヲ新築セントス。願ハクハ有志ノ諸君此挙ヲ賛同シ金員ノ多少ニ不拘寄附セラレン事ヲ。(40)

従って、少なくともこの時期以降は、自らの事業をピューリタンのアメリカ移住になぞらえる意識が移住者全体に共有されていたと推測できるであろう。また本多貢著書に引用されている小川秀一自伝『恩寵七十年』では、昭和初期のころを振り返って次のように語られている。

明治初年の北海道開拓の目的は北辺守備で、屯田兵がたくさん移住したが、元浦河は之と趣を異にし、北米の開拓者ピルグリム・ファーザーズにならいキリスト精神による理想郷を建設するのが目的だった。教会を中心に原野を開拓し、〝当村はキリストの精神により理想郷を建設する〟との村是があり、村長は官選で信者ではなかったが、…(41)

これはあくまでも教会側からの判断であるとしても、少なくとも昭和初期の荻伏村にはこうしたキリスト教的理想村建設という理念が成立していたことは間違いない。

また、沢茂吉自身が北海道移住に際して自らの使命をどのように認識していたのかを示す唯一の史料が工藤英一論文に紹介されている『三田公会日記』の次の一節である(明治一五年二月一六日の項)(42)。

午後二時ヨリ竹内氏宅ニ親睦会ヲ開ク事左ノ如シ…(中略)…次ニ沢茂吉氏聖書ヲ読ミ始メ基督ノ門徒トナリ

シ時ヨリノ話ヲス、此ヨリ北海道ニ於テ一ハ職業ノ為ト雖モ志ス処七回迄基督教ノ為ニ尽力スル望ミニ付テ説話ス

ここには沢茂吉の赤心社参加のおもな動機のなかで事業の成功と並んでキリスト教信抑の実践もまた重要なものであったことが示されているといえよう。

しかしいずれにせよ、現存する史料から判断する限り、赤心社のリーダーとしての鈴木清や沢茂吉には、少なくとも表向きには(外部に向かって)、キリスト教的、理想主義的な言動がほとんど見られないという点に、北光社の坂本直寛や聖園の武市安哉との違いが感じられる。そもそも両者のもっとも大きな違いは、後者の二人には「政治への挫折」という要素があったことである。[43]この政治への挫折がマックス・ヴェーバーのいう知識人特有の一種の「逃避」として「政治から宗教」へという側面が強く全面に出ているのに対して、鈴木、沢はむしろある程度成功した実業家であってもともと政治的関心(あるいは野心)はほとんどなかった。彼らの熱心なキリスト教徒としての生きざまはむしろのちに述べるような〝エートス〟として、「事業」としての北海道開拓の成功という実践的・経済的な方向に向かっていたのではなかろうか。つまり、ここでは内なる信仰と外なる使命(事業)との禁欲的分離が特徴的であるように思われる。

(四)　宗教の自由

ところで、赤心社の目的として、斎藤之男論文などの諸文献では次の三点が挙げられている。つまり①開拓の地を開きて産を殖する事、②宗教の自由を重んずる事、③徳義を修養し、人物を陶冶し、一旦緩急あれば北門の鎖鑰を以て任ずる事、である。[44]また富田四郎氏は目的として①政治経済的(士族の授産)、②愛国心昂揚、③「宗教上の愉悦具顕」を挙げているが、[45]このなかの③が《宗教の自由》に該当するものであろう。ところで赤心社の

目的として決り文句のように挙げられるこの三点セットはどの時点で成立したものであろうか。というのは、この三点の内、少なくとも《宗教の自由》は、「趣意書」、「同盟規則」、「赤心社副規則案」のいずれにも出てこないからである。『荻伏百年史』には、「結社、明治十三年八月二十六日、開拓之使令」としてこれが掲載されており、(46)この日に開かれた創立総会の席でこの三点が決定されたと理解できるような書き方をしているが、その根拠は不明である。また本多貢著書および山下弦橘著書によれば、これは明治十五年(一八八二)五月十一日、沢に率いられた第二次移住民が元浦河に入った日(荻伏村の開基)に宣言された「使命」であるとしている。(47)ところで、この三点セットのうちの②と③が初めて公に発表されたのは、明治三十八年(一九〇五)十月十一日付け「北海タイムス」紙上で、赤心社二五周年記念会の席上鈴木社長が述べたものとして掲載されたものである。(48)その後、大正二年(一九一三)発刊の『北海道農業調査』が初めてこの三点セットを完全な形で掲載し、(49)その後一般的になったものと推測される。

それにしても、この赤心社創立の目的としての《宗教の自由》の意味が今ひとつ不明である。これはピューリタンのアメリカ移住にならった《新天地でのキリスト教信仰の自由》を指しているのであろうか、それとも《キリスト教以外の宗教も許容する赤心社の宗教的〝寛容〟の姿勢》を表しているのであろうか。研究書のなかでは、斎藤之男、富田四郎両氏とも前者の意味に解釈していると判断できる。また浦河で沢茂吉の孫に当る赤心社の現取締役沢恒明氏に直接たずねたところ、「その両方だと思う」という返事であった。確かに、〝信仰の自由〟を求めてアメリカに移住したピルグリム・ファーザーズに重ね合わせた新天地への脱出というキリスト教的移住団体に共通のモチーフを赤心社が共有していたとしても不思議ではない。

しかし筆者は、明治十三年(一八八〇)から十四年当時、(50)キリスト教が神戸あるいは移住先で何らかの迫害を受けていた形跡がほとんど見られない状況であったことから考えても、榎本守恵氏と同様に、(51)実際にこの《宗教の自由》が意味したものは、むしろ会員や雇い人にキリスト教を強制しないこと、神道など他宗教に対して〝寛容〟であること、非キリスト教徒や地元の神社信仰などとも協調していこうとする赤心社の柔軟な姿勢であったと考える。(52)同時に、教派性という観点から見れば、これは教会としてのまとまりと伝道を最優先する長老派教会とは異なった、より柔軟で現実主義的な組合教会の教派的特性と見ることも可能であろう。

またこのことは先に述べたような、「趣旨書」や「同盟規則」などで一切のキリスト教的色彩を注意深く排除していることとも関連しているのではないだろうか。榎本著書でも述べられているように、この村では地元の神社や祭典と赤心社キリスト教とは何らの問題を引き起こしてはおらず、むしろ祭典には沢も応分の寄付をしていたということであり、遺族の語るところでは、「赤心社自体が宗教の自由を綱領のひとつとしていた位で信仰上の対立や違和を起すことはなかった(53)」ということである。柔軟ともいえるこのような〝寛容〟の傾向は、荻伏村という地域のコミュニティ形成にはむしろプラスの貢献を果したのであろう。

もちろん、鈴木も沢も熱心な信徒として、キリスト教の浸透・拡大を望んでいたに違いないが、彼らはそれよりもまず現実的な要請として、当初から赤心社の発展、存続のために、キリスト教をとくに平民会員に対する倫理教育、道義心の涵養に役立てようと考えていたのではないだろうか。(54)

第二節　赤心社事業の概要と特色

一　事業の概要

会社としての赤心社事業の歴史と概要については、明治二十四年(一八九一)までは『赤心社沿革』および久松義典『開拓指鍼　北海道通覧』、それ以後については富田四郎著書および山下弦橘著書に詳しい。ここではこれらの文献に拠って、本稿のテーマに関係する限りで重要な点についてのみ概観しておきたい。全体として赤心社の事業の内容はかなり変化に富んでいる。現在にいたるまで、農地開墾、牧畜、養蚕、鉱山、商店、養狐、ハッカ栽培、不動産運用、農産物加工など幅広く手がけ、現在は商店「赤心社」と、会社所有の不動産運用、山林経営のみを行っている。

明治十四年(一八八一)の「耕工夫規則」や明治十五年の「墾成地割渡規則」を見る限り、赤心社は先発の北海道開進会社(55)が完全に士族授産を目的としていたのとは対照的に貧民の自力救済をめざしていた一方で、移住者(耕工夫)に対してはかなり厳しい条件を課しており、当初から赤心社は開拓、開墾会社でありながら、会社としての「資本蓄積」を周到に意図していることが読み取れる。(56)この点は後続の同種移住団体とかなり異なる点であり、設立者、役員の合理的で即事的な経営姿勢が感じられる。

赤心社事業経営の歴史のなかでとりわけ重要な出来事は、明治十八年(一八八五)以降、赤心社が会社規約を改正してそれまでの事業方針を明確に変え、土地分配会社(開拓会社)から土地会社へ変身したことである。その背景となったのは、明治十六年の暴風雪被害、日照り、バッタ被害、秋の洪水など、そして十七年の経済恐慌(松方正義大蔵卿によるデフレ政策の行きづまり)による物価・金利・地価の下落と農村への人口流入が及ぼした危機であった。沢などの幹部がまず行ったことは、やる気のある社員の優遇と怠惰な農夫の「開放」(解雇)、つまり移民の淘汰であり、そして、「守成法」により、新しく耕地を拡大するのではなく、既成の開墾地を守ることであった。さらに、明治十八年(一八八五)四月の株主総会では、抽せんによって直ちに土地を分配するという会社側提案が否決され、満期の一〇年後に株主に対してその持ち株数に応じて耕地を分配するという当初の「同盟規則」の条項を廃して、株主への分配は満期後の純益とし、赤心社を永存させることになった。こうして赤心社は結局土地経営会社として、〝営業による利潤〟を追求する会社となった。(57)

こうした流れに合わせて、明治十九年四月、浦河に西舎・荻伏開墾地の需要品取次ぎを兼ねて商店部が開設されたが、これは移民の利便とならんでさらに赤心社が会社収益への関心を強めることにおおいに寄与した。斎藤之男氏はこの点に関して、「二十一年四月浦河商店係員を阪神地方に出張させ諸物品仕入れ元の実況を視察させまた商品を購入せしめたことなどは、商店部の商人資本的活動の側面を語るものであろう」と述べている。(58)また明治二十六年には、商法が公布されたことに従って「同盟規則」を「定款」に改め、貸借対照表を作るなど、近代的な経営形態に脱皮する。このことの重要性については後述する。

また、明治十九年四月の株主総会で、牛馬導入による畜産、樹芸を加えて混同農業に転換したことも重要な変化である。同年養鶏、養豚、翌二十年には綿羊飼養も始めて牧畜業の基礎が確立された。大正四年(一九一五)には、製酪業を開始し、バター約一、〇四〇キログラムを製造している。こうして赤心社の事業は多角的経営の性格を強めることによってさまざまな経済的リスクを分散し、後述するような成功・永続の基礎を固めたのである。

他方、赤心社はたびたび危機に瀕した事業・経営を側面から支え、強化するために住民の精神的紐帯、徳義を

図3　浦河町荻伏にある赤心社本部の建物。現在は赤心社記念館

普及し、強化する方策も怠らなかった。明治十八年（一八八五）一月、社員相互の共済会的組織の「永明会」が設立された。これは赤心社の組織に寄りかからない自発的、同志的なものであり、貧困者の救済や思わぬ怪我・病気の際の金銭的援助をおこなった。続いて同年三月、札幌県庁より社業の発展を讃えて褒賞金八六〇円を下賜されたことを機会に、有志二〇人（うち一七人がクリスチャン）が受け取るべき額を献金して「徳育会」を設立した。明治十九年に創立された浦河公会の財政にもこの徳育会の利潤があてられた。また明治二十年には、内部結束を固めるために、素行の善くない耕工夫一四名を解雇している。

その後の赤心社について概観すれば、まず明治二十五年に「赤心株式会社」と名前を変えた。明治四十一年の「北海道国有未開地処分法」の改正により、赤心社はこれまで有償貸与を受けていた牧場用地一千町部の払い下げを受け、これが後の赤心社の貴重な財産となった。[59] 明治四十三年（一九一〇）には荻伏村が模範村として内務大臣から表彰され、賞金五〇〇円を授与された。大正五年(一九一六)には牧畜を全廃したが、大正十四年、荻伏小学校付属農場〝愛荻舎《あいてきしゃ》〟を作り、改めて牛、馬などを購入し、昭和二十五年(一九五〇)まで「知行合一」を目標にした特色ある実践教育を行った(60)。また一方、大正二年、同十三年、昭和八~十年(一九三三~三五)、赤心社は所有地の立木を売って多額の現金収入をえて、凶作や茨城県の金鉱への投資の失敗などの危機を克服している。昭和九年からは、洋種薄荷(ミッチャンハッカ)の試作を開始、同十一年には日高ミッチャン薄荷委託栽培契約をライオン歯磨と結んで凶作から小作人を救おうと試みたこともある。

第二次大戦終了後、農地改革、小作地解放により、大地主としての赤心社は解体を遂げ、農村食品工業、林産、畜産業を主軸とした中小企業へと転換した。昭和三十七年(一九六二)から牧畜農場経営を拡大したが、平成七年(一九九五)度までには畜産は中止した。昭和四十九年から同六十三年まで札幌にビルを取得し、賃貸してかなりの収入をあげている。そして平成十三年(二〇〇一)現在、赤心社は商店部、不動産運用、山林経営で存続している。このように赤心社は創立から現在にいたるまで、さまざまにその姿を変貌させながら激動の時代を生き延びてきたのである。もちろんその背景になっていたのは創立者、初期経営者たちの理想と精神が受け継がれていたことであろう。

二　事業の特色

以上の概観から、後続の同種移住団体と比較した時の、団体としての赤心社の特質をいくつか挙げることができる。まず第一に、ほかの団体とは異なって、その設立趣旨・目的のなかにほとんどキリスト教的要素が認められないことが注目される。また赤心社の場合、他団体と比較して最初の段階での移住民に対するキリスト教的倫理規制は弱かったといえよう。また、このことと連動した《宗教の自由》、つまり他宗教に対する寛容の姿勢は荻伏村のコミュニティ形成にはプラスの効果をもった。このことは、すでに述べたように、その時代状況と教派性に制約されているであろう。

第二に、ほかの団体がもっぱら拓地殖民、つまり農地開墾を目ざしたのに対して、赤心社は途中から単なる開拓会社という枠を超えて、近代資本主義的な経営団体という性格を次第に強めていったことである。これは、すでに述べたように赤心社が当初から会社としての資本蓄積と存続を優先していた姿勢とも関連している。視点を変えるなら、赤心社は団体としては存続したが、「開拓」団体としての性格を失っていったともいえるであろう。

赤心社が当初から利潤、資本蓄積を志向する会社であったことは、当初移住者の大半をしめていた耕工夫を規制していたさまざまな規則からも知ることができる。「耕工夫規則」(明治十四年)の第二項では、給料制(一人一カ月六円)が定められ、一方、第四項では全収穫物の本社への納入を義務づけているが、斎藤之男氏によれば、これはその価額と給料の差額が会社の蓄積金となり、「耕工夫を会社の資本源」とみなしていたことを意味するという。明治十五年の「墾成地割渡規則」の第一項では、全収穫物の会社納入義務が改正され、収穫物をもって給料に代えるとともに反当り二円(年間)の金納へと変わった。これにより耕工夫の資本蓄積源としての役割が減少したかに見える。しかし一方で(第五項)、収穫物は耕作人の所有となるが、会社との計算を終わるまでは自由に処理することを認めず、つまり、会社の監督下で耕作人が販売した代金はその都度仮に事務所にあずかること(地代の保証のため)としている。これは会社の利益を担保するものであり、斎藤之男氏はこれについても「金納地代制の下での耕作人の自由の限定は依然彼等を蓄積源に据え置こうとする赤心社の意向の表現である」としている。(61)

第三に、その事業内容名はきわめて多様性と柔軟性、そして合理性に富んでおり、後述するようにこのような特質が赤心社を現在まで存続させるという稀有な結果をもたらした大きな原因である。もちろんこのような変質と存続の背景には鈴木清、沢茂吉らの柔軟で才覚に富んだ経営努力があった。

第四に、ほかの団体と同様に赤心社もまたキリスト教的な教育(徳育)を重視し、とくに危機の際には教会を通じてキリスト教が精神的紐帯として会社経営を支えていた側面は否定できない。しかしその一方で、会社と「永明会」や「徳育会」との関係に見られるように、経済活動(会社)と宗教活動(教会)は一応分離され、混同されることはなかった。このような特性もまた、赤心社の経営者の冷静で合理主義的な経営姿勢として、ある種ピューリタン的な要素であるといえよう。

第三節　赤心社の成功・存続の要因とキリスト教

一　政治的・経済的要因

赤心社の成功・存続の要因については、経済的側面では、すべての研究者が一致しているように、赤心社が単なる開墾に終わらず、その時々の状況に対応して多種で多角的な事業展開をしたこと(つまり経営の柔軟性)が経済的リスクを分散させたという点が挙げられる。それに加えて、赤心社の経営姿勢が当時としては珍しいほど合理主義的であったということである。

また、榎本守恵氏も指摘するように、この団体では、かつての主従の紐帯(タテの結合原理)に代わる道徳的・精神的紐帯が求められ、これは身分意識を越えた権利と責任の「同一性の原理」に立つものであったことが評価される。(62) またこの点については斎藤之男氏も、赤心社と株主の連結の論理が一応権利・義務という近代的な契約関係が基本となっている点で、家臣団の集団移住における主従関係というタテの結合原理とは異なっていることを指摘している。(63) これは換言すればこの団体の〝契約〟的性格ということであり、実は後述するようにこの契約はピューリタニズムの特徴のひとつでもあった。(64) また部分的には、設立当初から挙げられていた北門の鎖鑰などの愛国主義が移住民内部の利害対立を止揚する機能をもつこともあった。(65)

さらに、山下弦橘氏は成功の経済的原因として、赤心社が、著しい貧者でも、受け取る月給のなかから毎月五〇銭ずつを積み立てて六〇円に達すれば株主になれる方法を採用したこと(ほかに例がない)、同志社員が、創業時に結んだ盟約、すなわち会社公益のため、日高国においては私有地を一坪たりとも私有しないことを明治二十五年(一八九二)まで固く守ったこと、そして赤心社が小作人に対して、凶作の時、小作料の減免や免除などの配慮をすることで小作争議が起きなかったこと、などを挙げている。(66) また土居晴夫氏は、北光社や聖園農場との比較から「指導者は物質的報酬を求めず、赤貧に甘んじ、会社経営に専心した」ことを挙げる。(67) 斎藤之男氏は、結局は土地所有に結実することによって会社としての存続を可能にしたこと、そしてすでに触れたように、資本蓄積と存続を志向する会社の性格、つまり日本資本主義の発展と対応した側面を強調している。(68) ところで赤心社の指導者たちのこのような合理的経営の資質、姿勢は何に由来するのであろうか。その点については次節で改めて考察したい。

二　宗教的要因

多くの研究者が赤心社のキリスト教信仰を成功・存続に導いた最大の理由のひとつに挙げている。これは、形式的には一応会社とは分離しているとはいえ、実質的には密接な関係にあった教会活動が移住民の苦難に耐える精神力養成やコミュニティ形成という次元で重要な意味をもっていたことと関係しているであろう。このような一般化した評価の代表的なものは、『浦河町史』にも引用されている富田四郎著書の次のような一節である。

教育と信仰の形式的中心がともかく確立した事は故郷を出て、何百里の外に働く移民たちにとって、大なる慰めであり、定着への意図を益々強固ならしめたことであろう。物質的窮乏と、酷烈なる自然の中にあって、之を克服するのは精神力であり、此の点からも学校兼会堂設立は一つの転機を為したともいえよう。此の会堂を中心とした赤心社員のキリスト教に依る信仰信念の生活が、如何ばかりか現在の荻伏村建設と赤心社発展に重要な役割を果たして来たかは、荻伏村建設の過程並びに現在の村勢発展を凝視するものの、良く之を看取する事ができる。会社組織に依る開拓会社は幾つか次々にと設立され、而も数年も経たないうちに消滅して行ったのに、ひとり赤心社のみ七十年の歴史を重ねて、存続している原因の一つは、此の学校及び会堂の設立に依ると考えられる。(69)

一般的に、キリスト教信仰は赤心社の会社組織のなかでは「徳義の尊重」という形で機能したといってよいであろう。山下弦橘氏は、赤心社が営利会社の性格をもちながら、利潤の追求にのみ走ることなく、移民団員に徳義を説き、人格を陶冶するための諸方策を具現したことを成功の原因に挙げている。キリスト教の影響力について、さらに山下氏は明治十八年(一八八五)に、赤心社契約共同体の福祉をはかることを目的として永明会を、ついで徳育会を設立したことが団員の結束力を高めたこと(移民の義金による学校兼会堂の建設)、さらに、昭和九年(一九三四)四月から元浦河教会が伝道新聞『理想郷』(70)を発行したことなどを挙げている。(71)

さてしかし、こうした一般的な教会と教育の重視は、赤心社に限らず、ほかのキリスト教的移住団体にも見られる共通の特徴である。赤心社におけるキリスト教の影響力は、はたしてこのような苦難に耐える精神力、そして共同体結合の倫理として経済的成功・存続を内側から支えたという側面のみに限定されるのであろうか。経済と宗教とのより内的な関連は考えられないであろうか。この点に関して斎藤之男氏は、前掲論文のなかで注目すべき視点を示唆している。すなわち、「宗教倫理の経済倫理への飛躍」[72]（傍点は原文のママ）という側面への着目である。斎藤論文ではこの側面への着目だけで終わっているが、ここでは、これまで赤心社に関するほかの研究者達がほとんど触れていないこのような側面、すなわち赤心社に見られる宗教的要素と経済的成功とが内的に結び付いている特徴的な側面について考察したい。それはとくに赤心社成功の立役者であった鈴木清と沢茂吉に共通して見られる特徴的なピューリタン的〝エートス〟と合理的経営としての〝資本主義の精神〟との関連という側面である。

第四節　赤心社におけるピューリタン的エートスと資本主義の精神

一　鈴木清・沢茂吉のピューリタン的エートス

㈠「ピューリタン」の定義

赤心社のクリスチャン指導者たちが聖園農場や北光社の指導者たちと同様に、広義の「ピューリタン」であることは間違いないが、そもそもこの「ピューリタン」、「ピューリタニズム」、「ピューリタン的」といわれる場合、その定義、意味はそれほど一義的ではない。

ピューリタン（清教徒）とは、元来はイギリス国教会を不満として一六世紀後半から徹底した宗教改革を主張し、清教徒革命とニューイングランド殖民地建設を推進した人々を指しているが、同時に彼らの思想や生活心情を「ピューリタニズム」と呼び、広義にはその特質を継承する人々をも指している。明治以降おもにアメリカの宣教師によって日本に伝えられた日本のプロテスタンティズムはほぼ一九世紀アメリカのピューリタンの影響下で形成されたといってよい。教義的にはカルヴァン主義であり、とくに救いの体験(回心)、聖書と祈りに導かれた倫理的生活、信徒の交わりとしての教会(各個教会の自立)の重視などがその特徴といわれている(教派としては、長老派、会衆派、バプティスト派、クェーカー派が含まれる)。より一般的には勤勉、実直、質素、禁欲的生活(飲酒・淫乱などの拒否)などがピューリタンに特徴的なメンタリティであると理解されているであろう。(73)

また大木英夫氏は、日本のプロテスタンティズムに関して、「ピューリタン的」とは何を意味するかについて、次の要点を挙げている。①祈り、②契約、③生の改革(禁酒禁煙、聖日厳守など)、④文化的関心(新たなキリストの国の建設)。このうち大木英夫氏がもっとも強調するのが〝契約〟であり、これこそ〝脱出〟とともに、メイフラワー号でアメリカ大陸に移住したピルグリム・ファーザーズが交わした新たな社会形成の原理であるとしている。(74)

ところで、マックス・ヴェーバーが近代合理主義的文化の形成、とくに資本主義の精神の成立に寄与したと考える禁欲的プロテスタンティズム諸教派のなかでもっとも重視しているのがピューリタニズムである。ただし、彼によるピューリタニズムの定義は独特であり、一七世紀の一般的な用法をふまえながら、さらに彼独自の視点から、「ピューリタニズム」の意味をより広く捉えようとする。彼は「世俗内的な生活を、神の意志に沿うように合理化しようとする運動を、広義でピューリタニズムと呼ぶ」という。(75)この場合の「合理化」の意味は、彼の所論を総合すれば「一切の被造物神化を拒否し、人間の自然性(本能、感情、伝統主義的な性向)を徹底的にコントロールし、ザッハリッヒ〔sachlich、ヴェーバーが好んで用いた用語で「即事的」、「没主観的」、「事務的」などを意味する〕に、かつ一貫性をもってことに当ること〔禁欲〕」と考えてよいであろう。ヴェーバーは教義や信仰の特性から生まれながら、半ば無意識的な習性になったこのような生活態度や思考様式を禁欲的・合理的な「エートス」と名付けている。(76)

ここでは「ピューリタン」の一般的な意味や大木英夫氏の定義も視野に入れながら、とくにヴェーバーの「ピューリタン」像を指標にして赤心社の、つまりその指導者である鈴木、沢の〝ピューリタン性〟の度合いとその特質を考えてみたい。

(二)　教派性――プレスビテリアニズムとコングリゲーショナリズム

周知のように、ピューリタンといってもその内部に本来ふたつの流れがあり、それはプレスビテリアニズム(長老派)とコングリゲーショナリズム(会衆派)である。大木英夫氏によれば両派の本来的な違いは「教会」をどのようなものとして理解するかという点にあったという。プレスビテリアンは基本的に教会を国民全体を包括する全体としての国民教会であるべきだと考えるのに対して、コングリゲーショナリストは、教会を地域を超越した「信者の集り」と考える。その原理が「契約」である。(77)メイフラワー号でアメリカに上陸したピルグリム・ファーザーズはコングリゲーショナリストであった。一方、のちにアメリカに移動したプレスビテリアニズムもまたアメリカ独自の発展をとげ、アメリカ・ピューリタニズムの主要な一派になった。明治初頭にアメリカン・ボード(米国伝道会)をつうじて日本に伝えられ、熊本バンド、同志社、神戸・三田公会、元浦河公会へと連なる組合教会系列の源泉はコングリゲーショナリズムであり、横浜バンドから旧日本基督教会、北海道では浦臼・聖園教会、北見・北光教会へとつながる系列の源泉がプレスビテリアニズムである。

鈴木清、沢茂吉のキリスト教信仰それ自身の内容や質がどのようなものであったかを示す史料はほとんどない。

ただ、すでに見たように、鈴木、沢が所属した教会である摂津第一公会、摂津第三三田公会は、熊本バンドから同志社に移動したキリスト教徒によって組織された日本最初期の組合教会で、そのルーツは明治二年（一八六九）に横浜に上陸したコングリゲーショナリズムに属する米国伝道会（アメリカン・ボード）であった[78]。

ところで、この赤心社が組織としてのその軌跡において、同じピューリタンに属するとはいえ、一応その系譜を異にする浦臼・聖園農場や北見・北光社の場合となんらかの違いがあるかどうか、つまり、より一般化していえば、キリスト教的北海道開拓移住における教派性という側面について、あえて仮説的に指摘できる点があるとすれば、第一に、アメリカン・ボードが元来超教派的性格をもっていたことの影響として、赤心社のクリスチャン指導者や浦河教会が比較的柔軟で地域性にとらわれないオープンな雰囲気をもっていたように思われること、第二に、より世俗的、現実主義的性格が感じられることであろう。超教派性については、摂津も元浦河も最初「公会」（超教派性を示す）と名付けられたこととの関係、また赤心社が鈴木清を通じて大島正健、伊藤一隆など札幌独立教会のメンバーとも深いつながりをもったことが指摘できよう[79]。さらに、すでに見たように、赤心社では当初聖園農場や北光社と比較して禁酒などの規制が厳しくなかったこと、また他宗教に対しても寛容である「宗教の自由」もこれとなんらかの関係があるのではないだろうか。

また第二の点については、鈴木や沢がそうであったように、もともと関西中心の組合教会が事業家や商人層に浸透しやすい体質をもっていたことが想定できるであろう。福島恒雄氏は著書『北海道キリスト教史』で、北海道における組合教会伝道の特徴のひとつとして、「商人への伝道が盛んになされたこと」を挙げている[80]。ここからも組合教会と世俗的な経済活動（経済的合理主義）との本来的な親近性が感じ取れるのではなかろうか。

このような教派性と関連していると想定される異質な雰囲気はリーダーの人物像、つまり一方の武市安哉（聖園）や坂本直寛（北光社）と他方の鈴木清、沢茂吉との対比にも表れているように思われる。本書第四章および五章でみるように、前者がどちらかといえば理想主義、精神主義の傾向が強いのに対して、後者の人物像は時期的に早いにもかかわらず、より現実主義的で世俗臭に満ちている。この両者はいずれも知識人ではあったが、しいてヴェーバー宗教社会学における社会層の類型論に当てはめるならば、前者は「政治に挫折した知識人」に固有の宗教への精神的、理想主義的な「逃避」という傾向が見られるのに対して、後者はむしろ「市民層」の類型に近いであろう。ヴェーバーがこの市民層に適合的なエートスと考えたのは「実践的合理主義」であった(81)。

(三) ピューリタン的人物像

鈴木清、沢茂吉がいわゆるピューリタン的資質の一端をもっていたことは多くの史料から読み取れる。例えば、『北行日記』には鈴木の次のような叙述が見られる。

此の週間耕夫〔引用文のママ、以下同じ〕労働の有様は余り面白からず、余或は加藤氏の倶に其地に在るとは大に其労力を異にするが如し。十二日は例に従ひ午前九時懇談会を催す、耕夫の中に中沢儀平、梨本彦次なるものあり、倶に宗教信者にして他の耕夫と大に趣を異にす、就中、中沢の如きは熱心公益を計り身を以て衆人を薫陶せんを目的とする人にして実に社の主義に適当したるの人なるにより日用品掛りを依託し、梨本には褒辞を与へたり(82)。

ここには、誠実さと禁欲的な使命の遂行を重んずる彼のピューリタン的倫理観がうかがえるであろう。

キリスト教徒としての沢の人物像について知ることができる唯一の史料は若林功著『北海道開拓秘録』である。そこには沢についての次のような記述がある。

茂吉は實に尚ぶべき偉人であったが、所謂東洋流の豪傑ではなく、温厚篤實誠心誠意、堅實一方の師表的人物で、邊幅を飾らず奇矯に亙らず、事に當って眞面目にして熱心な點は、敬虔なる基督教徒の一模範であった。彼の愛讀して座右の銘とした聖書の一節はコリント後書第四章の〝われら四方より患難を受くれども窮せず、詮ん方盡れども希望は失はず〟であり、そして彼の最も愛誦した讃美歌は、

〝つとめいそしめ　はなのうえの
きらめくつゆの　きえぬまに
ときすぎやすく　くれはちかし
あさひてるまに　いそしめよ〟

の一節であった。これを以て見ても、勤倹力行を地に行った平凡な偉人の面影が髣髴される。[83]

ここに描写されている沢の人物像まさに一般的にいわれる〝ピューリタン〟像を絵に描いたような姿であろう。また、山下弦橘氏は著書のなかで次のように述べている、「幹部社員は物質的報酬を求めず、赤貧に甘んじて現地を離れず、殉教者的姿勢で経営指導に専念した[84]」、あるいは「茂吉はまた、平素力を民心の啓培につとめ、その教化力は信義を重んじ、職業を尊重するという美風を村民一般に植え付けるに到った[85]」。この判断が正しいとすれば、これはまさにピューリタン特有の禁欲的職業倫理にほかならない。

さらに、彼らの信仰と合理主義的なメンタリティとの関係について、工藤英一氏は、彼らが共通に、信仰に入る以前から旧来の秩序や〝伝統主義〟への反抗があり、それが英学とともにキリスト教への接近をもたらし、また入信することによってより決定的なものになったという理解を示している。[86]とすれば、ここにもまた広義の〝伝統主義〟を排除するというヴェーバー的な意味でのピューリタニズムの重要な要素が含まれていることになる。すでに述べたように、鈴木、沢が「市民層」(都市に住み、経済活動を営む人々)の類型に入るとすれば、この市民層に固有の実践的合理主義こそが技術的ならびに経済的な計算と自然および人間を制御することを基礎にして〝伝統主義〟を打破する可能性をもっている。そしてこの力を与えるものは信仰に裏付けられた禁欲的・合

理主義的エートスであった(87)。

㈣ 契約的人間関係

一方、すでに見たように、赤心社経営者としての鈴木清、沢茂吉の思考様式は基本的に近代的・合理的であり、そして事務的・現実的である。このような性格は会社内における彼らの関係についても、一切の(友情や信頼に基づく)情緒的なあるいは自然的な要素を拒否する、きわめてザッハリッヒなものとして表れている。その好例が、鈴木が沢に赤心社事業への参加を依頼した時に両者が交わした「誓約書」である。全文を紹介しよう。

誓　約

今般澤茂吉ヲ以而當赤心社ノ役員タラシムルニ當リテ左ノ條款ヲ定約スル

一　澤茂吉ヲ以而日高国浦河郡第弐部開墾地ノ部長トナシ、其ノ部内ノ事務ニ於テハ規則第拾参條ニアル副社長ノ権ト同シキ権ヲ有シ、其ノ一部ヲ統轄負擔シ、當社ノ創設人ト均シキ責任ヲ負ワシム。但シ、事業ノ都合ニヨリテハ負擔ノ位置ヲ返還スル事アルベシ。

一　澤茂吉ハ能ク赤心社ノ主義ヲ固守シ、創業ノ艱難ヲ苦忍シ常ニ其実施ニ在リテ奮励其ノ任ニ當タルベシ

一　當明治拾五年四月ヨリ向フ五ヶ年間ハ正當ノ理由ナクシテ猥リニ此結約ヲ解クベカラザルモノトス。

一　給料ハ五ヶ年ノ平均預算ヲ以毎月金参拾五圓ヲ給与シ、年限中増減スル事ナカルベシ。

一　澤茂吉ニ於テ萬ケ一其責任ヲ履行セズ、或ハ不正ノ所業アリテ、此定約ニ適ハザル事アラバ相當ノ償金ヲ當社ニ納ムベシ。

一　年限中其責任ニ背カズ不正ノ所業之ナキ以上ハ年期ノ後モ更ニ相當ノ位置ニ任スルモノトス。

右ノ條款ノ趣双方承認ノ上各自名調印シテ、相結約スルモノ也。

明治十五年第四月一日

神戸赤心社長　鈴木　清
神戸赤心社委員総代　堀内　信
摂津国有馬郡屋敷町七十番地　澤　茂吉
摂津国神戸区神戸山本通壱丁目番外十九番地
証人　和久山　磐尾(88)

ここには両者（赤心社代表鈴木と沢）に対する双務的な権利と義務（責任）が明確に（証人までつけて）規定されている。この誓約が意味するところは、会社というゲゼルシャフト（利益団体）のなかでの鈴木、沢の関係がきわめてザッハリッヒで契約的なものであるということ、つまり当時としては異例のきわめて近代的な人間関係である。すでに述べたように、もともと赤心社が掲げていた「同一性の原理」は〝契約〟の性格を帯びており、大木英夫氏によればこの〝契約〟こそがピューリタニズムの最大特徴のひとつであった。

ところで、このような人間的特質、姿勢はキリスト教信仰を背景にもちながらも、すでに彼ら指導者のなかに形成されたピューリタン的エートスとして働いているのである。ヴェーバーの理論を援用すれば、このエートスは禁欲的・合理主義的なものとして経済活動とも内的な関連性をもっている。ここにヴェーバー的な意味での赤心社における宗教と経済との内的連関を想定してよいであろう。

二　赤心社内部の対立——心情主義と合理主義

これまで（第一節および第二節）に見てきた赤心社事業の足跡、つまり一方の鈴木清と沢茂吉による赤心社事業の堅実な発展と他方の橋本一狼や加藤清徳らの脱落が織りなすドラマから、初期の赤心社内部にあった異質なメンタリティや志向をもつふたつのグループの存在が浮かび上がってくる。ひとつは発起人の加藤清徳、橋本一狼、加藤とともに第一次移住者を指導した倉賀野棐を結ぶグループであり、もうひとつは鈴木清、沢茂吉のグループである。前者はいずれも中途で赤心社から離脱したという共通点をもっている。会社創立の時点ですでに離脱していた橋本は別として、加藤は明治十六年(一八八三)に副社長の地位から雑務係に落とされ、同十九年には健康を理由に退社した。加藤と行動をともにしていた倉賀野は、加藤が去った四年後の明治二十三年、やはり病気を理由に退社した。つまりふたつのグループの前者が脱落し、ほぼ明治二十年を境として、赤心社は後者によって運営されることになったのである。(89)

注目すべきことは、加藤、倉賀野の離脱は、ちょうど赤心社がその性格を開拓会社から土地経営会社へと変えてゆく過程と並行して起きていることであろう。つまり、鈴木―沢サイドは会社経営の存続を第一に考えていたのに対して、加藤―倉賀野サイドはあくまでも愛国主義と結びついた「開拓」への熱情を拠り所としていたと推測できる。鈴木と加藤との間には当初から事業のあり方について意見の違いがあったことは、『北行日記』に記されている両者の口論からも明らかである。(90)本多貢氏はこの違いを「理想主義」対「現実主義」という図式で説明しているが、(91)これを「心情主義」(価値合理性)対「合理主義」(目的合理性)といいかえることができよう。(92)

明治十四年(一八八一)七月、加藤、倉賀野に指導された第一次移民団の二カ月後の様子を視察するために浦河入りした鈴木清社長は、開墾がほとんど進んでいないことに驚愕した。到着の遅れによる借金や耕馬・器械の不備を理由に耕工夫たちのほとんどが出稼ぎに出ることを「仕方がない」(心情主義、伝統主義)と許している加藤らとは異なって、鈴木は早速次々と手を打った。耕工夫たちをすぐに出稼ぎ先から呼び返して規律の遵守を命ずると同時に、札幌の開拓使に交渉して「器械」と耕牛、そして農業指導員を調達し、集中的な耕作指導と開墾作業を行った。鈴木が、事業が滞った最大の理由を器械の不足と判断したことからも、(93)彼の合理主義的思考様式が読み取れる。さらに彼はそれに加えて、生活用品の調達、流通の確保のために函館に出張所を置くことや、精神的サポートをえるために、組合教会と思想的に近い札幌独立教会(札幌バンド)の大島正健などとも親交を結び、周囲にキリスト者による支援グループを作ることも忘れなかった。このような鈴木の抜け目のなさや才覚は彼が育った旧三田藩の近代的精神風土を背景にしていると思われるが、この才覚と合理主義は、慶応義塾で福沢諭吉の薫陶を受けた沢茂吉にも受け継がれているのである。(94)

三　赤心社の合理主義的経営——資本主義の精神

鈴木—沢体制確立後の赤心社の事業経営のなかには、「伝統主義」的経営のレベルを超えた「合理主義」的な経営手法が多々見られる。例えば、これまでに指摘したさまざまな合理主義的な特質、つまり当初からの資本蓄積と存続への強い志向、そして会社経営の守成法および混同農業への転換や商店部の開設などは、営業による利潤の追求という、いわば資本主義的な経営手法に大きく踏み出したものといえよう。

また、こうした会社経営手法のなかには、彼らのきわめて合理的でザッハリッヒな、英語的にはビジネスライクともいえる冷徹な経営姿勢がうかがわれる。例えば、経営能力に欠けると判断した加藤清徳を副社長から耕牛馬飼育係にまで格下げしたり、危機の時代には怠惰な耕工夫を大量に解雇すること、いわゆるリストラによって乗り切ったことなど、(95)一種冷酷とも取れる経営手法、つまり「目的合理的」で、慣習や感情などの「伝統主義」的な要素を完全に排除する姿勢(能力主義)がそれである。

また、とくに注目すべきことは、山下弦橘氏の著書における次のような指摘である。つまり、「福沢諭吉が海外から持ち帰り、翻訳した図書のなかの『帳合之法』なる会計理論書を沢茂吉が現地で実践したこと、つまり会社の財産管理を、複式簿記特有の「借方」「貸方」という区分によって資本変動の内容を漏らさず記録していた」[96]という事実である。何故なら、この「合理的簿記」こそヴェーバーが近代的資本経営としての資本主義が成立するための決定的な要因のひとつに挙げているものだからである。[97]

ところで注目すべきことに、ここに挙げられた特徴のすべては、ヴェーバーがピューリタニズムの禁欲的合理主義のエートスと適合関係にあるとした「近代資本主義の精神」に当てはまるように思われる。ヴェーバーの視野に捉えられている限りでのピューリタンは、被造物神化の徹底的な拒否から人間の自然性である感情・欲望や伝統主義を禁欲的にコントロールし、ザッヘ（Sache　事柄そのもの）に向かおうとする。そして現世内的な職業労働をベルーフ（Beruf　神の召命）としてそれに専心するようなエートスを大量現象として生み出し、それが合理的な近代資本主義の精神の成立に寄与したと彼は考えた。[98]

このようにして間接的ではあるが、赤心社における宗教と経済との内的連関、つまりエートスの次元での宗教倫理から経済倫理への転換という独自の局面の存在がクローズアップされてくるのである。

結び

以上の考察から、キリスト教的開拓移住団体としての赤心社の特色として指摘できることは次のとおりである。赤心社は明らかにキリスト教的な理念をもった最初の北海道開拓移住団体であった。しかも赤心社は地域に対してコミュニティ形成に資する大きな影響力を与えながら、数々の困難を乗り越え、団体としては現在もなおその名を存続している。このことはほかの同種団体とは異なる最大の特色である。

ところでこのような成功・存続の原因として、赤心社がキリスト教信仰や教会の影響力という点でほかの同種団体よりもとくに卓越していたということはできない。むしろ赤心社の成功・存続の最大の要因は近代資本主義的な要素を含んだその合理的経営姿勢にあると考えられる。しかもその基本的経営姿勢は会社としての利潤追求を志向し、とくに後半の赤心社の基盤は不動産運用とそこからえられる利子であり、それによって生き残ったのであって、それほどの生産的な活動(つまり広義での「開拓」)を行ったわけではない。とくにある時期からはその開拓の精神的部分は完全に元浦河教会に委ねられたという印象が強い。つまり、「開拓」という視点から見ればむしろ後退というべきであろう。一方この団体が精神的に拠って立つキリスト教信仰の基盤が聖園教会や北光教会、今金の聖公会派に較べてより超教派的で世俗的・現実主義的なものであったために、結果的には地域との共存、コミュニティ形成に寄与したといってよいであろう。

しかし同時に、赤心社の場合キリスト教的要因は、ほかにはみられないような独自の形で作用していた。つまりキリスト教はほかの団体に見られるように単に精神的な力(忍耐力、倫理)として作用したにとどまらず、赤心社の場合には経営指導者のピューリタン的エートスとして、一種の資本主義の精神、すなわち合理的な経営姿勢に内的に転化していたと考えられる。宗教倫理と経済倫理がエートスを媒介として結びつくことが可能であるというヴェーバーのテーゼがここにひとつのローカルな実証例を見出すといえるのではなかろうか。これは冒頭に挙げた開拓移住における宗教の諸機能につけ加えるべきひとつの新しい側面ともいえよう。苦難に耐える精神力という宗教の一般的機能は、赤心社の場合にはむしろ〝副次的〟に、北海道の厳しい気候風土、条件のなかで生き残るエネルギーを与えるという形で後押ししたのであろう。すなわち、赤心社の成功・存続はいわばキリスト教的理念の一種の〝世俗化〟の結果だったのである。

（1）　富田四郎氏は著書『会社組織に依る北海道開拓の研究――日高国、赤心株式会社を中心として』（澤幸夫、一九五二年）のなかで、「明治四十三年、荻伏村は内務大臣より敦厚俗をなす模範村として表彰されたが、これは疑いもなく、赤心社移民キリスト教徒を中核とする村風であり、赤心社創業以来の道義国理想の実現結果といえるだろう。当時荻伏村全戸数三二七戸、うち赤心社移住民は七五戸、二三％を占めていた。」（二二四頁～二二五頁）と述べている。

（2）　明治二十一年六月、赤心社の事務所として現在のＪＲ荻伏駅付近に新築された。大正七年に旧荻伏村に寄付されて現在の荻伏支所の位置に移転後、荻伏村役場庁舎として活用された。昭和二十九年現在地に移転して、郷土博物館に転用され、昭和四十九年から赤心社記念館として現在に至っている。今回、そのなかに展示されている文書を、浦河町立郷土博物館の主任学芸員、伊藤昭和氏のご厚意で特別に閲覧、複写させていただいた。

（3）　本章四七頁および五四頁参照。

（4）　とくに山下弦橘著書は、先行する富田四郎論文と共通する記述が多い。根拠とした一次史料の共通性もその原因の一つと思われるが、いずれにせよ、両者とも一次史料についての記載がほとんどないことは残念である。

（5）　津田仙（津田塾大学創始者の津田梅子の父）は、明治八年（一八七五）に入信、翌九年に学農社農学校を創設した（札幌農学校創設と同じ年）。この学農社の目的は、「専ら泰西の農書を講究し、本邦の農業と折衷して、広く天下の鴻益をはかり、国家の富強の基を固うせんと慾す」というものであった（都田豊三郎『伝記叢書三四一　津田仙――明治の基督者』大空社、二〇〇〇年、五八頁）。それと同時に学農社はキリスト教の精神を指導原理として、有能な人材を養成することもまた目的であった。この学農社から明治十三年一月に創刊された『開拓雑誌』の目的については第一号の冒頭に「開拓雑誌発行の主旨」として津田が書いているが、その論旨はおよそ次のようなものである（引用者要約）。「北海道は地味肥沃、気候は農業に適し海陸物産に富む日本の金庫である。これを開拓すれば将来必ずやアメリカのカリフォルニア州のように繁栄し、一家の福利、子孫の繁栄、国力の富栄に寄与するだろう。しかしまだ北海道に関する情報が十分ではない。従って、多くの人が開拓に着手できるようにこの雑誌を発行して、北海道の気候風土、北海道農業に関する知識、北海道の風俗などを広く知らせたい。」この雑誌は当然開拓使にとって格好のＰＲ誌であり、その大部分が買い上げられたという。すでに見たように、この雑誌が赤心社創立の最大のきっかけとなった。津田と鈴木清との交友は、明治十一年（一八七八）、東京築地で開かれた「日本基督教信徒大親睦会」で、神戸教会長として鈴木が参加した時に始まっている（佐波亘『植村正久と其の時代』第二巻、教文館、一九六六年、五二二頁）。その後も『北行日記』に見られるように鈴木と沢は東京、浦河などでたびたび会っており、また学農社に学んだ田中助が浦河公会設立とともに初代牧師兼農事係になるなど、赤心社とのつながりは深い。
（6）『開拓雑誌』第六号、一四二〜一四四頁。
（7）『開拓雑誌』第六号、一二一〜一二三頁、同第七号、一四五〜一四六頁。ここでは、政教一致の性格が強いロシア＝ギリシャ正教の北海道進出はロシア政府の領土的野心が背景に感じられるのに対して、非政治的で「克己慎独」の性格をもつプロテスタントの移住は〝北門の鎖鑰〟という観点からも好ましいと論じている。榎本守恵氏はこれを「かくてプロテスタンティズムは国境北海道において、適切な意義付けを受けたのである」（榎本守恵『北海道開拓精神の形成』雄山閣出版、一九七六年、一六二頁）と評価している。しかし、赤心社事業の意義に対する津田のこのような理由づけは、どう考えてもやや〝こじつけ〟の感が否めない。恐らく、当時の開拓長官の黒田清隆がキリスト教嫌いであったことから、津田が赤心社を黒田の反感から守るという意図をもってこれを書いたものと推測される。
（8）本多貢『ピューリタン開拓――赤心社の百年』赤心株式会社、一九七九年、九五頁。ただし、根拠となる史料は記されていない。
（9）このような見解の根拠については、同右、九六頁参照。
（10）同右、九六頁。
（11）志摩三商会は、三田藩主従トリオと呼ばれる九鬼隆義（最後の三田藩主）、白洲退蔵、小寺泰次郎が明治五年に新興都市神戸で設立した会社で、食料品、雑貨、薬種など外国商品の輸入・販売、土地・山林売買を営んだ。本多貢前掲書、四二〜四四頁参照。
（12）森田金蔵「鈴木清君之略歴」（鈴木清『北行日記』赤心社、一八八二年、巻末に収録）には、次のように鈴木のこのような一面が語られている。「君やそれ斯の如く殉教的熱誠を以て日本初代の布教に貢献する所ありしと雖も、君は又事業の経営を忘れず世の趨勢を大観して常に一歩を先んずるの観ありき。当時君は海外製諸種鑵詰類の輸入侮るべからざる巨額に達するを見るや之が為に徒に正貨の流出するを憂ひ、自ら道《ママ》んで牛肉鑵詰業を開始せしが時の兵庫県知事森岡昌純氏等の知る所となり、為に大に事業の発展を来し其の製品を内外諸博覧会に出品して賞を得る事二十余回の多きに達せり、これ明治十一年のことにして実に日本に於ける鑵詰業者の嚆矢たり。」。
（13）ただ、『七一雑報』明治一二年二月二八日号、同年四月二三日号、同年四月三〇日号、同年七月二日号、同年七月九日号には、「在神戸橋本一狼」の名の投書記事が掲載されていることから、少なくとも明治十二年当初から、神戸第一公会となんらかのつながりがあったと推測される。

(14)　他方、山下弦橘『風雪と栄光の百二十年――ピューリタン開拓団赤心社のルーツと業績を辿る』赤心株式会社、二〇〇二年、巻末の年表では、明治十五年(一八八二)の欄で「創業発起人の一人橋本一狼は胆振国幌別村に入地開墾に従事す爾来当社との関係を絶つ」と記されているが、明治十三年八月の創立総会での役員選出ではまったく彼の名が出てこないことから、この時点ではすでに彼が脱落していたことが推測される。また、本多貢前掲書(九九頁)によれば、赤心社関係史料では「明治十三年三月、幌別郡幌別村(現登別市)に単独入植」と記されているとのことであるが、これが事実とすれば、橋本は加藤清徳、鈴木清とともに『開拓雑誌』に質問状を出し、「赤心社設立趣意」書を書いた直後にすでに離脱(あるいは単独行動)したことになる。さらに、登別町史編纂委員会編『登別町史』(登別町、一九六七年、二二一頁)では明治十四年七月に開墾着手となっている。従ってこの辺の事情は定かではない。

(15)　『赤心社七十年史』赤心株式会社、一九五一年、一～五頁。

(16)　この規則を最初に掲載したのは『開拓雑誌』第七号である(本章三三頁参照)が、そこでのタイトルは「赤心社同盟申合規則」となっている。なお、この規則は翌年に改正されている。

(17)　前掲『赤心社七十年史』五～八頁。なお、この「副規則案」が、後に「副規則」に訂正されたという記録はない。

(18)　ここでは「工耕夫」となっているが、これ以後は「耕工夫」と称されている(「耕工夫規則」など)。

(19)　『七一雑報』明治一三年一一月一九日号、同月二六日号、同年一二月一〇日号、同年一二月二四日号掲載の加藤清徳による「北海道實況」および『神戸又新日報』明治二三年四月九～一二日号に連載された記事「赤心社沿革」。

(20)　久松義典著『開拓指鍼　北海道通覧』経済雑誌社、一八九三年、四五～四九頁。

(21)　本章註(19)、註(20)にあげた文献のいずれにおいても「開拓使長官」と記されているが、正確な役職名称である「開拓長官」に改めた。

(22)　この規則の原文は、富田四郎前掲書(八一～八二頁)および山下弦橘前掲書(七一～七二頁)に「耕工夫規則の大旨」として全文が掲載されている。なお、原史料についての記載はない。

(23)　この規則の全文は、富田四郎前掲書(八三～八六頁)および山下弦橘前掲書(七三～七六頁)に掲載されている。なお、原史料についての記載はない。

(24)　本章五六頁参照。

(25) 工藤英一「社会経済史的視角より見たる赤心社の北海道開拓とキリスト教――創業期を中心として」『明治学院論叢経済研究』四六号、一九五七年、一一七頁。
(26) 同右、一〇七頁。
(27) 富田四郎前掲書、三三頁。
(28) 榎本守恵前掲書、一五四頁。
(29) 斎藤之男「移民経営形態についての考察(六)」では、設立の動機について、「設立の趣旨」から、貧民の自力による救治が動機の根幹にあるとされている。「開進社と対蹠的なのは、まさに赤心社が貧困者の結合を表掲していることである、…平民(加藤のこと　引用者註)の抱懐が士族の志向を引き出してそれと結びつくところに身分的差異を超えた社会的・客観的な結合要因が働いており、このことがまた後述に指摘するような赤心社内部での身分差の希薄さの原因ともなり(会社機能のなかに社会的身分を持ち込むことは赤心社の宗教性においても拒絶されねばならないであろう、従って士族授産を標謬して(たとえそれが表面上のことにせよ)発足したこの種の結合とはすでに当初から異なるものを持っているのである。」(傍点原文のママ)(『農林省綜合農業研究所北海道支所　研究季報』三〇、一九六二年、六二～六三頁)。
(30) 武市安哉による聖園農場創立の第一の動機に挙げられるのは、土佐の土地の狭さからくる生活困窮から農民を救済することであった。本書第四章一八八～一九〇頁参照。
(31) 本多貢前掲書、二一二～二一三頁。なお詳細については後述本章第二節五六頁、註(61)を参照。
(32) このような背景については、本多貢前掲書(二一九～四九頁)、および山下弦橘前掲書(二四三～二八〇頁)で詳論されている。
(33) 本書第四章二〇二頁、および第五章二四七頁参照。
(34) 『元浦河教会創立百周年記念誌』日本キリスト教団元浦河教会、一九八八年、三八頁。
(35) 斎藤之男前掲論文、六三頁。
(36) 工藤英一前掲論文、一〇七～一〇八頁。
(37) 創業当時の赤心社幹部にはキリスト教徒が多い。加藤清徳、鈴木清、沢茂吉以外のキリスト教徒について、その社会的出自を記すと、湯沢明は士族で神戸多門教会会員。和久山磐尾は士族で神戸教会会員。倉賀野棐は士族で明治十九年(一八八六)受洗。彼らは明治初年におけるわが国初代プロテスタントの典型ともいうべき士族信徒であった。
(38) 小川秀一編『元浦河教会五十年史　一八八六年―一九三六年』元浦河教会、一九七五年、一二頁、山下弦橘前掲書、四二六頁参照。
(39)　本書第四章一九八〜二〇〇頁、および第五章二四四〜二四六頁参照。
(40)　前掲『元浦河教会五十年史』(二頁)、および本多貢前掲書(一一〇頁)。
(41)　本多貢前掲書(二七六頁)。なお、原典は小川秀一『恩寵七十年』大阪・四貫島友隣館、一九七六年。
(42)　工藤英一前掲書、一一二頁。
(43)　本書第四章一九三〜一九六頁参照。
(44)　斎藤之男前掲論文(六〇〜六一頁)、前掲『元浦河教会五十年史』(一頁)、荻伏村史編纂委員会編『荻伏百年史』(荻伏開基百周年記念協賛会、一九八三年、一五六頁)および『北海タイムス』明治三八年一〇月一一日号掲載赤心社二五周年記念会鈴木社長発言記事。
(45)　富田四郎前掲書、四一〜四二頁。
(46)　前掲『荻伏百年史』、一五六頁。
(47)　本多貢前掲書、二九三頁。ここではその根拠を荻伏村史編纂委員会編『荻伏村七十年のすがた』(荻伏村、一九五二年)の年表としている。また山下弦橘前掲書(九七頁)では、この年に沢茂吉部長が中心となってこの「使命」を宣言したと記述しているが、その典拠は示されていない。なお、この両者とも、前掲『荻伏村百年史』引用文の「使令」を「使命」と言い換えている。
(48)　『北海タイムス』明治三八年一〇月一一日号。
(49)　北海道庁内務部編『北海道農業調査』北海道庁内務部、一九一三年、四七一頁。そこでは次のように書かれている。「未開ノ地ヲ開キテ産ヲ殖シ宗教ノ自由ヲ重シ徳義ヲ修養シ人物ヲ陶冶シ一旦緩急アレハ北門ノ鎖鑰タラシメント事ヲ期シ…」。ところで、この記述は各団体からの文書による回答に基づいたものであり、従って少なくともこの時点における赤心社ではみずからの設立目的についてこのような見解が定着していたことをうかがわせる。
(50)　久山康編『近代日本とキリスト教(明治篇)』(創文社、一九五六年)の二二四頁で、隅谷三喜男氏は、明治十三〜十四年頃はまだキリスト教会は「旭日の将に東天に昇らんとする勢」にあったが、明治十五年から厳しい迫害に会うようになったと述べている。
(51)　榎本守恵前掲書(一六三〜一六四頁)には次のような記述がある。「『元浦河教会五十年史』が掲げた赤心社目的のひとつ、宗教の自由の問題は、赤心社開拓地においてはほかに対するキリスト教徒の主張というよりも、ほかの宗教に対する寛容として結果している」、「本州ではしばしば祭典寄付をめぐってキリスト教徒の問題がおこるが、荻伏ではこれらの神社や祭典と赤心社キリスト教とは何らの問題を引きおこしてはいない。」。

(52) ただし、本多貢前掲書で引用されている若林光による「北海道赤心社と三田教会」三田市文化協会報、一九七五年一二月発行(二四四〜二四五頁)では次のように述べられている、「当時、内地でのキリスト教は政府の欧化政策の反動で圧迫されるばかりで、人々はこれを蛇蝎視し、時には暴力のみをもって迎える状態だった。政府もまた固まりつつあった天皇制護持のために、キリスト教とはあい容れぬものがあった。信徒にとっては細々と鼻息をうかがっているよりも、北海道という大地で思いのままに生きた方がよい。あそこなら拘束する者も圧迫する者もいない。キリスト教徒の理想郷づくりにふさわしいという意識と、鈴木清らに代表される武士的人道主義キリスト者の指導による開拓事業が共感しあったと思われる」。しかし、前註(50)にあるように、このような当時の状況分析そのものに疑問がある。

(53) 沢茂夫稿「沢茂吉余話抄」(榎本守恵前掲書引用文、一六三〜一六四頁)。

(54) 榎本守恵氏も、赤心社キリスト教の倫理的強調について次のように述べている。「会社の成文規定には道徳についての強制はあるが、直接信仰規定はない。その点に、当時一般にキリスト教がより倫理としてうけ入れられた事情の反映と同時に、倫理であったからこそ、異教徒社員にも矛盾無く一般性をもちえたのである。」(榎本守恵前掲書、一六三頁)

(55) 北海道開進会社は、和歌山県士族で当時第四四国立銀行頭取であった岩橋轍輔が発起して明治十二年六月に創立された。その目的は完全に士族授産で、資金を国立銀行、財閥に依存した。しかし、指導者に恵まれなかったことと、移住士族が経営に不慣れだったことから数年で失敗に帰した。なお、鈴木清の『北行日記』からは、当時、鈴木が岩橋など北海道開進会社のメンバーとたびたび接触し、開拓移住先発者からの情報をえていたことが窺われる。

(56) 本章註(61)参照。

(57) 総会で耕地の分配が否定された最大の理由は、内地に居住する株主が耕地の分配を受けても仕方がないということであった。こうした経緯については、以下の諸文献を参照されたい。前掲『赤心社沿革』、一五頁、斎藤之男前掲論文、七七頁、山下弦橋前掲書、一〇三頁。

(58) 斎藤之男前掲論文、九一頁参照。

(59) 富田四郎前掲書、一一〇〜一一二頁。

(60)　赤心社における教育面で特筆すべきものは、この愛荻舎の設立である。山下弦橘前掲書、一七〇～一九一頁参照。大正十四年(一九二五)十二月、荻伏小学校付属農場「愛荻舎」が設立され、自力の家畜飼育などが行われたが、その目的は①主知主義教育に傾いている教育より、大自然の土の香に真の教育の実を求めよう。②労作を通して、知徳を磨く信念と体験の教育に精進しよう。③建村の精神に立ち返ろう、ということであった。山下弦橘氏はこの「荻伏小学校付属農場愛荻舎」が荻伏村を酪農村として発展させる基礎を作ったと述べている。

(61)　斎藤之男前掲論文、七二～七三頁。なお、このような耕工夫と会社との関係を富田四郎氏は「封建制度下における農民の領主に対する賦役的労働の遺制」と表現し(富田四郎前掲書、八七頁)、また山下氏は「隷属的関係」あるいは「半農奴的支配関係」といっている(山下弦橘前掲書、七〇頁)。

(62)　榎本守恵前掲書、一五五頁参照。「日曜集会によって心裏の学術を進めることは、赤心社を内側から支える道徳的・精神的紐帯をつくり出すことにほかならない。それは身分意識を越えた、〝前条の正副規則承認して入社したる以上は、各自同一の権利を有すれば亦随て同一の責任なきを得ず〟という同一性の原則に立っていた。」。

(63)　斎藤之男前掲論文、六八頁。

(64)　本章註(74)の文献参照。

(65)　斎藤之男前掲論文、七七頁参照。明治十八年四月、土地分配の案をめぐる株主間の利害対立があったが、沢らの強力な意見で規約の二十二字(「万一有事の日に際せば屍を北門枢要の衝路に暴し」)の削除の動議が否決された。斎藤之男氏によれば、これは会社設立の精神を再確認することによって利害対立を止揚しようとする結合「論理」の援用である。

(66)　山下弦橘前掲書、三五六～三五七頁。なお、社員の私有地無所有という創業時の盟約については、富田四郎前掲書(二二五～二二六頁)でも述べられているが、両者とも、その典拠を記述していない。

(67)　土居晴夫「赤心社移住史」『歴史と神戸』第七巻四号(三三号)、一九六八年一二月、四六～四七頁。なおほぼ同じ点を山下弦橘氏も挙げている(山下弦橘前掲書、三五六頁)。

(68)　斎藤之男前掲論文、六〇頁。

(69)　富田四郎前掲書、六一頁。

(70)　『理想郷』は、昭和九年(一九三四)五月に創刊された月刊紙で、キリスト教伝道新聞であるが、一般教養的な記事や地域の話題を提供してコミュニティペーパーの役割を果たしていた。本多貢前掲書(二七八～二八一頁)、山下弦橘前掲書(一九二

〜一九三頁）参照。
(71) 山下弦橘前掲書、三五六〜三六〇頁。
(72) 斎藤之男前掲論文、六一頁。そこで次のように述べられている。「宗教的倫理がそれ自体として考察対象となるのでなく、それが生活の場に引き出されて現実の個人的生活の倫理として存在しながら、同時に共同体結合の倫理に転化するという宗教的倫理の次元の転換と、またこの転換の底流となっている宗教倫理の経済倫理への飛躍等が問題となる。」（傍点原文のママ）このような視点は明らかにマックス・ヴェーバーの宗教社会学における「エートス」への注目と軌を一にするものであろう。
(73) 以上のピューリタニズムに関する説明は、『キリスト教大辞典』（教文館、一九六一年）、『日本キリスト教歴史大辞典』（教文館、一九八八年）などの記載にほぼ沿ったもので、いわば公認された見解といってよいであろう。
(74) 大木英夫「日本におけるピューリタン宗教の受容」、大橋健三郎他編『講座　アメリカの文化Ⅰ　ピューリタニズムとアメリカ』南雲堂、一九三九年、三四七〜三四八頁。
(75) Max Weber, "Die Protestanntishe Ethik und der Geist des Kapitalismus" (in *Gesammelte Aufsätze zur Religionssoziologie I*（以下 ***GARS I*** と略記）, Verlag von J. C. B. Mohr, 1920, S. 91. Anm. 1)（マックス・ヴェーバー、梶山力・大塚久雄訳『プロテスタンティズムの倫理と資本主義の精神』（以下『倫理』と略記）下、岩波書店（岩波文庫）、一九六二年、二四頁）。
(76) 「エートス」概念については、本書、序章一三頁および註(13)参照。
(77) 大木英夫『ピューリタン――近代化の精神構造』中央公論社（中公新書）、一九六八年、九三〜九六頁。
(78) この系列から北海道に移住したキリスト教的開拓団体には、このほかに明治二十四年（一八九一）、同志社学生の志方之善らが利別原野（現今金町神丘）に入殖したインマヌエルがある。これについては本書第二章、第三章で論じている。
(79) 浦河公会が超教派的な性格をもっていたことは、現赤心社代表取締役の沢恒明氏から直接頂いた『浦河公會規約』（明治一九年）の第十五条からもうかがえる。すなわち、「何の教會にても聖書を信仰の基礎としイエスキリストの聖名に由て立たる者は皆キリストの一家にして我儕會員は共に其の僕なり己に就ては兄弟なり故に公會の兄弟姉妹は地の四極に至るまで凡そ主の名を認はす所の信者を相愛し相親むべし」。また、大島正健など札幌独立教会との交友関係については、本多貢前掲書、一七五〜一八八頁に詳しい。
(80) 福島恒雄『北海道キリスト教史』日本基督教団出版局、一八九二年、二二七〜二三六頁。なおここで実例として挙げられているのは、明治二十九年（一八九六）に札幌で教会が設立された時、「信者になった者十七名中七割が商人であった」という事実である(二三五頁)。

(81)　Max Weber; "Einleitung" in *GARS I*, S256.f.(マックス・ヴェーバー、林武訳「世界宗教の経済倫理」『世界の大思想Ⅱ―7　ウェーバー　宗教・社会論集』河出書房、一九六八年、一三四〜一三五頁)。

(82)　鈴木清『北行日記』、三二頁。

(83)　若林功『北海道開拓秘録』第一篇、月寒學院、一九四九年、三七一頁。

(84)　山下弦橘前掲書、三五六頁。

(85)　同右、一五二頁。

(86)　工藤英一前掲論文、一一八頁。

(87)　ヴェーバーの宗教社会学の重要概念である「伝統主義」の意味は基本的には「日常の慣例を犯すべからざる行為の規範とみなす精神的態度ならびに信仰」を意味しているが、人間の生来のあり方と結びついた「自然的」な生活態度一般をも指している。近代資本主義の精神が成立する上で一番の障害になったのはこの「伝統主義」であり、例えば、労働意欲の喚起を目的とした「出来高賃金制」を採用しても、従来と同じ収入をえるためにかえって労働量を減らすような精神態度であった。Max Weber; *GARS I*; *S*. 269f.(前掲林武訳「世界宗教の経済倫理」、一四七頁。*Ibid*. *S*. 43. *f*.(マックス・ヴェーバー、梶山力・大塚久雄訳『倫理』上、六三〜六六頁)。

(88)　山下弦橘前掲書、五二〜五三頁。

(89)　前掲註(14)参照。

(90)　鈴木清『北行日記』二八頁には「此夜事業上の義に付き両人意見を異にせしより激烈なる議論を発し果は不満足を面に表はし思ひ思ひに寝に就きたり。」と記されている。これは最初から二人の事業に対する考え方がかなり違っていたことを示している。

(91)　本多貢前掲書、一九八〜一九九頁。彼は次のように表現している。「これまで調べた範囲では、加藤と橋本が北海道開拓を発心し、その実行方法を鈴木にもちかけた、という心証を強くしている。それを裏付ける資料は手に入らなかったが、橋本の行方を追ううち、赤心社の第一次入植より以前に、単独で幌別(今の登別市)に入っていること。加藤があまりにも〝理想主義〟的なやり方を進めようとして。まもなく現実主義に転換した赤心社から締め出されてしまったこと、などを考えてみれば、少なくとも傍証、状況証拠の一面にはなり得よう。つまり、創業時の熱情は鈴木よりも加藤、橋本に。そして、軌道に乗せたのは鈴木であり、沢はそれを維持発展させた。」」。
(92) ヴェーバーによるこのふたつの合理性概念の意味は次のとおりである。「目的合理性——外界の諸対象や他人の振舞を予測し、そしてこの予測を合理的に、つまり結果として追求され、かつ考量される自己の目的を実現するための「条件」やあるいは「手段」として利用しながら行われる社会的行為は目的合理的に規定されている」。「価値合理性——ある特定の行動が持つ、絶対的な固有価値(倫理的であれ、美的であれ、宗教的であれ、あるいはその他どのように解釈されようとも)に対して、純粋にそれ自体として、また結果を顧慮することなく自覚的に信ずることによって規定された行為は価値合理的である」。Max Weber; *Wirtscaft und Gesellschaft*, 5. revidierte Aufl. Studienausgabe, 1972, S. 12.(マックス・ヴェーバー、濱島朗訳「社会学の基礎概念」『現代社会学体系5 ウェーバー社会学論集』青木書店、一九七一年、一一五頁)参照。
(93) 鈴木清『北行日記』四〇頁参照。
(94) 気候などの条件から、浦河が馬産に適していることを発見し、後の馬産地、浦河の基礎を築いたのは沢である。
(95) 山下弦橘前掲書、一〇六頁の次の叙述参照。「耕工夫のうち、素行の定まらないもの十四名を解放(解雇)していることも、規律を遵守しなければ直ちに解放するという厳しさはほかの集団には見られない点である。」。また、斎藤之男前掲書、八三頁には、「解放は赤心社の転換期に当たる十九年頃から特に強く行われたようである。経済恐慌の克服手段の一つは移民の淘汰であった」と記述されている。
(96) 山下弦橘前掲書、三五八頁。なお、高田義久「旧三田藩、北海道移住の背景」(『三田史談』三田市郷土文化研究会、第二四号、二〇〇四年四月、一〇頁)にも同趣旨の見解が記述されている。時期的には山下氏の記述の方が早いが、実際は高田氏が関連の史料を所有しており、このような点について高田氏から示唆を受けて山下氏が先に記述したものと思われる。なお、現在赤心社記念館に所蔵されている「日記」(明治一九年一月)、「支出明細簿」(明治二八年)、「計算報告収入別冊」(明治一七年調整、明治一九年調整)などでは、複式簿記の様式で収支状況が緻密に記録されている。
(97) ヴェーバーにおける合理的簿記の重要性については次を参照されたい。Max Weber *Wirtschaftsgeschichte* (Duncker & Humblt/Berlin, 1958), S. 238. マックス・ヴェーバー、黒正巌、青山秀夫訳『一般社会経済史』下巻、岩波書店、一九六五年、一一九頁。
(98) このことを論じたのが彼の代表的著作『プロテスタンティズムの倫理と資本主義の精神』である。前掲註(75)参照。

第二章　今金・インマヌエル移住団体

——異教派間の連帯と確執

はじめに

「インマヌエル」(神われらとともにいます)、こう名づけられた土地に、明治二十六年(一八九三)京都、埼玉からのキリスト教徒移住者たちによる異色の集落が創られた。現在の瀬棚郡今金町字神丘である。[1]明治期に北海道に入ったキリスト教的開拓移住団体としては、ほかに浦河・赤心社、浦臼・聖園農場、北見・北光社、遠軽・北海道同志教育会があるが、そのなかでもこのインマヌエル団体はひときわ異彩を放っている。それは、この団体のみが会社組織を取らず比較的自由な人々の集団であったことのほかに、キリスト教徒のみによる理想郷建設を志し、しかも開拓移住の当初から、歴史的由来と性格をまったく異にするふたつの教派、すなわち組合教会(会衆派)と日本聖公会の信徒たちが協働してここに集落を形成し、開拓にあたったことである。

ここでは、序論で述べたいくつかの側面に焦点をあてつつ、他団体との比較的視点からインマヌエル団体の特性をどのように評価すべきか、また、この団体の独自性である理想の純粋性とふたつの教派の協働・分裂がこの特性にいかなる影響を与えたのか、これらの問題について精神史的、宗教社会学的な観点から考察することが本章の課題である。

ところで、インマヌエル団体に関する一次史料は、その組織が不安定なものであったために決して充分とはいえない。唯一の組織的存在である教会も、その基盤が司祭や牧師の常駐すら困難な小農村であったこと、また両教派の分離合同が繰り返されたこともあって、史料の散逸も著しい。

現存する一次史料には次のものがある。

聖公会インマヌエル教会文書

「利別聖公会礼拝日誌」(明治二九～三八年、ただし、三六～三七年の一部が欠落)。

「基督教青年会会則・会員名簿・集会記録」(大正三年～昭和六年)

「組合教会日誌」(大正三～昭和一七年)

丸山家文書

明治二十五年(一八九二)～明治二十六年当時の丸山要次郎の「家族宛書簡」や明治二十六年の丸山一家等の「移住日誌」など貴重な史料を含む。痛みのため、欠損部分が多いが、函館元町古文書研究会による優れた解読文が付けられ、保存されている(元町古文書研究会解読「瀬棚郡今金町神丘丸山家文書解読文」第一～第十一)。

天沼家文書

天沼恒三郎自筆による「團体成業規約書」、「北海道團結移住開懇〔ママ〕志願ニ付其準備手続書」、「土地貸下願之件ニ付懇願書」、「吾か生立ちの記憶」など、聖公会グループ移住の経緯を示す重要な古文書がふくまれるが、その詳細は第三章で述べられる。

一方、重要な二次史料としては次のものがある。

北海道庁編『新撰北海道史』第四巻通説三、北海道庁、一九三七年

今金町史編集委員会編『今金町史』今金町、一九五八年

今金町史編集委員会編『改訂今金町史』上・下巻、今金町、一九九一年

これらの町史にはインマヌエル団体に関するかなり詳細な記述があるが、これはほとんどすべてが以下に挙げる二次史料に基づいて書かれており、不正確な部分も多い。

若林功『北海道開拓秘録』第一篇、月寒學院刊、一九四九年
若林功著・加納一郎改訂『北海道開拓秘録』(三)　時事印刷株式会社、一九六四年
　両者とも、元は同じで、組合教会グループの移住者の回顧談を元に書かれている。
今金町開拓回想録編集委員会編『今金町開基七〇周年記念　開拓回想録』今金町、一九六七年。移住者天沼喜蔵(恒三郎の弟)の長男である天沼義之進氏が主として聖公会グループの移住者の回顧談を元に書いたもの。
天沼義之進『日本聖公会　今金インマヌエル教会沿革史』日本聖公会、一九六八年。前書を元に著者が書いたもので、推測を交えず、簡潔で客観的な記述に徹している。
木俣敏『悠久なる利別の流れ』利別教会創立百周年実行委員会、一九八四年。一次史料及び独自の調査を基にして、天沼恒三郎に関する詳細なドキュメントが著者独自の見解と推測を交えて記述されており、『改訂今金町史』でも一部この著書の記述をそのまま引用して書かれている。しかし、そのなかには明白な誤りや根拠不明の推測あるいは創作と思われる部分も少なくない。詳細については、第三章参照。
そのほか、間接的な史料としては次のものがある。
相良愛光『日本基督教団利別教会の由緒と沿革』日本基督教団利別教会、一九六五年
『黎明――神丘地区開基百年記念誌』神丘地区開基百年協賛会、一九九一年
奈良原春作『荻野吟子――日本の女医第一号』図書刊行会、一九八四年

第一節　移住開拓の経緯

一　移住の経緯と集落形成

諸史料から、インマヌエル団体の北海道移住と集落形成の概要は以下のようになる。明治二十四年（一八九一）、京都同志社の学生で新島襄の薫陶を受けた組合教会員の志方之善[2]は、同郷の先輩田中賢道が犬養毅や尾崎行雄と共同して瀬棚郡利別原野に広大な土地を北海道庁から借り受け、開墾の計画を立てていることを聞き、学友の丸山伝太郎、大住（後高林）庸吉と話し合って北海道に移住し、キリスト教的理想郷を建設しようと決心した。そこでその年の五月、まず志方と丸山伝太郎の弟要次郎（当時一七歳）が瀬棚に渡り、そこから丸木舟で利別川を上り、二日間かかって利別原野目名（中焼野ともいう、利別川と目名川の合流点近く）に到着した。とりあえず小屋を作り、生活の場を確保したうえで、秋になって志方は本格的な移住の準備のために上京し、丸山要次郎は一人で越冬することになった（現在その場所に「神丘発祥の地」と記された記念碑が建っている）。

翌明治二十五年（一八九二）の春、志方は姉などを伴って目名に移住したが、秋にはふたたび上京して丸山伝太郎とともに犬養らと貸下を受けた土地の開墾委託の契約（代耕契約）を結んだ。この年の十二月には高林庸吉とともに国縫からの別ルートで探索を行い、志方はそのまま目名に残った。

一方、かねてから同志一一名とともに北海道への集団移住を計画し、その調査のために明治二十五年（一八九二）三月から来道して移住候補地を探索していた天沼恒三郎という人物がいた。彼は埼玉県熊谷の聖公会信徒であった。彼は最初利別原野に目をつけたが、そのほとんどが犬養などへの貸下地であることを知って諦めた。次に太櫓に適地を見つけ、六月に貸下願書を北海道庁に提出したが、ここが御料林であるため貸下は難しいとの答えをえた。彼は家族一同をいったん有珠郡西紋別(現在の伊達市)に移住させた上で、さらに各方面への働きかけを続けていたが、翌明治二十六年四月、すでに前年(時期は不明)に出会って会談し、そのキリスト教村建設の理想に共鳴していた志方之善を目名に尋ねた際に、翌日犬養毅が来道し、国縫で会う予定であることを聞き、同行した。犬養に会った天沼は志方とともに、超教派的キリスト教村建設の理想を訴えたところ、犬養は天沼とも開墾委託の契約をすることになった。彼はただちにかねてから天沼の移住計画に賛同していた郷里の山崎六郎右衛門(3)等の同志にこのことを報告し、この年の六月、山崎一家と天沼恒三郎一家は目名に移住した。なお、このような経緯は『今金町史』などで記述されている、いわゆる通説とは異なっている(4)。この天沼と山崎の二名が移住後の聖公会グループの中心人物になる。

組合教会グループでは、同年の五月には、丸山要次郎の家族(祖父辺、父正高)、志方之善の母、高林庸吉の家族ら九人がすでにこの地に入り、八月には川崎徳松一家や同志社の学生なども入地した。こうして一応の集落が形成された(5)ので、志方は一同に諮ってかねてから考えていた「インマヌエル」という地名を定め、さらに次のような「憲法」を定めた。

一、基督教主義ヲ賛成シテ移住スル者ハ、何人ヲ問ハズ、定域内ニ於イテ原野地一萬五千坪ヲ托シ、成功ノ上十分ノ一ヲ教會費トナスコト。

一、移住者ハ禁酒ハ勿論、凡テ風教ニ防害トナルコトヲナスベカラズ。若シ犯セシモノハ契約ヲ解除スルコトアルベシ。

一、大祭日、毎日曜日ヲ休業シ、他愛主義ヲ採リ連苦〔ママ〕互ニ相助ケ、猥リニ貸借ヲ禁ズ。

一、移住者ハ自活自由ヲ重ンジ、各自獨立ヲ圖ルコト。(6)

これは明らかにこの村を完全に教派を超えたキリスト教徒の村にしようという思想のもとに書かれている。こうしてインマヌエル村の基礎が定まり、毎日曜日の集まりは各自の小屋を順番に回って行われた。この年の九月に大洪水や秋の霜害があったため、単身の入殖者の大半が帰郷するというアクシデントはあったが、翌明治二十七年(一八九四)には、組合教会の川崎徳三郎、笹倉福松など、聖公会の天沼喜蔵(恒三郎の弟)一家らが入地して一応キリスト教村としての体裁は整った。しかし他方、農業実践の経験に乏しい者を多く含むキリスト教徒のみの団体という制約もあって開墾そのものはあまり進展せず、そのために、明治二十八年(一八九五)には、犬養毅などへの貸下げ地のうちの未開地の返還が命ぜられた。(7)さらにその二年後にはその地が一般移住者に開放され、〝キリスト教村〟という理想が挫折する結果となった。(8)つまり、この時点で開拓者としてのインマヌエル団体は事実上消滅し、その後は教会という組織を通じて生き続けることになる。

とはいえ後述するように、(9)この集落の場合には、今日なおキリスト教徒開拓者の子孫たちが住民のなかで占める比率の高さとも関係して、キリスト教は教会という枠をはるかに超えた影響力をこの地域全体の精神風土に及ぼしている。

二　キリスト教信仰と教会の状況

当初、両派は共同して礼拝や集会を維持していた。しかし明治二十八年(一八九五)頃から次第に礼拝形式などにおける両派の違い、互いの違和感が信者たちの間で意識されるようになったことがいくつかの史料に記述されている。(10)函館の聖公会宣教師アンデレスがこの地を訪れ、会堂建設援助金三〇円を寄付したことをきっかけに同年の秋には聖公会グループの間に会堂建設の機運が高まり、翌年三月に教会堂が落成し（会衆一四名、子供四七名）、瀬棚から中村周二牧師も派遣されて日本聖公会利別講義所となった。一方、会堂も伝道師ももたない組合教会の方は、丸山要次郎宅に集まり、丸山伝太郎が礼拝や日曜学校を指導していたが、明治三十一年（一八九八）春に、組合教会のローランド宣教師が宇田川竹熊牧師を伴ってこの地を訪問したのをきっかけとして、組合教会員を励まし、協力して笹小屋の教会堂を建て、「組合教会インマヌエル教会」と名づけた。その後宇田川牧師の指導のもとに明治三十二年（一八九九）には現在の今金町市街に教会を移転した。

こうして両派は事実上分裂してふたつの教会となった。その後太平洋戦争が始まるまでの間、聖公会は大正末期の四年間を除いては専任の司祭のもとで、また組合教会はほとんどの期間を牧師不在のまま、高林などの指導のもとでなんとか教会組織と信仰を守り続けた。しかし昭和十六年（一九四一）の太平洋戦争開始とともに成立した宗教団体法により、両教会は否応なく日本基督教団に併合されることになった。つまり、両派は昭和十八年に合併して日本基督教団に加入、日本基督教団利別教会となった。

終戦後、不本意ながら日本基督教団に併合された教派の多くは教団から離れて元の教派に復帰していったが、今金の両教会は信徒数も少ない弱小農村教会という現状をふまえて、聖公会の山崎喜三郎（六郎右衛門の三男）、天沼義之進（喜蔵の次男）、組合教会の川崎徳松などによる話し合いの結果、日本基督教団利別教会として合同することになった。これはとくに聖公会グループにとってはまさに親組織からの離脱を意味するものであっただけに苦渋の決断であった。[11] それだけに、このような全国的にも特異のケースが生まれた背景には、志方之善と天沼恒三郎の会談以来の教派的異質性を超えた独特の連帯感が想定できるだろう。

しかしこの合同は長くは続かなかった。後述するようなさまざまな原因によって昭和二十九年（一九五四）には聖公会が教団から脱退して「聖公会インマヌエル教会」となり、ふたたび分裂して現在に至っている。その経緯の詳細については第三節で述べることとしたい。

信者数に関しては、種々の記録から推定すると、明治三十年(一八九七)の時点で総戸数約四〇～五〇戸のうち半数はキリスト教徒の家族、信者数は両派合わせて三〇名前後と思われる。利別村全体からすると、戸数でほぼ二〇%と推測される。(12) 現在まで残っているのは、組合教会の丸山家、川崎家、聖公会の天沼家、山崎家の子孫など少数の家系であるが、その家族、子孫を含めた信者数はかなりの数にのぼり、例えば昭和二十五年(一九五〇)の時点で日本基督教団利別教会の教会員は一二七名、また昭和四十年(一九六五)の時点(聖公会離脱後)では一五六名を数えている。(13)

第二節　移住の動機

今金インマヌエル移住団体の場合、ほかの同種団体とは異なって両派ともに会社組織での移住ではないこともあって、組織の設立趣意書や規約に相当する史料は乏しい。(14) 従って移住動機に関しては、創始者たちの言動を知る村の古老たちの回顧談や当時の社会状況などに関する限られた史料にも依存することになる。

移住の動機・目的として諸文献で挙げられているものとしては、政治的動機では、①北海道開拓によって国力の充実に貢献しようという愛国心。経済的動機としては、②藩閥専制政治のもとでの農民の窮乏からの脱出、および③失職による生活上の窮乏からの広い土地への渇望。宗教的動機としては、④明治二十年代以降の国粋主義の台頭に伴うキリスト教弾圧の風潮、(15) そしてほぼすべての文献が指摘するものとして⑤ピルグリム・ファーザーズの新大陸移住・開拓に倣った新天地北海道でのキリスト教的理想郷建設の理念、などがある。

ところで、インマヌエル団体の場合、明らかに異なる系譜をもったふたつのグループが存在していることから、動機についても一応は別個に考えなければならない。第一の愛国心、国に対する忠誠心は、キリスト教的北海道移住団体すべてに共通する表向きの(とくに国や北海道庁に開拓移住の許可を求める際の)動機として語られるものである。インマヌエル団体の場合にも、高林庸吉の回顧録にはそのような動機が次のように語られている。

> 国力を充実し、家を充実するには何処がよいか。北海道には不毛〔ママ〕の原野がある。これが開拓に向かうことが目下の急務である。…この考えは何処から生まれたか。生きた手本、同志社の校長新島襄先生の感化であったことは申すまでもない。…先生の一言一行は凡て愛国の至誠であった。どんな人でも国家のため全身全霊を尽せというのが教育の方針であった。[16]

一方、聖公会に関しては、天沼家文書中の天沼恒三郎自筆の「北海道團結移住開懇〔ママ〕志願ニ付其準備手続書」に次のような文言が見られる。

> 彼ノ荒漠タル原野ノ開拓懇〔ママ〕成ニ心身ヲ托シ敢テ速ニ事業ノ奏功ヲ全シ大ニシテハ上陛下ノ拓地殖民ノ聖意ヲ奉ジ我日本帝國ノ生産ヲ増殖シ且ツ身ハ以テ北門ノ鎖鑰トナリ國家万一ノ凶變ニ應ゼントノ覚語〔ママ〕決心ニ候

しかし、ほかの同種団体の場合と同様、公に向けての愛国心吐露の表現は類型的である上に、愛国心と北海道開拓移住との論理的結びつきは必ずしも明確ではない。それがどこまで本心なのか、また高林の場合には、それが同志である志方の愛国心と同質・同レベルのものであったかどうか、史料・文献だけから確定することはできない。

第二の農民の窮乏という点に関しては、『改訂今金町史』で、藩閥専制政治による農民の窮乏に対する志方之善の激しい糾弾の言葉と北海道移住の意思表明が丸山伝太郎との対話の形で、生々しく記述されている。[17] しかしこれは木俣敏著『悠久なる利別の流れ』の文章をそのまま引用したものであり、[18] しかもこの書の著者はその史料的根拠を明らかにしていない。著者がどのような史料を根拠にこのような具体的な記述をしたのかは不明であり、かなりの推測による記述(もしくは創作)が含まれていると思われる。

また聖公会グループに関しては、木俣敏前掲書では秩父困民党の蜂起が若き天沼ら農民にあたえたショックを想定している。[19] この点は確かに想定可能なことではあるが、しかしあくまでも推測にすぎない。ただ天沼、山崎らが埼玉の農民出身であったこと、また、天沼家文書の「團結成業規約書」[20]を見ると、彼らの場合にはこのような経済的理由が主たる動機であったことは間違いない。

第三の動機が一部にあったことについては、聖公会の山崎清太郎回顧談からも明白である。つまり、明治二十五年(一八九二)頃、碓氷峠の隧道工事が完成、汽車鉄道の開通によって、鉄道馬車会社が解散することになり父の山崎六郎右衛門は失職した。そのとき、重役の大越米吉を介して天沼から北海道移住を勧められたのである。[21] 第四のキリスト教弾圧の風潮については、志方や天沼の周辺にとくにそのような状況を示す証拠・史料がないことから、その妥当性は疑わしいと思われる。

最後のキリスト教的理想郷建設の理念については、ほぼすべての文献が指摘していることであるが、[22] さまざまな古老の回顧談や、志方之善によって書かれたと思われる唯一の文書「インマヌエル村憲法」からみても、この理念が志方、丸山、高林など同志社出身の組合派グループのおもな(ほぼ唯一の)動機であったと推測して間違いないであろう。一方聖公会グループに関しては、前掲「團結成業規約書」の第一条に、「本團体ハ基督教信者ノ同志ヲ以テ組織シ聖父ノ愛護ニヨリ同心協力北海道ノ開拓事業ニ従事スル事」[23]と書かれている。これだけでは必ずしもキリスト教的な理想郷建設の理念とはいえないが、しかし、ほかの史料から見ても、彼等もまた最初からキリスト教徒のみの開拓集落の建設を意図しており、志方らの理念にも共鳴していたことは明らかである。

いずれにせよ、インマヌエル団体のこのような超教派的キリスト教的理想郷建設という動機はその純粋性という点においてほかの同種団体にも例を見ないものである。ただし、まさにこの純粋性とユートピア性こそが逆にこの団体の弱点につながっているともいえるであろう。

第三節　信仰上の葛藤と教会分裂

一　初期の教会分裂

最初の両教派の分裂の原因については、まず宗教上の相違が考えられる。天沼義之進はその著書のなかで「同じキリスト教徒とはいえ、伝統、教理、礼拝、組織を異にする両教会にあってはやむを得ない必然の結果であった[24]」と書いている。また山崎清太郎(六郎右衛門の二男)も回想録で「集会のもち方にも互いの先入観があるプロテスタントとカトリックの特質的な違いも残っていたので、それが自分たちの会堂の必要さを強く感ずるようになったのでしょう[25]」と述べている。しかし、これらの言葉はあくまでも後からの分析であって、後述するように、その当時の信者たちの意識の次元では、このような相違が本質的なものであったとは思われない。また一般信者のなかに聖公会と組合教会の根源的・歴史的な対立関係についての認識があったかどうかも疑問である。

さらに分裂の背景として、木俣敏前掲書あるいは山崎清太郎回想記では学生(同志社)対農民、独身者対家族持ち、関西出身者対関東出身者という身分・社会的構造の差異が指摘されている[26]が、少なくとも最初のふたつの対立軸がこの分裂に一定の意味をもっていたことは確かであろう。

ところで、この分裂は両派の完全な断絶を意味しているわけではない。現在聖公会インマヌエル教会に保存されている初期の利別聖公会「礼拝日誌」を見ると、明治三十一年(一八九八)から明治三十三年までの本間弥門伝道師の時代、また次の今井四郎太伝道師の時代には、組合教会の宇田川牧師との連携のもとでかなり頻繁に両派の連合祈祷会が開かれ、実際にはかなり密接な交流や協力関係があったことがわかる。例えば、明治三十年(一八九七)から明治三十四年までは毎年、年頭の一週間は「初週連合祈祷会」を開催している。また明治三十八年(一九〇五)にも連合祈祷会を実施した旨の記載があり、さらにこの年の九月二十三日、志方之善が四二歳で死亡した際には両教会の信者が集まって合葬している。[27] また、明治三十三年九月十六日には、村の神社の祭典に際して聖公会と組合教会が連合して路傍演説を行い、さらに十月十四日には、「北金原の偶像祭典なるを機会に、組合と連合して其の境内において説教す。宇田川、今井、天沼恒三郎の三人、文書九十二枚を配布する。」と記録されている。地域の神社信仰との共存を図った浦河・赤心社の組合教会信徒沢茂吉らとは異なって、今金の組合教会信徒が地域の神社祭祀を許容しない行動をとったこと自体注目に値するが、いずれにせよ、両派の親密な関係がうかがわれる事例である。

さらに、後述するように、明治三十一年(一八九八)頃に設立され、途中、中断の時期を経て大正三年(一九一四)に再興された利別基督教青年会には、少なくともその当初は聖公会会員のみならず組合教会員も加わっていた。これらの事実を見る限り、両派の外面的な対立の構図とは異なった内面的な求心力、つまり、志方と天沼の会談以来、この集落の両派信者たちの内面に脈々として受け継がれ、同じキリスト教徒としての一種の使命感にも似た連帯感の存続を見て取ることができる。

二　昭和の教会分裂

昭和二十九年(一九五四)の両派の分裂の原因は、戦後の日本基督教団利別教会として合同した際に両派の間で合意された条件に関わるものであった。その条件とは、①牧会者(牧師)は両教会派に、個人としても何等の関係なき者であること、②土地建物は、当面利別聖公会の会堂、牧師館を使用するが、③速やかに、今金にある組合教会所有地一反歩に新会堂を建てること、の三点であった。(28)

この決定に従って、昭和二十五年(一九五〇)に名寄の日本基督教団天塩教会から相良愛光牧師を迎え、日本基督教団利別教会は相良牧師の熱心な活動によってしばらくは好ましい教会運営が続いていた。しかし、彼が今金への新教会建設・移転にあまり熱心ではなかったこと、おまけに今金の組合教会所有地とされていた土地が空手形であったことが発覚したことなどから、先の三つの条件のほとんどが反故にされたという不満が聖公会側から出てきた。さらに、当時使用していた教会と土地が日本聖公会の所有であったことから、昭和二十九年(一九五四)、日本聖公会北海道教区より、現在使用中の土地建物を、日本基督教団による使用を中止するかまたは教団によって買い取ってほしい(しかも高額で)という通知が送られてきた。ここにいたってついに同年三月、聖公会会員は総会を開いて教団からの脱退と日本聖公会への復帰を決定した(聖公会員九〇名が脱退)。その際、教団側は日本基督教団利別教会の解体という印象を避け、聖公会の離脱という線で事後処理を行なおうとの意図から「利別教会」という名称に固執した結果、聖公会は新たに「聖公会インマヌエル教会」という名称になった。つまり最初の両教会の名称がクロス型に入れ替わったわけである。(29)

三　両派の反発力(対立性)と求心力(親和性)

これまでに述べた両派の関係を概観するとき、そこに反発力と求心力というふたつの相反する力がつねに作用しているように思われる。まず第一に、二度にわたる分裂の根本原因をどう理解すべきであろうか。両派の対立の理論的・歴史的要素としてまず考えられるのは伝統や教義上の相違である。

周知のように組合派教会と聖公会はその歴史的経緯からして本来は教派上の相違というよりも宗教的な対立を含んだ関係にある。聖公会は事実上アングロ・カトリックであり、使徒伝承の主教を最高権威とし、サクラメント(聖餐・洗礼)を厳粛に守り、その執行を主教と司祭との神聖な権能のもとに委ねる。礼拝においては説教よりも儀式を重んじ、教会堂の建築や堂内装備、さらに礼拝音楽などすべて古来の伝統を重んずる。一方、組合教会は、まさに英国聖公会の弾圧を避けて新天地米国ニュー・イングランド、プリマスに上陸したピルグリム・ファーザーズによって建設されたプリマス植民地の教会、そしてそのなかから生まれたアメリカン・ボードがその起源である。彼らは教会を「信徒の集まり」と理解し、キリスト以外のいかなる地上的権力・権威をも認めず、各個教会は信仰の独立・自治・自由の権利をもつと考えるのである。

さらに、実際の歴史的経緯のなかで見られる両派の性格上の若干の相違は、他宗教に対する寛容性に関してである。先に述べた神社祭祀への抗議行動には両派が共同で参加したことになっているが、実際は一般的に偶像崇拝に対する拒絶反応が強い聖公会のイニシャティヴで、ごく一部の組合教会信者がそれに同調したという感が強い。また、昭和期にもこれと関連した小さなトラブルが生じている。[30]

さて、このような事情を考える時、両派の分裂は必然的なものと考えるのが自然かもしれない。しかし、イン

図1　今金インマヌエル教会

マヌエル団体の場合、両派信者たちの素朴な信仰や意識のなかではこのような教義的・歴史的な相違が決定的な影響を与えたとは思われない。最初の分裂の直接のきっかけになったものは、函館の聖公会宣教師アンデレスの訪問と三〇円の寄付金であり、二度目の分裂を決定づけたのは、日本聖公会北海道教区からの土地建物の使用中止の通告と、日本基督教団側の既得権のうえに安住しようとする姿勢であったと考えられる。つまり、両派の葛藤・分裂を決定づけたものは信者たちの信仰や心情ではなく、財政的な問題と絡んだ教会の上部組織（ミッション）との関係、いいかえれば教会という組織の構造上の問題であった[31]。

ところで、このような成り行きは信者数や資金、牧師・司祭の確保などすべての面でハンディを抱える小農村教会の宿命であったかもしれない。しかし、それだけになお一層、一時的にせよこの両派がなぜ連携することができたのかという点にむしろ関心が集まる。その答えのひとつは、北海道固有の風土に起因するものであろう。生き残るためには連携することが必須となる未開で厳しい北海道の自然環境が志方と天沼との劇的な出会いと共鳴を〝演出〟した。さらに、開拓の歴史から異種混合文化圏を作り上げてきた北海道の、異文化に寛容な精神風土もまた考慮に入れなければならないだろう。元来組合教会が超教派的な傾向をもっていたことは、同じ系統に立つ赤心社の「浦河公会規約」や浦河公会の指導者と大島正健ら札幌独立教会との親密な関係からも知られる[32]。この札幌独立教会(札幌バンド)に暗示されるように、北海道という独特の風土はキリスト者の一致(教会合同)というすべてのキリスト教徒の心に潜在する究極の理想を実現する可能性を秘めた空間であったと考えることもできよう。もし条件さえ整っていたら、このインマヌエルの地に超教派の完全に独立したキリスト者の集まりが生まれていたかもしれない。しかし、ここでその理想が成就されることはなかった。それを妨げたのは、この団体が拠って立つ地理的、社会(構造)的、経済的な制約であった。実際の一般信者たちの素朴な信仰のなかには一貫してキリスト者としての連帯感が保持されており、また聖職者の側でも分裂という事態に対する失望と負い目を感じていた[33]。

ところで、相良牧師が述べているように、このような両派の葛藤や分裂がこの地域の発展に対するなんらかの阻害要因になった[34]と考えることができるだろうか。「発展」という語を通常の経済的・政治的発展という意味にとるなら、このことは地域の発展とはほぼ無関係であろう。また精神・文化の面でもなんらかのマイナスの影響を与えたとは思えない。これはあくまでも信仰の普遍性を信ずる真摯なキリスト者から見た負い目の表現であろう。

第四節　コミュニティ形成と地域発展への貢献

一　開墾・開拓の実績

ところで、信仰や教会のあり方を離れてインマヌエル団体を開拓実績や地域社会形成への影響力という観点から見た場合にほかの同種団体との比較でどのような評価ができるであろうか。まずまったく未開の原野であったこの土地に高い精神的な理想を掲げて入殖し、最初に原野を切り開き、現在の町の基礎を築いた功績は疑えない。しかし他方、少なくともキリスト教徒のみの理想郷建設という彼らの夢は、四年後の明治三十年（一九八七）には早くも、この土地が一般移住者に開放されたことによって挫折した。その原因は移住開墾計画そのものが緻密なものではなくユートピア性をもっていたこと、そしてとくに組合教会派のリーダー（志方之善、丸山要次郎）が集落形成の時点ですでに新たな目標をもち、開墾それ自体に対しては必ずしも積極的ではなかったことに求められる。[35]また、初期の移住者（とくに組合教会員）のなかに農業経験のない若い学生が含まれていたこともあって、全体として開墾の実績があがらなかったこともある。実際にこの地の開墾・開拓が進んだのは、一般移住者（そのほとんど農民）が入殖してきてから後のことであった。[36]

定着率の点でも、ほかの同種団体や非キリスト教徒の一般移住者、周辺地域の団体移住者たちに優っていたという証拠はない。むしろ、明治二十六年（一八八三）から明治三十年までの間にインマヌエル団体移住者（ほとんどがキリスト教徒）の約半数がいなくなったという記録がある。[37] とくに当初移住してきた組合教会系の同志社学生たちのほとんどは数年以内に帰郷している。従って、苦難に耐える精神的絆を与えるものとしてのキリスト教信仰の機能という点では、この団体に対して高い評価を与えることはできないであろう。

ただし、この地に残った少数の信者たちは教会を中心として家族単位で定着し、家族を増やすとともに一般移住者たちが増えた時期にあっても地域発展の精神的、経済的核として活躍している例も少なくない。[38]

二　コミュニティ形成、地域アイデンティティおよびモラルの醸成

一方、コミュニティ形成や自治組織の面ではインマヌエル団体はほかのキリスト教移住団体を凌ぐ影響力を示している。明治二十六年（一八九三）に定められた集落の「憲法」の一項「移住者ハ自由自治ヲ重ンジ、各自独立ヲ図ルコト」に見られるように、この団体は本質的に自由自治を尊重する性格をもっており、これは例えば隣接する丹羽村がきわめて官僚的な干渉主義であったことと際立った対照を示している。[39]

また、明治四十五年（一九一二）四月一日付で締結された「慰満奴恵留部落住民申合規約[40]」では、組織のあり方、職務権限、住民の権利義務などが整然と定められ、組合長をはじめとする役員は選挙によって選ばれることなど、きわめて民主的な性格を示している。これも身分や地域的な因習から自由なキリスト教的移住団体の一般的特性の表れといってよいであろう。

確かに、この「申合規約」と先の「憲法」との間の距離は大きい。つまり、《キリスト教徒のみの集落》のルールから《異教徒、無信仰者を含めた一般の集落》のルールへの変化である。しかし他方で、この申合規約にもまた初期のキリスト教村としての理想の影響が残っている。例えば、その第一章、総則の第一条には次のよう

な文言が見られる〔引用文中の傍線は引用者付与〕。

一　住民ハ国権ヲ奉体シ徳義ヲ修メ知ヲ啓キ各自其職ヲ励精シ専ラ左記各項ヲ遵守シ以テ完全スル部落ノ進歩業達ヲ期ス。

二　各自其業ニ服スル忠実ヲ以テ肯トスル事

三　勤倹力行以テ産業ヲ治ムル事

四　信義醸厚ノ美風ヲ涵養スル事

五　去華就実ノ主義ヲ実行スル事

六　荒怠互戒メ以テ天職ヲ励行スル事

ここに見られる表現(傍線部)は必ずしもキリスト教のみに固有なものとはいえないまでも、少なくともピューリタン的倫理観との強い親近性が感じられる。それはこの規約に署名している住民一二一名中少なくとも一五名(しかもリーダー的存在)がキリスト教徒であったことと無関係ではないであろう。さらに『改訂今金町史』の統計資料によれば、この明治四十五年(一九一二)のインマヌエル集落への移住者は一〇〇名(戸主)となっている。[41]その名簿と照合すると、この規約の署名者一二一名のうち、九五名がこの年の移住者ということになる。もちろんこれは、実際には明治三十年から同四十五年の間に移住しながら、いまだ届出がなかった者を多く含んだ数字であると思われる。しかしいずれにせよ、明治三十年以降この年までにこの集落への移住者が急激に増加したため、集落の秩序と連帯感を強化する必要性を感じたそれ以前からの移住者(その中心はキリスト教徒)のイニシャティヴでこの規約が作られたと考えるのが自然であろう。その意味で、この集落住民のアイデンティティとモラル醸成の面でキリスト教信仰が果たした役割はきわめて大きいといえよう。この点について『改訂今金町史』では次のように記している。「当時地域が結束してこのような〝きまり〟を設定して開拓に入ったことは珍

図2　今金神丘墓地に立ちならぶキリスト者の墓

しいことであった。これはキリスト教会という絆によって結ばれていた特異な集落の成立に起因するものであろう[42]」と。

さらに、明治二十六年「憲法」や明治四十五年「申合規約」の存在自体が、このような小規模の地域（集落）としては異色であり、これらが集落住民の間に現在にまでその影響力を残す強力なアイデンティティと独立の気風を生み出したものと理解することができる。その例を示すもののひとつは後述する明治三十一年（一九八八）の利別小学校学校建設にいたる経緯であり、ほかのひとつはこの地域の住民が六年余の歳月をかけて資料収集、編集のうえ平成三年（一九九一）に刊行した『黎明――神丘地区開基百年記念誌』の存在である[43]。これはこの地域の住民の見識の高さとともに連帯感と独立心の強さを物語るものであろう。この書の編集後記の冒頭は「神丘地区の住民は非常に独立心が強い。」という文で始まっている[44]。

三　青年会活動

インマヌエル団体と地域との関わりを考える際に無視できない存在は青年会組織である。諸史料によれば、明治三十一年(一八九八)頃、キリスト教青年会(初代会長橋本常五郎)が存在し、同じ頃、インマヌエル青年会もできた[45]。しかし明治三十七年(一九〇四)、聖公会鈴木善四郎伝道師が江差より転入するとともに、インマヌエル青年会は分裂、信者のみの青年会が成立した[46]。そして明治四十年(一九〇七)頃、聖公会青木伝太郎牧師は両者の和合を図り「第一利別青年会」を創立、初代会長となった[47]。

さらに、聖公会インマヌエル教会に所蔵されている「基督教青年会会則・会員名簿・集会記録」という文書[48]によれば、大正三年(一九一四)には利別基督教青年会が再興され、顧問には丸山伝太郎、会長には田中末吉が就任している。そしてこの利別基督教青年会の「会則」の第二条では、この会の目的として、基督教の普及、地域モラルの醸成、自己研鑽、会員相互の親睦の四つを挙げ、毎月一回の例会を開くことを規定している。第三条では、会員資格として「満五才以上の基督教の信徒の青年もしくはキリスト教に有らざるも品行方正なる者」としている。実際の会員名簿を見る限り、当初の会員数四四名中の大半は聖公会信者であるが、顧問の丸山伝太郎をはじめ、若干の組合教会信者も含まれている。また、第四条では「本会員は飲酒喫煙盆踊りをなすことを厳禁す」と書かれている。実際の例会記録を見ると、例会の内容としては、説教、有志祈祷、講演、賛美歌練習がおもで野外礼拝や共同耕作の記録もある。興味深いことは、例会のなかで繰り返し禁酒禁煙や盆踊り、神社祭祀への参加禁止が取り上げられており、これは実態としてこのような規則を犯す者が多かったことを暗示するものであろう。

こうした青年会の経緯、内容を見る限り、青年会は基本的にはキリスト教徒のための内部的団体であり、地域住民に対して完全にオープンなものではなかったといえよう。しかし、ほかの諸史料から知られる対外的な活動内容を見ると、例えば青年会で楽器を買い、制服を買って楽団を編成して近隣集落で慰問演奏をしたこと、幻燈会を開いたことなど、地域の文化的活動の中心的役割を果たしたことがわかる。(50)また地域のモラル醸成の面でも、会員は常に「気品を高く持て」と指導されていたといわれ、相良牧師も「青年会は年に数回教会堂に集まって集会をなし、牧師の奨励を受け真面目なる若人の団体として社会の人々より注目され利別十三ヶ村中にあってインマヌエル青年団は異彩を放ち人々の信用度も高かったと言う(51)」と記述している。

四　教　育

移住当初から地域の子供や青年たちの教育に熱心であったことはキリスト教的開拓移住団体すべてに共通の特徴である。インマヌエル集落には、明治三十一年(一八九八)六月に利別村で最初の小学校である第一利別簡易小学校が設立されたが、諸史料(52)から推測・確認されるその経緯は次のようなものである。入殖以来、児童教育とそのための学校の大切さは移住民の強い思いであった。明治二十八年頃丸山要次郎が寺子屋式教育場を設け、おもに高林庸吉が夜に子供や若者に読み書きを教えていた。しかし寺子屋式の学校では本当の教育ができないという声が高まり、明治三十一年三月にインマヌエル集落総代会で全会一致で学校設立を決議し、土地を選定した上で有志が関係方面に働きかけた結果、その年の六月に北海道庁から認可を受けた。集落民一同が進んで労力奉仕をして昼夜兼行で工事を進め完成した。最初の六カ月は天沼喜蔵が教員を勤め、その後を南部鑑太郎が引き継いだ。注目すべきことはその際の校舎建築費用一、〇五七円のうち、なんと七割以上にあたる七四〇円三七銭を集落有志の寄付でまかなったことである。開墾期の苦しい生活のなかからのこうした努力は教育の重要性に対する〝信仰〟にも似た思い入れを想定しなければ理解不可能であろう。

また、組合教会の丸山要次郎や宇田川牧師による村の青年のための夜学校や日曜学校も盛んに行われた。すでに述べた基督教青年会もこの集落の教育・文化の向上におおいに寄与したと考えられる。さらに昭和期を見ると、両教会が分離した昭和二十五年(一九五〇)以降、組合教会は酪農学園(当時は北海道酪農義塾、酪農学園大学部)との協力のもとに、積極的に農民福音学校を主宰し、また昭和三十一年以降は瀬棚のガンビタイ地区伝道と三愛塾設立による酪農青年の教育に取り組んでいる。(53)

結び

以上の考察から、インマヌエル団体の特性として挙げられるのは次の点である。まず第一に、開拓実績、規模や定着性という点ではほかの同種団体に比してインマヌエル団体にとくに高い評価を与えることはできない。第二に、動機としてのキリスト教徒のみによる理想郷建設の理念はほかに例を見ないほど純粋なものであったこと、しかし一方それ故のそのユートピア性、無計画性が指摘されるであろう。このような性格が開拓団体としての実績や定着率の停滞につながっている。この点は一部は同じ組合教会の系譜に属しながら、会社組織を作り、資金・運営の面でより一層綿密な計画をもって移住した浦河・赤心社の場合と対照的である。

他方、第三の特性として、明治二十六年(一八九三)の「憲法」、明治三十一年の小学校建設、明治四十五年の「慰満奴恵留部落住民申合規約」、そして平成三年(一九九一)の『黎明——神丘地区開基百年記念誌』の刊行等の背景には、通奏低音として流れ続ける一種の精神的エネルギーが感じられる。これはやはり志方之善・天沼恒三郎の出会いと超教派的なキリスト教村建設の理想への共鳴に源を発するものであろう。その精神的エネルギーはほかに類を見ない民主的で倫理的なコミュニティを作り、住民の地域アイデンティティやモラル醸成に大きな力を与えた。

ただし、このエネルギーには最初から反発力と求心力というふたつの異った因子が内包されていた。反発力は、たしかにその途上でさまざまな葛藤や分裂を生じさせたが、それはおもに外的な要因、すなわち地理的、社会（構造）的、経済的な制約に起因するものであった。従って、このような葛藤をあくまでも信仰内部の問題に閉じ込め、地域全体の連帯感の喪失を防ぐと同時に、むしろ独立心とアイデンティティをさらに高めた内面的な求心力の方に注目すべきであろう。

いずれにせよ、インマヌエル団体が現在なお今金町神丘地区に残している存在感はきわめて大きい。我々が丘の上にある神丘墓地に足を踏み入れる時、そこにほかを圧倒して立ち並ぶキリスト者の墓標群が、まさにその存在感の大きさを象徴しているかのようである。

（1）　現在の今金町に該当する地域はかつて利別原野と呼ばれていた地域のほぼ東半分に相当する。明治二十六年（一八九三）に移住者がインマヌエルと名づけた地域はその一部であり、彼らが入殖した当時、利別原野全体がほとんど無人の地であった。明治三十年にこの地域が利別村として瀬棚村から分村したが、その際インマヌエルは一五集落のうちのひとつであった。昭和八年（一九三三）の「字名地番改正」でインマヌエルは神丘と改称、さらに昭和二十二年に利別村は今金町となり、現在にいたっている。今金町史編集委員会編『改訂今金町史』上巻、今金町、一九九一年、年表一一一八頁および一一七八頁参照。

（2）　当時二七歳。その前年に日本最初の女医として有名な荻野吟子（四〇歳）と結婚。吟子は明治二十九年（一八九六）にインマヌエル集落に移住し、明治三十一年には瀬棚で医院を開業。志方も瀬棚に転居し吟子を助けた。志方は明治三十八年九月二十三日、瀬棚で死去した。この日付けについては、聖公会インマヌエル教会所蔵の「利別聖公会礼拝日誌」明治三十八年九月二十四日の項、あるいは、奈良原春作『荻野吟子――日本女医第一号』図書刊行会、一九八四年、一八八頁などに記述されているが、前掲『改訂今金町史』上巻、八七六頁では、なぜか「十一月十一日没」となっている。これは明らかな誤記と思われる。

（3）彼の名前表記については、ほとんどの文献では「山崎六郎右エ門」または「山崎六郎右ヱ門」となっている。しかし、署名などでは「山崎六郎右衛門」と記されており、これが正式の表記であろうと思われる。そこで本書では、引用の場合を除き、「山崎六郎右衛門」と表記することにした。

（4）天沼らの移住の経緯については、明治二十五年八月に志方と犬養が国縫で会談した際に天沼も同席しており、その場で志方・天沼両氏への開墾委託契約がなされ、その後すぐに天沼は帰郷して同志に報告、移住の準備を進めたというのが通説となっている。前掲『改訂今金町史』上巻、七九九頁、木俣敏『悠久なる利別の流れ』利別教会創立「百周年」実行委員会、一九八四年、一〇一～一一六頁、天沼義之進『今金インマヌエル教会沿革史』日本聖公会、一九六八年、二頁参照。しかしこの通説が明らかな誤りであることが判明したのは、つい最近筆者が天沼家文書のなかの、天沼恒三郎自筆による「北海道移住開墾事業企望ニ付懇願書」（明治二五年一二月一五日付、埼玉懸大里外三郡長中村孫兵衛宛）、「土地貸下願ノ件ニ付懇願書」（明治二六年二月、北海道廳長官北垣國道宛）、「北海道庁技手高橋宛文書」（明治四四年三月）、「吾か生立の記憶」（成立時期不明、ノートブックにペンで書かれたもの）などを発見・解読して以来である。詳細は本書第三章を参照されたい。

（5）前掲『改訂今金町史』上巻、二五六頁の統計資料によれば、この時点で今金町（明治三十年にできた旧利別村に該当する地域）全体の世帯数は三八戸、その内インマヌエル集落は二三戸となっており、事実上インマヌエル団体が現今金町の基礎を築いた先人といえよう。

（6）『新撰北海道史』第四巻通説三、三八七頁。ここでは「インマヌエル部落」の「主義綱領」と称して掲載されているが、関係者の間では一般的には集落の「憲法」と呼ばれていた（若林功『北海道開拓秘録』第一篇、月寒學院、一九四九年二八頁、若林功著・加納一郎改訂『北海道開拓秘録』（三）時事印刷株式会社、一九六四年、五三頁、『今金インマヌエル教会沿革史』、三頁、『改訂今金町史』上巻、七九九頁参照）。従って、本書でも「憲法」という名称を使用している。

（7）『新撰北海道史』第四巻通説三、三八七頁。ただし、その後、志方之善、丸山伝太郎、大住庸吉には道庁から特別功労者として三～五万坪、その他の十七戸には一万五千坪の特別貸与を受けた。前掲『改訂今金町史』上巻、二二九～二三〇頁参照。

（8）希望を失い、土地を新移入者に売り払って今金など他地区へ移った者も多かったという。相良愛光『日本基督教団利別教会の由緒と沿革』日本基督教団利別教会、一九六六年、八六頁参照。

(9)『黎明――神丘地区開基百年記念誌』神丘地区開基百年協賛会、一九九一年、Ⅵ「各戸百年の歩み」(一八五～二四六頁)から集計すると、平成三年当時神丘地区に住む世帯一二二戸の内、キリスト教徒の世帯は二〇戸(聖公会と組合教会が半々)、真宗本願寺派、大谷派、曹洞宗など仏教系世帯が九〇戸、そのほか(神道系、無宗教)が一二戸となっており、キリスト教徒世帯の比率は一六・四%である。この数字はほかの地域の状況から見て異例の高さを示すものといえよう。

(10)今金町開拓回想録編集委員会編『今金町開基七十周年記念　開拓回想録』今金町、一九六七年、九九頁、天沼義之進前掲書、四頁。

(11)前掲天沼義之進『日本聖公会　今金インマヌエル教会沿革史』、一三頁では、この辺の事情を次のように記している、「開拓の父祖の信仰を受け継ぐべきは十分承知しながらも牧師の居らぬ弱小農村教会は、経済的自給の見通しは立たなかった。」。

(12)相良愛光前掲書、五～六頁、二五～二六頁、天沼義之進前掲書、七頁、前掲『改訂今金町史』上巻、二五六頁。

(13)相良愛光前掲書、二五～二六頁、六三～六四頁。

(14)浦河・赤心社の場合は「赤心社設立之趣意」、浦臼・聖園農場では「高知殖民会規則」、北見・北光社では「北光社移住民規則」が作成された。それらについては本書第一章、第四章、第五章参照。一方、聖公会グループの場合には、前述の天沼家文書のなかの「団体成業規約書」、「北海道團結移住開懇《ママ》志願ニ付其準備手続書」がそれに該当するであろう。

(15)前掲『新撰北海道史』第四巻通説三、三八五～三八七頁、および奈良原春作前掲書、一三五頁。

(16)高林庸吉回顧録(前掲『黎明』二五五～二五九頁)。

(17)前掲『改訂今金町史』上巻(七九七頁)には次のように記述されている。「二年後輩の丸山伝太郎に〝つらつら世の中を観るに憲法発布、衆議院議員の選挙とお祭り騒ぎの浮かれ様であるが百姓の暮しには現在にも将来にも何の希望もない。世の中とは無関係に国や地主から責め立てられ、庶民の窮乏は遂には米騒動に発展する始末である。天下の衆庶まさに飢えなんとすだ、おれは北海道にいく。忠臣面をした薩長族の塵を払うことなぞおれの性にはに合わぬ、北海道の荒野を切り拓いて百姓をする。力になってくれ〟と…」。

(18)木俣敏前掲書、一三～一六頁。

(19)同右、九一～九二頁。

(20)この文書については、本書第三章一三七～一三八頁および一七五～一七九頁参照。

(21)前掲『今金町開基七〇周年記念　開拓回想録』、八八頁。

（22）　前掲若林功・加納一郎改訂『北海道開拓秘録』（四六～四八頁（若林が昭和十年八月十日に当時区長の高林庸吉を訪れて直接聞いた話））、高林庸吉回顧録（前掲『黎明』、二五五～二五七頁）、前掲『今金町開基七〇周年記念　開拓回想録』（八五～八六頁、今金町史編集員会『今金町史』（今金町、一九五八年、一一五頁）。

（23）　天沼家文書のなかで天沼恒三郎はたびたび「基督教村建設」ないし「宗教村建設」という表現を用いている。また、天沼家で作成した小冊子『あゆみ』（私家本一九九三年）によれば（恒三郎の弟喜蔵の長男義之進の証言によるもの）、最初に喜蔵がキリスト教徒になり、その勧めで兄や家族が入信した。喜蔵は『福音新報』に掲載された田村顕允（伊達亘理藩の家老で、明治三年、藩主伊達邦成とともに有珠郡に集団移住し、現在の伊達市の基礎を築いた。明治十九年頃押川方義を伊達に呼び、邦成らとともにキリスト教に入信した）の「北海道移住について」の一文（筆者未確認）に感銘を受けて北海道への開拓移住、キリスト教村建設の理想を抱き、兄恒三郎や家族に話したところ、同意をえたものだという。ただし「吾か生立の記憶」における恒三郎の叙述から見ると、彼自身の主要な移住動機は経済的なものであることがわかる。

（24）　天沼義之進前掲書、八頁。

（25）　前掲『今金町開基七〇周年記念　開拓回想録』、九九頁。

（26）　木俣敏前掲書、一四〇頁、一七七頁、前掲『今金町開基七〇周年記念　開拓回想録』、九八頁。

（27）　聖公会インマヌエル教会所蔵「利別聖公会礼拝日誌」明治三十八年九月二四日の記事。

（28）　天沼義之進前掲書、一三頁。

（29）　同右、一五～一六頁。

（30）　昭和三十二年十一月十七日、神丘共同墓地で無縁者慰霊碑建立式が行われた。これは聖公会の山崎喜三郎の個人的発案で、開拓途上で亡くなり、無縁となっている人々をキリスト教会と仏教寺院の共同で墓碑を建てて慰霊しようというものであった。しかしこの発案には聖公会側から宗教的異議が出された。建立式当日、健康上の理由（恐らくは口実）から司式を断ったインマヌエル教会の小貫主任司祭に代わって、日本基督教団利別教会の相良牧師が司式を担当した（相良愛光前掲書、七〇～七二頁）。ここにも教会の純粋性を重んずる聖公会と基本的に他宗教に対して寛容な組合教会との相違が現れている。なお、現在キリスト者の墓が立ちならぶ神丘墓地のなかで、この墓標には慰霊碑文字の上に十字と卍の記号がならび刻まれ、特異な印象を与えている。

（31）　その意味では、海外からミッションのため日本に派遣された諸教派の宣教師の存在が日本のキリスト教界における超教派的合同への機運にむしろマイナスの影響を与えているといえるであろう。
(32) 本書第一章、六三頁および註(79)参照。
(33) 相良愛光前掲書、五頁。
(34) 同右、四頁。
(35) 丸山家文書中の丸山要次郎の父丸山正高宛書簡から推測されることは、要次郎は明治二十六年春の丸山一家等集団移住の段階で、創業者としての自分の役割はすでに終わったと考え、国際的規模で活躍する商人(ビジネスマン)になるという人生設計を描いていたこと、また志方は自分の土地の開墾を丸山正高に任せて新たな使命感(恐らくは伝道活動)に燃えていたことである。元町古文書研究会解読「瀬棚郡今金町神丘丸山家文書解読文」第四文書(年不詳、三月三日付)および第五文書(年月日不詳)参照。ただし、前後の関係から両文書とも明治二十六年のものと推定される。
(36) 相良愛光前掲書、八六頁、八八頁。
(37) 前掲『改訂今金町史』上巻、二二九頁、および前掲『今金町史』、一一九頁。
(38) 例えば、地域の発展に大きく貢献した初期の信者としては、農業の分野では、高林庸吉(森林組合設立)、笹倉福松(貯金組合設立)、橋本常五郎(同)、川崎徳松(産業組合長)、天沼喜蔵(最初の水稲の試作)など、自治の領域では丸山正高(利別村初代総裁)、天沼恒三郎(村会議員)、天沼喜蔵(同)、笹倉福松(同)、郵便事業では高林庸吉(郵便局長)など、教育の分野については後述。
(39) 前掲『今金町史』、一一九頁。明治二十四年(一八九一)から旧会津藩士で元警察官の丹羽五郎によって企画され、推進・運営された「丹羽部落」(現北桧山町丹羽)開拓移住団体は顕著な開拓の成果をあげたが、その徹底した官僚主義的統率・管理の様子については北桧山町編『北桧山町史』(北桧山町、一九八一年、二七一～二七八頁)参照。
(40) 前掲『改訂今金町史』上巻、二三三～二三七頁。原史料は丸山家文書のなかにある。
(41) 同右、二五六頁および二六七～二六八頁。
(42) 同右、二三三頁。
(43) すでに本章で何度も引用されているこの大著『黎明——神丘地区開基百年記念誌』(B五版、三一四頁)は、この地域の開拓の歴史から始まって、現在(刊行時)に至るまでの産業、教育・文化、生活の推移について概説し、さらに「各戸百年の歩み」の章では、現住するほぼすべての世帯(一二二戸)について、各戸の由来、系図、現況(家族構成)などを詳述している。

(44) 前掲『黎明』、巻末。
(45) 前掲『改訂今金町史』上巻、二三二頁および七五一～七五二頁。
(46) 相良愛光前掲書、一四頁。
(47) 前掲『改訂今金町史』上巻、七五一～七五二頁。
(48) 表紙には「基督教青年会会則・会員名簿・集会記録」と記されており、会則は大正六年(一九一七)一月改正のものが記録されている。集会記録は大正三年一月から昭和六年(一九三一)一月までの記載がある。
(49) 赤心社記念館には、社長の鈴木清が社員の娯楽のためにと関西から持参した幻灯機が展示されている。当時としては、最新鋭の機器であった。
(50) 前掲『今金町開基七〇周年記念　開拓回想録』、一〇一～一〇二頁、一〇八頁、一一一頁。
(51) 相良愛光前掲書、一四頁。
(52) 前掲『改訂今金町史』上巻、六八五～六八六頁、八七七頁、前掲『今金町開基七〇周年記念　開拓回想録』、一〇六～一一一頁、前掲『黎明』、六五頁、二五七頁。
(53) 相良愛光前掲書、四三～五八頁、「利別教会日誌よりの記録」参照。

第三章　天沼家文書と今金・インマヌエル団体北海道移住の経緯

——一次史料の解読による通説の修正・補完の試み

第一節　問題提起

一　「通説」の形成

明治二十六年(一八九三)に現今金町に入殖してきたインマヌエル開拓移住団体は、当初組合教会と聖公会というキリスト教のふたつの異なった教派の連帯によって成り立っていた。この団体がキリスト教的北海道開拓者精神史上比類のないものとして注目される理由はこの点にある。同志社の学生を中心とする組合教会グループのリーダーは志方之善であったのに対して、一方の埼玉県熊谷の聖公会信徒を中心とする聖公会グループのリーダーは天沼恒三郎であった。彼は志方之善とはまったく異なった、より過酷な条件下にありながらさまざまな苦労の末に入殖を達成した。しかし、『改訂今金町史』(1)をはじめ、これまでに発表されたこの団体に関する諸研究においては、彼の入殖に至るまでの経緯や彼の苦難に満ちた努力の詳細についてはほとんど明らかにされていない。その理由は関連史料の不在や不備ではなく、これまでの研究がこれら史料の存在を知らなかったこと、あるいはその重要性を認識していなかったことにある。

『改訂今金町史』ではインマヌエル団体の開拓移住の経緯について四カ所、のべ二四頁にわたって記述されている。(2)その際この町史が依拠した史料としては以下のものが挙げられている。

A　若林功『北海道開拓秘録』第一篇(3)

B　『今金町部落郷土誌資料集』全二巻、今金教育研究所、一九五五年(4)

C　『今金町開基七〇周年記念　開拓回想録』(5)
D　天沼義之進『日本聖公会　今金インマヌエル教会沿革史』(6)
E　木俣敏『悠久なる利別の流れ』(7)

このほかに、今金町役場には町史編纂の際になんらかの参考にしたと思われる天沼家の諸史料を束ねたもの(仮に「天沼家文書集」(8)としておく)があり、そのなかにタイプ打ちの天沼喜蔵(一緒に移住した天沼恒三郎の弟)家の家族史ともいうべき史料が含まれている。その元になっているのは、一九七八年三月に天沼義之進(天沼喜蔵の二男)をはじめ、天沼喜蔵の息子六人が集まり、父母を偲んで思い出を語った際に収録された録音テープである。その後このテープの内容が編集され、一九九三年に北海道移住百年を記念して天沼家が編纂した『あゆみ』という冊子(私家本)に収録されている。

これらの内、史料Aは著者若林功が一九三五年に高林庸吉(志方之善らとともに移住した同志社仲間で旧姓は大住)と会って聞いた回顧談を元に書かれたものである。また史料Cは、執筆者の天沼義之進が山崎清太郎(天沼恒三郎とにともに移住した山崎六郎右衛門の二男)と会って聞いた回顧談が元になっており、当然ながら同じ著者によって書かれた史料Dは史料Cに依拠している。さらに史料Eは史料A、史料C、史料Dを前提とし、その上に著者木俣敏独自の調査結果と推測を加えて書かれている。すなわち、家族あるいは同志の間で伝聞として受け継がれたものが組合教会グループについては高林庸吉、聖公会グループについては山崎清太郎の口を通して語られ、それをもとに史実を組み立てたのが若林功、天沼義之進、そして木俣敏の著作である。こうして形成されたものがいわばインマヌエル団体移住史における「通説」として『改訂今金町史』に記述されていると理解することができよう。

ところで、このように『改訂今金町史』が依拠した史料がいずれも元は伝聞に依拠した二次史料であることから、そこでの記述はイマヌエル団体移住史の大筋としてはほぼ正しいものであるとしても、個々の詳細な事実に関しては、後述する一次史料の内容と照合する時、さまざまな誤認や不備と思われる点が多々見られることになる。

さらにその記述のなかでも志方之善をはじめとする組合教会グループに関する記述と比較して天沼恒三郎をリーダーとする聖公会グループに関する記述は質量ともに圧倒的に少ない。とくに明治二十五年(一八九二)春の天沼恒三郎による第一回北海道探検調査旅行から明治二十六年(一八九三)の恒三郎一家のインマヌエル移住に至るまでの経緯については、その詳細について触れたものはほとんどない。唯一の例外は木俣敏の著書『悠久なる利別の流れ』であるが、そこでは天沼恒三郎に関するいくつかの詳細な事実が著者独自の見解と推測を交えて記述されており、『改訂今金町史』でも一部この著書に依拠して書かれている。ところが後述するように、そこには明白な誤りと思われる部分や根拠不明の推測に過ぎないと思われる部分が数多く見られる。

ところで、通説に見られるこのような誤認や不備の理由は上記研究書の著者たちや町史編纂者が、下記に挙げているような天沼恒三郎自身によって書かれた現存する一次史料を参照しなかったことにあると思われる。[10]

二　天沼家所蔵の一次史料

現在、今金町の天沼家(おもに天沼恒三郎の孫に当る天沼尹夫氏宅)には、天沼恒三郎直筆による文書、すなわち貴重な一次史料がかなり保存されている。[11] そのうちのごく一部のコピーは今金町役場にも(未整理、断片的な形で)保存されているが、それ以外の多くの重要な一次史料と合わせて『改訂今金町史』の記述に際してまったく参照されていない。その理由はこの町史の編纂、執筆に関わった人々がこれらの一次史料の存在そのものを知らなかったか、もしくは存在は知っていてもその読解が困難と考えて無視したかのいずれかである。

この一次史料のなかでとくに重要と思われるものには以下のものがある。(12)

①「ノート」中の「吾か生立ちの記憶」(13)（本書一五三〜一七〇頁、補遺解読文一としてその原文を掲載）

この「ノート」には、上記のほかに、「菜根譚」、「処世訓」などが含まれている。

②「脩〔ママ〕支明細誌控簿」(14)

内容としては、「北海探見記録」、「諸願伺届書控誌」などが含まれる。

③「諸事細控簿」(15)

内容としては、「北海道渡航止宿日記」（第一次北海道調査、第二次北海道調査の際の日記）、「全家族連携シテ北海道轉住日記」、そのほか諸々の土地貸下願書控、北海道移住者之心得の筆写などが含まれる。

④そのほか、毛筆で書かれた個別の手続書、懇願書など直筆の諸文書

その内とくに重要なものを挙げると、

④―一「檜山外五郡役所大場第一課長より太櫓郡太櫓村外三ケ村戸長中村榮八宛文書」（明治二十五年八月二十二日付、恒三郎が筆写したもの。タイトルは筆者付与）（本書一七〇〜一七一頁、補遺解読文二）

④―二「北海道團体移住開懇〔ママ〕志願ニ付其準備手続書」（明治二十五年十二月九日付、埼玉懸〔ママ〕大里郡長中村孫兵衛宛）（本書一七一〜一七四頁、補遺解読文三）

④―三「北海道移住開墾事業企望ニ付懇願書」（明治二十五年十二月十五日付、埼玉懸大里郡外三郡長中村孫兵衛宛）（本書一七四〜一七五頁、補遺解読文四）

④―四「土地貸下願ノ件ニ付懇願書」（明治二十六年二月付、北海道廳長官北垣國道宛）

④―五「團体成業規約書」（明治二十五年六月から十二月までの間に作成され、上記「手続書」、「懇願書」

に添付されたもの。連署者の名義のみの草案と署名捺印入り清書版がある）（本書一七五～一七九頁、補遺解読文五）

④―六「北海道庁技手高橋宛文書」（明治四十四年三月二十二日付）

これらの内①～③の史料について触れた著述はこれまでどこにもなく、木俣氏をはじめとする関係者にもその存在すら認知されていなかったと思われる。

ところで、これらの恒三郎自筆の文書を見ると、彼がきわめて几帳面な性格で日常の事柄を細かく記録していたこと、北海道移住に関わる役所へのさまざまな届や願書類についてもこまめにその草稿や控えを作成するなど、周到に移住のための準備をしていたこと、さらにまたその文章からは彼がかなりの漢学の素養を持ち合わせていたことがわかる(16)。これは、他方の志方グループの移住の経緯が多分に理想主義的であって、その企画や組織化にあまり計画性がなく、また所管官庁への手続きなどに関する準備作業の必要がほとんどなかったことに比して対照的である。志方グループは、同志社の先輩を通じて、すでに北海道庁から七千町歩に及ぶ利別原野の土地の貸下をえていた(17)犬養毅からそのうちの二〇〇町歩について直接入地・開墾の許可をえることができたという幸運に恵まれていた。それと比較すると、これらの一次史料から知られる天沼恒三郎の移住までのさまざまな艱難辛苦は、特別なツテやコネをもたない当時の一般的な北海道開拓移住希望者たちがその希望を

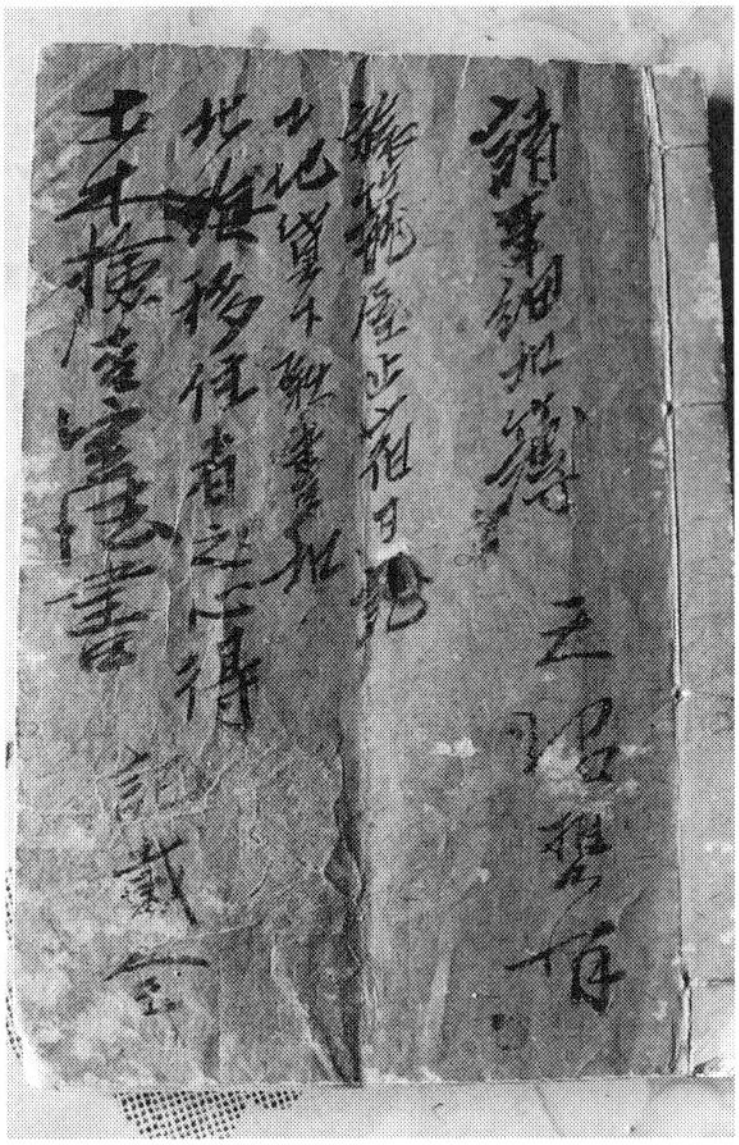

図1　天沼家文書(1)

実現するために払わなければならなかった多くの犠牲と手続上の労苦を知る上でもきわめて貴重なものと考えられる。

さて、本稿の課題は、研究史上これまで参照されてこなかったこれらの一次史料を解読し、その内容の正確な理解に基づいて、前章では詳細に触れられなかった天沼恒三郎および聖公会グループの北海道移住前後の経緯に関する史実を再構成すること、そしてそのことによって『改訂今金町史』での関連記述をはじめとするこれまでの「通説」の誤りを修正し、かつ不備な点を補完することである。

第二節　移住動機

まず、天沼恒三郎が北海道への開拓移住を思い立った動機はなんであろうか。それに関して『改訂今金町史』では、明治二十五年（一八九二）八月に志方と天沼が会い、基督教徒による新天地開拓に共鳴、二派の協力を約束したこと以外にまったく述べられていない。[18]木俣氏はその動機について、明治十七年に天沼と同じ埼玉県農民によって起こった秩父困民党武力蜂起が間接的に影響を与えたのではないかと推測をしている。[19]たしかに、この後二十二～二十三歳頃（明治十八～十九年頃）に天沼が自由民権運動に強い関心をもっていたことが「ノート」の「吾か生立ちの記憶」（①、以下「記憶」と略記）に記述されているが、[20]後述するように、移住動機に関する彼自身の記述から見て少なくともこの事件が直接のきっかけになったとは思われない。

一方、明治二十五年十二月に恒三郎自身が書いた公的な文書である「北海道團体移住開懇《ママ》志願ニ付其準備手続書」（④―二、以下「手続書」と略記）では、彼自身移住の目的を次のように記述している。

陛下の拓地殖民という聖意に従い、わが日本帝国の生産を増殖し、かつ身を以って北門の鎖鑰となって国家万一の危急に応じることを決心した。まず、団体員個々の子孫が永遠に続くように強固不抜の基礎である百年の大計をここに創って鋭意専心あくまで我々自己の目的をまっとうしたい。併せて、我々が成績をあげることによって世の人が自然に北海道に拓地殖民しようという企望を喚起・誘導して今後ますます移住殖民が増加するようにしたい。さらにこのことによって、我国の拓地殖産の実業を喚起し、国益、国民福利の増進を期したい。このことが今回この事業を創始して社会永遠のために企画した理由である〔口語訳引用者〕[21]。

インマヌエル団体の最大の特徴ともいうべき基督教村の建設というモチーフはここには出てこない。いずれにせよ、北門の鎖鑰、国家経済の発展への願望(つまり愛国心)を全面に掲げたこのような記述はあくまでも公的な文書上の表現として、この種の北海道移住団体においてはほぼステレオタイプなものといえよう。

一方、私的な文書である「記憶」では、「我が北道移住の動機」と題して次のように記述されている。

…ある時親友が自分の談論に感動し、激賞して「天沼君は偉いがこれに財産を持てば鬼に金棒である。惜しいことだ」といった言葉におおいに触発されるところがあってその後自分の職業の変更について考えるようになった。考えてみれば近代日本の人口増殖は加速度的に増えつつあり、止まるところを知らない。それに引き換え農業の耕作面積はこれ以上増えることはない。従って国家の政策上から見てもまた一家の発展の点から見ても、断固移住殖民して無人境を開拓するほかはないと決心した。しかし問題はどこに移住するかである。…近くの那須野を薦める人もいた。しかし、さらに一歩進めて考えてみれば我国には広大な殖民地として北海道がある。従ってむしろ一度北海道を探見した上で移住地を決定しても遅くはないだろうと決意して明治二十五年三月十七日に北海道の視察探見に向かった〔口語訳引用者〕[22]。

ここでは私的な動機が正直に語られているはずであるが、やはり基督教村建設というモチーフは見られない。

ただ、同じ「記憶」のほかの個所、すなわち志方とともに犬養毅との会談に望んだ際の記述のなかでは、「宗教村建設」という動機が強調されている。[23] ただ、これは犬養毅に対して志方との共同による開墾の承諾を求めるというその場の状況からして当然のこととして理解されるべきであろう。一方、彼の公的な文書・記述のなかでもこの動機が何度か語られている部分がある。「北海道庁技手高橋宛文書」(④—六)では、犬養毅に会った際の話のなかで将来の目的として「基督教的宗教村ノ建設」を挙げている。[24] さらに、「團体成業規約書」(④—五)の第一条には、「本團体ハ基督教信者ノ同志ヲ以テ組織シ聖父ノ愛護ニヨリ同心協力北海道ノ開拓事業ニ従事スル事」[25]と記されている。

これらの記録を総合してまず推測できることは、団体結成という公的な場面においては基督教村建設という理念が当然の前提になっていたことは確かであるが、少なくとも天沼恒三郎個人としての移住動機のなかではこのモチーフが第一義的なものであったとは必ずしもいえないということである。

さらにこの点に関連して、二次史料ではあるが、『あゆみ』には興味深い記述が見られる。それによれば、最初に北海道への開拓移住を思い立ったのは先に基督教に入信していた弟の天沼義蔵であった。そこでは次のように書かれている。

キリスト教の伝道活動もまた盛んな頃であったので、父喜蔵も自然キリスト教の説教を聞く機会もしばしばあり、ついにはその呼びかけに応じて受洗・入信した。その頃、キリスト教の機関紙として発行されていた「福音新報」に明治初年に北海道に移住した仙台伊達藩の家老田村顕允氏の「北海道移住について」[26]の一文に非常な感激を与えられ、今までの英語の勉強も渡米の意志も急変してただ一筋に信仰を持って北海道に移住し、キリスト村を建てるべく、自らもその捨石となるべく決心をいだいた。…自己の抱負を帰宅して打ち明けた。意外にも兄は非常に乗り気になり、そのことは俺も常に考えていたところだ。こんな狭い所に一生を終わりたくない。また、我が身内の事情を考えても、新天地を求めて移住することは大賛成だがちょっと待ってくれ、おまえ一人で先に行くよりは一緒に行こうではないか。是非おれも行くから一緒の行動を取ってくれ、…是非二人で協力し合って、この大目的を成功しようと、兄弟は手を取り合って話し合い、涙のうちに合同・協力を誓い合った。…それから間もなく(明治24年12月21日)兄夫婦と両親はキリスト教に入信・受洗した[27]〔傍点引用者付与〕。

ここでいわれている「我が身内の事情」というのは、恒三郎、喜蔵の叔父(父半三郎の兄)のことである。上記『あゆみ』および「記憶」によれば、この叔父は喧嘩で人を殺した罪で八丈島に島流しの刑に服していたが、刑を終えて帰還し、妻と五人の子供を連れて弟の半三郎の家庭に入り込んできた。その後彼らはすぐ近くに住み、傍若無人の態度で半三郎一家を悩ませていたという[28]。

さらに、「記憶」の記述によれば、恒三郎は二二～二三歳(明治十八～十九年)の頃自由民権に惹かれ、政治思想に熱中した。そして同時に祖先伝来の仏教を放棄してキリスト教に帰依し、付近の友人たちに宣伝したという[29]。ここには自由民権、キリスト教、北海道開拓移住という三点の組み合わせが見られる点で浦臼・聖園農場の武市安哉や北見・北光社の坂本直寛らとの共通点が表われていることは興味深い。ただ、当然のことながら恒三郎の場合、武市や坂本のように自由民権運動の衰退と政治的挫折という状況が動機としてあったとは思われない[30]。

このように、実際の入信の数年前から恒三郎は弟喜蔵と同様にキリスト教に関心をもち、さらに独自に北海道移住への関心をもっていた。従って、喜蔵から基督教村建設のための北海道移住についての提案を聞いた時、彼はそれを抵抗なく受け入れたものと思われる。そしてその後の実際の入信・受洗の直接のきっかけとなったのも、弟喜蔵の入信とこの北海道移住の話であったのではなかろうか。

さて、以上のことから、恒三郎における北海道移住のおもな動機は次のようにまとめられるであろう。天沼恒三郎が北海道開拓移住を思い立った主要な動機については、彼自身の私的な記録である「記憶」の記述をもっとも重視すべきであると考える。それによれば、動機のなかのもっとも主要な要素は経済的動機、すなわち郷里の狭い耕地をあきらめて、北海道の広大で肥沃な土地の開墾によって経済的に成功することであり、次に、叔父一家の傍若無人な振舞いに悩まされていたという家庭の事情と、そこから逃れたいという私的・心理的動機である。そして、弟喜蔵や志方之善と共有した基督教村建設という理想は彼が最初からもっていたものではなかったが、弟喜蔵の話に触発されることによって、この理想は移住団体を結成する際の公的な看板になると同時に、その後恒三郎の私的な主要動機を正当化する内的・理念的な支えとして作用していたといえるのではなかろうか。

第三節　移住団体組織の立ち上げ時期とその実態

北海道移住を決意した天沼恒三郎が同志とともに立ち上げた組織はいつ、どのような形で成立したのであろうか。その時期や内容について『改訂今金町史』はほとんど触れていない。『あゆみ』では、兄弟が北海道移住を決意した後、恒三郎が明治二十五年(一八九二)三月十四日に最初の北海道探検に出発するまでの間、「北海道移住のために、郡役所・県庁に願書の提出のことで忙しく、また、同志の糾合にも東奔西走した」と書かれている。[31]

また、それからかなり後の十二月に書かれたものであるが、「手続書」の冒頭ではその経緯について以下のように書かれている。

> このたび時機に感ずるところあって同志と相談し、共同一致して北海道へ団結移住し、開墾事業に従事したいと考え、同情の志士一〇余名、すなわち大越米吉、興田利太郎、諸星又造、天沼喜造〔ママ〕、新井市次郎、辻八

郎、高須釘次郎、三田嘉女吉、山崎六郎右ェ門、同理之助、吉田清之助等諸氏[32]と相談して一致渡航し、同心協力し相連結和合して生死相助け勤勉努力し不撓不折《ふとうふせつ》の堅念を以てかの荒漠たる原野の開拓懇成に心身を託し速かに事業を成功させ、…(中略)…前述のような次第から、団体員一統協議の上この事業の経営に係わる一通の規約を制定し、一同署名して誓約の条件を遵守することの証とし、かつ委員一名を置いて団体事務を処理させるため、あらかじめその委員を互選し北海道に渡航して実地を探検視察した上で土地払下の手続きをさせることとした。…(中略)…明治二十五年三月十四日、小生恒三郎を以て集落総代人とし、まず北海道に渡航し、実地の探検や土地の選定ならびに土地貸下出願に関する一切の諸準備事業を処理する事を委任した。すなわち諸氏より委任状を受領してすぐ、本国を出発し同月十七日北海道渡島国函館港に着いた[33]。〔口語訳引用者〕

この記述を文字どおり読めば、恒三郎は三月十四日北海道への出発以前に同志一二名からなる組織を立ち上げ、署名、誓約の上恒三郎を代表として実地探検、土地貸下出願に関する全権の委任を受けたということになる。

一方、木俣敏氏はその著書『悠久なる利別の流れ』で次のように記述している。

明治二十五年三月、天沼恒三郎外同志十二名連署の、地元埼玉県大里郡外三郡長中村孫兵衛宛「北海道移住開拓願書」並にその付属文書と思われる「団結成業規約書」写しが天沼家に保存されている。それといま一通、同年八月二十二日付檜山外五郡役所大場第一課長より太櫓郡太櫓村外三カ村戸長中村栄八宛に「天沼恒三郎より開墾願書あり、その許可に関し実情取調依頼書」というのがある。これらの文書から推定すると、天沼恒三郎は北海道入植の同志糾合のために、どう遅くみても明治二十四年中に寄り寄り協議を重ね、二十五年初頭には前記の「団結成業規約書」がほぼまとめられて、官庁への「移住開拓願書」提出、雪解けを待って、移住地探索のために天沼が単身出発する一切の手筈が整っていたものと思われるのである[34]。

しかし、一次史料やそのほかの文献を仔細に検討すると、木俣敏氏のこのような理解には誤りがある。まず第一に、詳細は後述するが、「手続書」における天沼恒三郎の記述は十二月に書かれたものであり、六月の時点では賛同者は一二名ではなく、一一名であったことを木俣氏は認知していない。さらに、木俣氏が挙げている明治二十五年三月の「北海道移住開拓願書」なるものは今のところその存在が確認できない[35]。そしてその付属文書とされる「團体成業規約書」は後述するように明らかに同年秋以降(初めて記録されるのは十二月)に作成されたものである。そもそも木俣氏は後述するように、六月九日付けで恒三郎がすでに太櫓に適地を見つけ、その貸下願書を提出したという明確な事実を知らなかったと思われる。また、木俣氏自身が挙げている八月二十二日付「檜山外五郡役所大場第一課長より太櫓郡太櫓村外三カ村戸長中村榮八宛文書」は、当然のことながら天沼恒三郎が書いたものではなく、郡役所から戸長役場に届いたものを後で恒三郎が筆写したものである。たしかにこの文書は組織立ち上げ時期についての傍証にはなるが、後述するように、この文書では恒三郎が六月に提出した太櫓の土地貸下願書(三月の「北海道移住開拓願書」ではなく)には「規約書」が欠如していることを指摘しているものであって、このことからも木俣氏がその文書の存在自体は認知していたものの、その内容をほとんど読んでおらず、文書の趣旨それ自体を誤解していた可能性がある。

たしかに、六月の太櫓適地の貸下願書提出の時点で天沼ほか一〇名の委任状が提出されており、これは三月十四日の天沼渡道までになんらかの了解ができていたことは間違いないであろう。しかし、その了解が確たるものであったかどうかについては疑わしい。その理由の第一は、詳細は後述するが、同志の一人として名を記されている山崎六郎右衛門が北海道に移住することを決めた時期について、『開拓回想録』における六郎右衛門の子息、清太郎の回顧談では、同年秋(九月以降)に天沼恒三郎が六郎右衛門の自宅を訪ねて来て、北海道探検の話などをし、そこで北海道移住を決意したと述べている[36]。つまり、山崎六郎右衛門は三月の時点で同志の一人として署名はしているもののその時点ではまだ北海道への移住を決意していたわけではないということになる。史料から明らかなこれらの事実を考慮する時、移住団体組織化については、その実情はかなり形式的なゆるいものであったと推測できる。さらにその詳細については後述したい。

第四節　第一回北海道探検・調査旅行

これまで明治二十五年春以降の恒三郎による現地調査の様子についてほとんど紹介されていないが、恒三郎自筆の史料である「脩《ママ》支明細誌控簿」(2)のなかの「北海探見記録」、また「諸事細控簿」(3)のなかの「北海道渡航止宿日記」、さらに「記憶」の記述を読むと、そこからかなり仔細な様子を知ることができる。この探検・調査は三月十四日から四月一日までと、いったん帰郷してからの四月二十四日から九月一日までの二回にわたって行われているが、木俣氏をはじめ、『改訂今金町史』はその詳細を認知していなかったと思われる。

天沼恒三郎の当初の目的地は西紋鼈村(現伊達市)であった。その理由はどこにも書かれていないが、「北海探見記録」の記述からして、旧伊達亘理藩の移住開拓地であるこの村で、天沼喜蔵に影響を与えた元家老田村顕允らによって設立された当地の教会およびその信者たちとの接触・協力を最初からある程度あてにしていたことが考えられる。

三月十四日に郷里を出発した恒三郎はまず東京で郷里の同志の一人である大越米吉の親戚である興田利太郎宅を訪問し、ここに住んでいる二名の北海道人から諸々の情報をえた[37]。十七日に函館に着き、その後陸路で森へ、そしてそこから十九日に海路で室蘭に到着した。二十日には郡役所地理課を訪問してそこのキリスト教徒の職員から懇切な対応を受けた。二十一日、陸路西紋鼈に到着し、翌日当村のキリスト教信者で教会の牧師である林弁太郎を訪問、同志の紹介で同じ熱心な信者である旅店皆川庄吉宅(㊣旅店)に宿泊し、それ以後この宿がこの地の拠点となる。翌日の夜、彼は宿で開かれた当所教会信者による祈祷会にも列席し、翌日はそこで知り合った当村戸長斎藤良知氏を訪ねてこの地方の地勢の模様、地味の善悪、開拓の手続などについて懇切な説明を聞き、さらに役場で『北海道移住案内』(38)などの書物を借りて熟読するとともに、二日間かけてそのなかの重要な部分を書写した。

二十六日、彼は陸路四里離れた虻田に向かった。その日泊まった旅館の主人から聞いた情報は、この近辺にはそれほど広い原野はないこと、ただ二〇里離れた所に総称して後志原野という広大で平坦な原野があり、地味も肥沃であるが、標高が高いため霜や雪が多く、移住地としてはあまり適さないことなどであった。さらに翌二十七日彼は役場で『北海道殖民地選定報文』(39)などの書物を紹介された後、係員からも倶知安原野を含む近隣地域の様子について詳しく話を聞いた。しかし、まだ積雪が多い北海道でこれ以上調査・探検することは不可能なので一旦帰郷して共同者たちとも協議の上、雪が消えるのを待って再度探検を行った方がよいと決断した。そこで彼は三月三十一日西紋鼈村を出発し、四月四日郷里の自宅に着いた。

この最初の渡道は北海道の積雪状況についての判断を誤ったために中途で挫折したとはいえ、収穫の多いものであった。第一に、室蘭や西紋鼈村でのキリスト教徒たちとの出会いやそこで信者としての厚いもてなしを受けたことである。室蘭、西紋鼈の教会は聖公会ではなく旧日本基督教会(長老派)であった。そこで彼は宗派を超えたキリスト教徒としての団結力が北辺の地で大きな力をもっていることを改めて認識したものと思われる(40)。第二に、ここで、当初期待していた有珠郡や虻田郡地区にはあまり期待できそうな土地がないこと、および『北海道殖民地撰定報文』を通じて瀬棚郡の利別原野が有望なことを知ることができた(41)。そして第三に、なによりも彼はこの時北海道開拓移住に必要な手続きなどについて貴重な知識をえることができたのである。

第五節　第二回北海道探検・調査旅行

一　利別原野での適地発見と挫折

四月四日に帰宅した恒三郎は四月二十一日まで自宅に滞在するが、「手続書」によればその間探検旅行の結果について同志に報告説明し、協議したことになっている。たしかに「諸事細控簿」のなかの「北海道渡航止宿日記」の記録では、四月八日は高崎、翌九日は横川に宿泊したことが記されており、これは群馬県在住の同志、辻八郎および高須釘次郎を訪ねたものと推測される。その報告や協議の内容は不明であるが、少なくともこの時点で彼が次の候補地として照準を合わせていたのは瀬棚(利別)原野であり、そのことに対する同志の何らかの了解をえたものと思われる。またこの間に移住・土地貸下げ手続きに必要な同志の署名捺印入り文書などが用意されたことも考えられる。

四月二十二日郷里を出発した恒三郎は二十六日に再び西紋鼈に着いた。翌二十七日に旅店㊣で『北海道殖民地撰定報文』から「後志国利別原野調査」、「下利別原野調査」を書写した(42)。ここで彼は利別原野が有望な地域であることをさらに確信し、利別原野調査のための資料を準備したのである。彼は翌二十八日早速この利別原野に向かった。先の視察の時に残っていた弁辺《ペンベ》、オハナイ原野を経由し、長万部まで来た。そこで国縫から山を越えて瀬棚まで行こうとしたが、まだまったく道がなく困惑した。二十九日、三十日と二日間長万部に宿泊しているところに彼の当惑ぶりがうかがえる。そこで彼は遠回りすることを決断した。彼はそこから内浦湾を迂回し、八雲を経由して落部で一泊、森村から徒歩で峠下村に出てそこで一泊、さらに鶉村に一泊、厚沢部を経て五里沢に一泊、日本海側を北上して関内に一泊、太田村に一泊、こうして五月七日ようやく瀬棚村に着いた。

翌八日彼は早速役場に行き瀬棚村戸長に利別原野の土地貸下げの件について伺いを立てたところ、意外にももはや利別原野にはまったく土地が残っていないとのことであった。つまり、当原野七千町歩の土地はすでに明治二十四年(一八九一)に犬養毅ほか八名への共同貸下げ済みであった。「記憶」の記述によれば、これを聞いて彼は茫然自失、失望落胆したという(43)。

二　太櫓の適地発見と貸下げ申請

おおいに落胆した恒三郎ではあったが、戸長から隣の太櫓《ふとろ》郡サッカイシにかなり有望な土地があるとの話を聞き、翌九日太櫓に向かった。そこから目的地のある太櫓川上流に向かい、二日間野宿をしながら探検し、十二日に太櫓へ帰り、三十日までここに逗留した。「記憶」の記述では、旅館に帰った後早速貸付申請書を作成したということであるが(44)、他方、「手続書」では、五月二十八日に太櫓郡で適当な農地を発見「選定」したと記されている。いずれにせよ、彼は六月四日に久遠村にある檜山旧郡役所に行って貸下げ申請の意志を伝えて了解をえた後、六月九日付けで一一名それぞれ四八、〇〇〇坪ずつ、合計五二八、〇〇〇坪の貸付申請書を北海道庁長官渡辺千秋宛に提出した(45)。この時提出された書類は「土地貸下願」、「起業方法書」、「委任状」である。その控が「諸事細控簿」に記されている。その際の同志一一名とは前述のとおり、後の十二月の規約書に記載されている署名者一二名から吉田清之助を除いたメンバーであることが「ノート」に記されている。

この後八月二十七日まで恒三郎は太櫓に滞在し、畑仕事などをしながら申請に対する道庁からの回答を「一日千秋の思ひ」で待った。[46] その間、八月五日付けで恒三郎は北海道庁長官北垣国道宛に「貸下願地踏検請求願」を提出している。[47] これは、六月九日付けで太櫓の土地の貸下願書を出したがその後音沙汰がない、しかし開墾の都合上今年中には移住したいので早く願地を踏検して至急回答が欲しい、という内容のものであった。さらに八月九日には、同じく道庁長官宛に「止宿御届」を提出した。[48] この内容は、この度太櫓村で自分ほか一〇名の代理人となって土地貸下げの出願をしたが、ついては旅店片石仁太郎方において自分がこの件に関する一切の事務を取り扱っていることを届け出るというものである。これらの文書は、なかなか応答してくれない北海道庁の信頼をえるために書かれたものと思われる。

三　「檜山外五郡役所大場第一課長より太櫓郡太櫓村外三ケ村戸長中村榮八宛文書」

そうこうするうちに、八月二十二日、檜山外五郡役所大場第一課長から太櫓郡太櫓村外三ケ村戸長中村榮八宛に一通の文書(④―一、以下「大場文書」と略記)が届いた。そのことを戸長から聞いた恒三郎がその文書の内容を読んだ時、恐らく彼はおおいに困惑したと推測される。その文面を筆写したと思われる文書が天沼家に所蔵されているが、その内容は以下のとおりである。

埼玉外三県人からなる団結移住の企画者惣代天沼恒三郎という人物が太櫓郡太櫓村において土地貸下の出願をしたのでその筋へ通達する取計らいをした。この願いに関して、仮りに戸籍の異なる団結者たちであっても、組織が確固たるもので開墾の成功が見込めるものであれば詮議の余地もある。しかし、この団体の場合団体移住の規約がなく、従ってまた開墾移住の方法も不完全である。そこでそれ相当の資金力があって団結開墾することができるものかどうか調べたいとの申し越しが道庁主務部からあった旨地理課から連絡があった。そこでその点を調べて至急回答してほしい。[49]〔口語訳および傍点付与引用者〕

ここで恒三郎が六月に提出した太櫓の土地貸下げ出願書類について三点の問題点(傍点部分)があることが指摘されている。第一は組織の団結力の問題である。団体移住の場合には、同じ戸籍の家族か又は同一地域に住む者によって組織されるのが通例であろう。しかし、彼がこの出願書類に関して後に「ノート」に書いた記録に記されている名簿を見ると、全部で一一名中、埼玉県旗羅郡長井村の住人は恒三郎を始めとする三名のみで、ほかの三名は同じ埼玉県ではあるが熊谷町の住人、残りの五名は富山県が三名、群馬県が二名となっており、かなり広域に散らばっている。これは恒三郎がツテを頼りに苦労して同志を集めたことを物語っているが、この点から、団体としてのまとまりという観点で道庁の官吏が不審感を抱いたものであろう。

第二に、この文書から、六月の貸下げ願書提出の際には「規約書」が欠けていたことがわかる。現存している「規約書」は明らかにこの役場からの指摘に対応してこの年の秋以降に作製されたものである。ところで、彼が熟読した道庁の「北海道移住案内」初版を読むと、貸下げ願書に必要な書類としては、「貸下願書」と「企業方法書」が挙げられているのみで、「規約書」提出の規定はない。しかし、数十戸単位の団体移住に関しては、別途発令された「団結移住ニ関スル要領」で規約書の提出が義務付けられている。従って道庁サイドからは恒三郎グループは団体移住と理解され、にもかかわらず規約書がないことが指摘されていることになる。ただし、この「要領」が公に交付されたのはこの年の十二月であり、恒三郎がこの時点ではまだこのような道庁の方針を把握していなかったとしても仕方のないことであろう。[50]

第三に、「起業方法書」の記述が不完全であることが指摘されている。恒三郎が記録したその控(「諸事細控簿」)を見ると、明治二十五年六月から明治三十二年十二月までの八年間に全地開墾することとして、それぞれの年度内に開墾する見込みの土地面積が書かれてあるが、そこでは、各戸当り面積四八、〇〇〇坪の土地をただ機械的に八年で割って毎年六、〇〇〇坪ずつ開墾する予定であることなど、きわめて形式的な記述という印象を免れない。従って、この点に当局が不満を感じたことが推測できる。(51)

第六節　八月帰省の理由、志方之善との出会い、「手続書」、「懇願書」の提出

一　帰省の理由

その直後に、恒三郎は急きょ帰省することを決め、八月二十六日付けで荒川銀平宛に「委任状」、そして翌二十七日付けで戸長中村榮八宛に「御届」が書かれている。その内容は、今回やむを得ない事故によって帰国するが、その不在中、官地貸下に関する一切の件について太櫓村在住の荒川銀平氏に委任するというものであった。(52)この「やむを得ない事故」とは何を指しているのであろうか。十一月十二日に郷里で行われた弟喜蔵の結婚式の準備が考えられなくもないが、それにしては時期が早すぎる。(53)またそれ以外に家庭内になにか新たな事態が生じたという痕跡はない。従って前後の状況から考えて、やはり、前記「大場文書」が帰省の直接の原因と考えるのが自然であろう。つまり、この文書を見た恒三郎は、急いで同志の了解のもとで「規約書」を作成し、改めて貸下げ願いに必要な書類を整える必要に迫られたのであろう。以下に見られるようなその後の恒三郎の一連の行動は、このような状況を裏付けるものとして理解できる。

二　志方之善宅訪問

八月二十七日彼は帰郷のため太櫓を出発するが、その際「記憶」の記述によれば、出発前に同じ目的でやって来た二人の来客があり、その二人を同道して国縫までの瀬棚原野の跋渉に向かったが、途中困難のため、二日の予定が四日かかったという[54]。さらに、「諸事細控簿」のなかの「北海道渡航止宿日記」によれば、最初の二十七日は志方之善宅に宿泊したことになっている。恒三郎自身の記録で志方の名前が出てくるのはこれが最初である[55]。

ところで、これ以前に恒三郎が志方と会っていて、すでに知り合いであった可能性も完全には否定できない。天沼と志方との出会いについて、『改訂今金町史』には二カ所の記述がある。最初の記述では、「明治二十五年志方は丸山伝太郎を伴い伊達紋鼈に仮居していた天沼恒三郎に会った」という記述[56]があるが、その史料的根拠は不明である[57]。恒三郎が紋鼈にいた時期はまず、第一回目渡道の際の三月二十一日から三十一日までと、第二回目渡道の際の四月二十六日から二十七日までの二日間であるが、この時点で志方側が恒三郎の存在を知っているはずはなく、彼らの出会いは不可能である。従ってもしこの事実があったとしてもそれは、この後のこと、つまり、恒三郎一家が紋鼈に移住してきた十二月二十四日以降ということになる。

さらに『改訂今金町史』には別の個所で、恒三郎が五月初旬に初めて瀬棚を訪れた際のエピソードとして通説となっている次のような記述(すべて木俣敏著書からの引用)がある。

疲れた身体で瀬棚にたどり着いた天沼はここの村長より驚くべき情報を得たのである「ここから利別川上流を遡行すること二日路の中焼野という所に同志社出身のキリスト信者で志方之善という貴君と同年輩の人が、犬養毅・尾崎行雄らが開拓権を持っている広大な地域の開拓権を取得し、昨年来入植して開墾に当っている。

同じキリスト信者のことであるから便宜が得られるのではないか」ということであった。天沼は早速その頃着手され始めていた道路工事人夫の道路である笹藪の小道を辿って、目名川が利別川本流に合流する地点近くの中焼野の笹子屋に志方之善を訪ねたのである。その日志方と天沼の二人は互いに肝胆相照らし、夜を徹して語り合い、共に協力して信仰による共同体の建設を契いかつ祈ったのである(58)。

このエピソードはインマヌエル団体移住史のなかでももっとも有名で、かつ教派を超えた連帯による開拓移住というこの団体の特性を象徴する出来事として理解されているものである。恐らくは移住者の子孫に語り継がれたこのような事実があったことは否定できない。しかし問題はその時期である。

不思議なことに恒三郎自身の記録にはそのことは一切出てこない。彼の記録によれば彼が瀬棚に着いたのは五月七日、翌八日も瀬棚に宿泊、九日は太櫓に宿泊、十日と十一日は地所探検のため山中に野宿となっている。この間に彼が木俣氏の記述のとおり志方宅を訪れ、そこに宿泊したということがまったくありえないことではないが、恒三郎が宿泊場所については日記などでこまめに記録している点から考えて、彼が志方之善に初めて会い、「夜を徹して語り合った」とすれば、それは五月ではなく、この八月二十七日であったと理解するのが自然であろう。さらに、恒三郎がこの日志方宅を訪れた理由のひとつとして、「大場文書」で指摘された問題について志方に相談するという意図があったとも考えられる。しかしいずれにせよ、通説で語られているような二人の感動的な出会いがあったにしては、そのことについての恒三郎の言及が一切ないことにおおいに疑問が残る。

三　山崎六郎右衛門宅訪問

天沼恒三郎が埼玉の自宅に戻ったのは九月三日であった。その後しばらくの期間彼自身によって記録された日誌などはない。しかし前述のように、山崎清太郎による「開拓回想録」によれば、その年の秋、天沼恒三郎が群馬県の熊ノ平に、すでに開拓移住の署名者であった山﨑六郎右衛門を訪ね、北海道探検などの話をして同志として北海道に渡り、基督村づくりをしようと勧誘し、六郎右衛門もこれに同意した、ということである(59)。これは恒三郎の記録から見て、彼が帰省した九月三日以降のことであることは間違いない。

この事実は次のことを示唆している。すなわち、恒三郎は北海道探検のため初めて渡道する明治二十五年三月十四日までに、彼は同志の糾合に奔走し、取りあえず自分のほかに一〇名の同意を取り付けていたが、その実態は多分に形式的なものであって、山﨑六郎右衛門をはじめ、実際に移住の意志まで確認した上でのことではなかったということである。恐らく、名簿に記載されている一〇名の賛同者は個人的な付き合い上の関係から一応署名はしたものの、この時点ではまだ実際に移住するという決意をもっていたわけではなく、せいぜい恒三郎の北海道探検の結果によっては考えてみようかという程度のものであったと推測される。結果的には、後に実際に北海道へ移住したものは弟の喜蔵のほかはこの山﨑六郎右衛門のみであったことからもそのことがうかがえる。ところが先述の「大場文書」によって、恒三郎は移住団体としての組織的な結束の点で不審の目が向けられていることを知り、どれだけの同志が実際に移住する意志があるのかを確認する必要に迫られ、まず山﨑氏を説得したものと考えられる。

四　太櫓適地申請の挫折と「北海道団体移住開懇《〔ママ〕》志願ニ付其準備手続書」

山﨑氏の説得に成功した彼は恐らくほかの署名者にもなんらかの説得工作を試みたと思われるが、その点についての記録はない。それは恐らく不成功に終わったためであろう。そうこうするうち、十月頃に、太櫓の代理人と同村戸長から恒三郎をさらに落胆させるような連絡が入った。その後の十二月に書かれた「手続書」によれば、その内容は次のようなものであった。

九月十五日に道庁から地理課吏員が太櫓に出張してきて土地を検査したが、当地は御料林に属していて道庁の所管外であることがわかった。しかし、この地は耕作地に最適の場所であり、貸下げ希望者も多いところから、御料林の解除を道庁に働きかけることで地理課吏員と同意した上で吏員は帰ったのだが、その後なんの音沙汰もない。そこで御料林は諦めてほかの土地を探した方がよいのではないか。[60]〔口語訳引用者〕

恒三郎自身の記述にもあるとおり、この知らせを聞いた恒三郎がおおいに失望・落胆したことは間違いないであろう。この時点で恒三郎は最大のピンチを迎えていた。ひとつには、なんといっても太櫓の適地の借り受けがほぼ絶望的になり、開墾移住の目途が依然として立たなかったことである。そしてさらに、署名者のなかで、山崎六郎右衛門以外に実際に移住する同志がえられなかったことがある。しかし他方では、先に述べたような叔父家族との確執をめぐる家庭内の事情からして、すでに移住を決断し、その準備も進んでいる家族としてはもはや移住する以外に道はないという状況であった。[61]

こうした切羽詰った状況のなかで、恒三郎は弟喜蔵など家族と相談・熟慮した結果、取りあえず年内に家族のみで北海道に移住することを決断した。十二月になって、その決意をこれまでの計画遂行の経緯とともに地元の郡長に報告したのが前記の「手続書」であった。この文書の提出はふたつの意味をもっていたと考えられる。ひとつは、「大場文書」で指摘された移住の決意と組織の堅固さを改めて地元の郡長に訴えること、[62]そして家族のみの移住はあくまでも全体移住の準備を兼ねた当面の措置として決意したことを伝えることであった。

この文書で彼は、北海道団結移住計画の目的、組織の結成から現地探検の経緯、現地で太櫓に適地を発見して道庁に貸下げの申請をし、さらにその後御料地であることがわかり、一同落胆・困惑した経緯などについて記述したうえで、天沼家家族のみで年内に北海道に移住する決意をしたことを報告している。そこで彼は同志一同が落胆した理由として、彼らが森林伐採作業の必要性などから今年中に移住するつもりですでに準備が進み、家財や仕事の整理を行ってまさに移住に出発しようという矢先であったことを挙げている。また、家族のみの移住を決断するに至った理由としては、今回の知らせで土地の確保がまだ判然としないこと、しかし同時にこの計画全体を廃止するのは忍びないことから、一時全体での移住は中止して取りあえず自らの家族のみ移住し、全体移住の準備をすることを挙げている。しかし実態としては、実際に移住の準備が進んでいたのは恒三郎の家族のみであり、開墾地の確保についてもまたそのほか同志の移住の点でも確たる展望がほとんどもてない状況のなかでの、なかば賭けにちかい決断であったと推測される。

五　「北海道移住開墾事業企望ニ付懇願書」および「團体成業規約書」の提出と家族移住

年内の家族九名の移住を決意した天沼恒三郎は、改めて移住のための手続き、貸下げ申請の実現のための文書作成・提出を急いだ。何よりもまず急ぎ必要であったのは、「大場文書」でその欠如を指摘された規約書(同志署名入り)の作成であった。恐らく九月三日に帰省した恒三郎はその後すぐに規約書の作成に取りかかり、山崎六郎右衛門を始めとする一〇名の同志、そしてその後(十二月までに)新たに加わった吉田清之助に対して何らかの方法でその規約書案を示して、了解をえ、さらに署名・捺印を求めたものと思われる。

こうして家族が北海道に向けて出発する十七日の直前、つまり十二月十五日付で埼玉県大里郡外三郡長中村孫兵衛宛文書「北海道移住開墾事業企望ニ付懇願書」(④―三、以下「郡長宛懇願書」と略記)を作製し、それに前述の「手続書」と名簿付きの「團体成業規約書」、そして各共同者の恒三郎への「委任状」を添付して提出した。

なおこの文書には十二月十六日付の地元旗羅郡長井町助役宮本文光から中村郡長宛に書かれた「其筋の信認を得られるよう特別のご配慮を願いたい」旨の文書と「書面の趣相違無き事を証明す」と書かれた文書(天沼家文書に含まれている)が添えられて提出されたものと思われる。このような事情を見ても、追い詰められたような状況のなかでなんとか願望を実現させたいと言う恒三郎の必死の思いが伝わってくる。

この「郡長宛懇願書」の内容は、「三月十四日から天沼恒三郎が渡道して実地探検の結果、後志国太櫓郡に適地を発見して六月九日付で貸下願書を出したが、御料林とのことで認可されるかどうか判然とせず一同困惑している。そこで私が今月の十七日に渡道し、もし先願地の不認可がはっきりした場合はさらに適地を見つけて貸下げの出願をしたい。ついてはその筋の信認をえられるよう、別記の手続書に述べた情状をくんでいただいた上で、手続書、規約書、委任状を道庁主務課に送って欲しい」(口語訳引用者)[63]というものであった。

また、これに添付されている「団体成業規約書」[64]は第一条から第一一条までで構成されているが、第一~三条では、この団体が基督教信者の同志を以て組織したもので、徳義を重んじ和合親睦をはかりながら一致連帯して事業を成功させ、《聖神の至栄を現すべき》ことが書かれている。また。第四条以降では、団体員のなかに疾病などやむをえない事情から、又は正当なる理由なしに渡航や開墾をしない者が出た際の対処方法などについて規定されている。[65]

ところで、この文書が中村孫兵衛郡長を経由して北海道庁に届いたのかどうかは不明である。いずれにせよ、後述するように、家族移住後の明治二十六年初頭に、恒三郎は改めてこの文書とほぼ同趣旨の文書を北海道庁長官北垣国道に直接提出することになる。

こうして、恒三郎一家九名は明治二十五年(一八九二)十二月十七日、郷里を出発し、二十一日西紋鼈に到着し、[66]翌明治二十六年一月十六日には戸籍を旗羅郡から有珠郡西紋鼈村第壱番地に移した。[67]

さらに、太櫓の適地貸下げをなかば諦めていた恒三郎は、一月二十九日、北海道庁に出向いてどこか適当な土地を紹介してくれるよう懇願したところ、奈江(現奈井江町)、近文両原野に没収地があるので、四月下旬になったら実地を調査して報告すべしとの確約をもらった(「記憶」)[68]。このような好意的な道庁の対応からは、この時期までに恒三郎の努力が実って道庁側の恒三郎の企画に対するある程度の信認が生れていることが推測される。

一月二十九日付の北海道庁長官北垣国道宛文書「土地貸下願之件ニ付懇願書」(④—四の草案、以下「北垣宛懇願書」と略記)は、このことに意を強くした恒三郎が道庁からの帰宅後早速作成したものと推測される。その内容は、前述の「手続書」、「郡長宛懇願書」と同様の経緯について説明し、引き続き太櫓の土地の貸下げを要請すると同時に、もしダメならほかの適当な土地を紹介してくれるよう、道庁長官に直接訴えたものである。これは道庁の窓口でえた新たな土地についての内諾をより確実で公的なものにしておこうという意図で書かれたものと推測される。ただし、この文書をさらに清書したと思われるもの(日付は二月)が存在することから、この文書が共同者の署名捺印入り「規約書」とともに実際に提出されたのは二月に入ってからと思われる。いずれにせよ、これが恒三郎などの願望実現にやっと一条の光がさし込んで来た時であった。

第七節　志方之善宅訪問と犬養毅との開墾契約

道庁から新たな土地の貸下げの内諾をえた恒三郎は、太櫓の土地をあきらめ、四月に入ってその整理のため太櫓を訪れるが、その際志方之善宅に立ち寄ったことから、新たな、そして決定的な事態の転回が生れることになる。その重要な経緯を彼は「記憶」で次のように記している。

道庁から貸下地予約の了解をもらったので、昨年来太櫓における貸下げ運動で滞在中の跡を整理するため、四月に出張した。その途中で利別原野の盟友志方之善氏を訪ねたところ、（志方氏曰く）利別原野の貸下げ地主である犬養毅氏が来道して当地を視察するとの通知があった。そこで明日は国縫に同氏を迎えに行くつもりなので、もし君が利別原野でその目的を成就しようと思うのなら、君を犬養氏に紹介してあげようという志方氏の懇切な勧告に、これは願ってもない好機と考え、翌日志方君と同道して国縫の犬養閣下の寓居を訪ねた。志方君の紹介で犬養閣下に面会し、私の昨年来の計画の一大蹉跌についてつぶさに報告し、さらに当原野は余の最初の希望地でありかつ宗教村を建設することについての同志もいるので、ぜひ入地させていただきたいと志方氏共々懇請した結果、ついにめでたく入地の約束を締結することができた。これは真に私の一生涯の満足であった。[69]〔口語訳引用者〕

さらに、これと同様の記述は明治四十四年三月付の「北海道庁技手高橋宛文書」にも見られる。これらの恒三郎自身による記述からまず第一に、『改訂今金町史』などすべての関連著作に共通している記述、すなわち「恒三郎が志方と共に明治二十五年の八月に国縫で犬養と会い、入地の契約を交わした。そして早速帰郷して同志に報告した。」とするいわゆる通説が完全な誤りであることが明らかになる。また、このなかで、この年（明治二十五年）「国縫で犬養と志方・天沼の談合した記録がある」という記述があるが、[70]この「記録」というのが何を指しているのかは不明である。いずれにせよ、少なくともこの談合に天沼がいたという部分は明白な誤りである。[71]天沼が初めて犬養毅と会い、入地の契約を交わしたのは、通説がいう明治二十五年八月ではなく、明治二十六年四月であった。ここに至って、天沼恒三郎のこれまでの移住のための困苦がやっと報われ、念願の移住開墾地を手に入れることができたのである。[72]

第八節　山崎家移住と集落の形成

利別原野に開墾地を確保した天沼恒三郎は早速在内地の共同諸氏に渡道するよう伝えた。それに対して全家族移住を決意したのはそれまで勤務していた鉄道馬車会社が解散し、仕事をどうするか思案中であった山崎六郎右衛門のみであった。山崎六郎右衛門はまず視察のために五月に単身来道した。彼は長万部で恒三郎と落ち合い、渡島大野、江差、太田山道、瀬棚をとおり、目的地（中焼野）に入った。その後二人は国縫に抜け、六月十五日に現地で再会することを約束して別れた。帰省した山崎は早速家財道具をまとめ、六月三日家族五名（本人のほかに妻うめ子、長男常次郎、次男清太郎、三男喜三郎）と由浅為太郎（諸星又造の紹介による）、使用人一人を連れて横浜を出発、二・三日かかって現地に到着し、小屋がけをしながら天沼の到着を待った。六月十六日、約束から一日遅れて天沼親子三人（妻りう、長男匡）が到着した[73]（両親、弟喜蔵夫婦、長女静子、次男匡美《ママ》は西紋鼈に残した）[74]。なお、「ノート」の記述によれば、その時点で「部落」に先に入居していたのは組合教会側の志方之善、大住（高林）庸吉、島津熊吉、丸山要次郎、志方シメのみであったとされている。しかし、志方グループの末裔の一人として現在今金町に在住する丸山敦子氏（丸山要次郎の四男博の妻）宅に所蔵されている丸山家文書[75]によれば、五月二十二日には、すでに丸山要次郎の家族とその仲間（祖父の辺《ほとり》、父の丸山正高、志方之善の母、中島俊夫妻[76]、大住家の家族）も現地に移住していたはずである。

この後、組合派側では八月に川崎徳松一家や川本竹松ら同志社の卒業生や学生たちが入地した。また聖公会グループでは、翌明治二十七年（一八九四）二月二十八日には西紋鼈にいた恒三郎の家族全員がインマヌエルに移住、さらにほぼ明治二十八年中には、ここに平野久五郎、斉藤半次郎、小泉與吉らが入殖して集落の住人も増えた。この間明治二十六年には両グループの共同で基督教村の理想を掲げた「インマヌエル憲法」が作られ、インマヌエル村の基礎が確立することになった。しかしそのわずか二年後の明治二十八年には、開墾実績が上がらないことを理由に犬養毅らへの貸下地そのものが国に返還を命ぜられ、さらに明治三十年(一八九七)にはこの地が一般に開放されることによって、彼らの基督教村の理想は挫折することとなる。彼らは窮地に陥ったが、ここで先んじて開墾にあたったインマヌエル団体の功績が認められ、改めてそれぞれに一定の土地が貸し下げられ(77)、その後彼らは入地してきた多くの一般移住者たちとともにこの地域の発展に寄与していくことになる(78)。

第九節　聖公会グループの団体的特性

天沼恒三郎をリーダーとする聖公会グループの北海道開墾移住の試みは、こうして幾多の挫折、紆余曲折を経ながらも明治二十六年(一八九三)までにひとまずは当初の目的を達成した。しかし、その過程で計画が思うように進展せず、ほとんどたった一人で奮闘した天沼恒三郎を苦しめた最大の原因は志方グループのような有力者のコネをもたなかった上に、当初から移住団体としての組織が虚弱であったことである。それは、一方では対外的条件として、できる限り多くの同志を有する団体であること、他方では内部的にあくまでキリスト教徒の団体でなければならないこと、このふたつの条件が両立し難いものであったことの結果である。

移住開墾の許可をえるためには、それなりの人数が必要であった。当時の北海道庁が定着率の低い個人の移住者よりも集団移住を奨励・推進しようとしていたことは、恒三郎も熟読し、写筆した『北海道移住案内』でも強調されている。[79]従って、計画の責任者としては、キリスト教徒という狭い範囲内では、実際に移住する意思の有無にかかわらず、取りあえずより多くの賛同者を集める必要があったものと思われる。その際恒三郎と同じ熊谷の聖公会信者、とくに大越米吉を中心とした交友関係をおおいに利用した。しかし当然そこには限界があった。

この計画は名目上、当初一一名、最終的には一二名の同志の名のもとにスタートしたものの、すでに述べたように、結果的にこれらの賛同者のなかで実際に北海道に移住したのは天沼兄弟の家族と山崎六郎右衛門の家族のみであり、しかも山崎の決意が固まったのは計画がスタートした明治二十五年三月の時点ではなく、その年の秋になってからであった。しかし、計画を進めるためには、自らは北海道に移住することはなかったほかの賛同者も自らの代理という形でほかの者を移住させる必要があった。こうして賛同者の一人である諸星又造は由浅為太郎と小泉與吉を、[80]そして辻八郎は斉藤半次郎、平野久五郎を北海道に送り込んでいる。[81]しかもこの代理として移住してきた者のうち、由浅、小泉、平野の三名は移住した後に受洗しており、この事実からも限られた条件下でのメンバー集めの苦労が偲ばれる。[82]

さらに、実際に移住し、その後の聖公会グループの中心になったのは、天沼家のほかに山崎家、そして後に加わった平野家であり、すべて家族単位の移住者であった。この点で比較的学生や独身者が多かった組合教会グループと大きな対比を成している。このような移住までの困難に満ちた経緯のなかで、このグループは結果として、信仰の絆で結ばれ、聖村建設という理想を共有する同志で構成された団体から、血縁的絆で結ばれた家族的団体へとその基本的性格を変化させたといえるであろう。

しかし他方、彼らの移住が組合教会グループと対照的に苦労の末の入殖であったという事情と併せて、この家族的団体という特性こそ、このグループの移住地への定着性を強めたともいえる。つまり、天沼家や山崎家の人々にとっては苦労の末に獲得した土地への執着は強く、何があろうとこの地に住みつづける以外に選択肢はなかったのである。たしかに、一方の組合教会グループのなかでもこの地に定着したのは、結局は丸山家、川崎家など家族単位で移住してきた者のみであり、そのほか信仰上の理想に共鳴して入地した多くの賛同者のほとんどは帰郷・離散している。(83) しかし、志方グループの場合、その初期にはまだ理念的、理論上の確執が内部に残存していた。その結果として、リーダーであった志方之善さえ志なかばでこの地を離れることになった。(84) ここには双方のリーダーの軽視できないメンタリティの違い（理想主義者タイプと実業家タイプ(85)）が表われていると同時に、それはある程度両グループ全体の体質上の相違をも象徴しているように思われる。

結　び

さて、本章では天沼家文書に含まれる新たな一次史料に基づいて天沼恒三郎のインマヌエル移住までの経緯の詳細を検証し、その個別的な点についていわゆる通説に含まれているいくつかの誤りや不備を指摘した。ところで、このような史実の再構成の試みは、これまでに形成され、承認されてきたインマヌエル団体移住史の全体的構図にどのような影響を与えるであろうか。

全体的構図に関するこれまでの通説をあえて単純化して、その核として強調されているものを挙げるとすればそれは次のふたつのエピソードに集約されるであろう。すなわち、第一に志方と天沼の感動的な出会いである。基督教村の建設という理想のために宗派の違いを超えた連帯がこの団体を比類のないものとして際立たせることになった。第二に、それにもかかわらずこの両派は結局は分裂したという事実が強調される。しかもその主な原因は両派の教義・伝統上の相違にあるという説が主流である。

本章での考察からこの二点について仮説的に若干の疑問点を挙げておきたい。第一の点については、たしかにこのような事実があり、さらにそのいい伝えが精神的絆の核としてその後の両派の移住民たちの連帯に大きな力を与えたであろうことは否定できない[86]。しかし、そのなかにも両派の間には若干の温度差があったのではないだろうか。すでに見たように天沼恒三郎の記録のなかには二人の感動的対面に関する記述は皆無であるとともに、全体として志方之善に関する言及がきわめて少ないことが注目される。少なくとも恒三郎自身にはここに至る経歴もパーソナリティもまったく異なる志方之善とはつねに距離を置いた関係にあろうとする意識があったのではないだろうか。

第二の教派分裂に関しては、さまざまな状況から考えて、教義上・伝統上の相違が最大の原因とは思われないこと、そしてむしろそれは上部団体(ミッション)と関連した教会組織上の問題であることについてはすでに前章でも論じている[87]。しかしそれに加えて、移住までの経緯のなかで生れたこの両派の団体としての性格上の相違(理念の共有を絆とする団体と血縁で結びついた家族的団体)もまたなんらかの形でその一因になっているのではないだろうか。こうした見解の根拠になっているものはやはり、本章で明らかになったように、両派の移住に至るまでの経緯があまりにも異なったものであったという事実であろう。

(1) 今金町史編集委員会編『改訂今金町史』上・下巻、今金町、一九九一年、七九九頁。
(2) 同右、上巻、二〇五~二〇七頁、二二七~二三七頁、七九七~八〇四頁、および同下巻、八四二~八四三頁。
(3) 若林功『北海道開拓秘録』第一篇、月寒學院、一九四九年。
(4) 今のところその所在・内容は未確認である。
(5) 今金町開拓回想録編集委員会編『今金町開基七〇周年記念　開拓回想録』今金町、一九六七年。
(6) 天沼義之進『日本聖公会　今金インマヌエル教会沿革史』日本聖公会、一九六八年。

（7）　著者木俣敏が農村伝道のために私的に発行していた小冊子『東西南北』に一九八一年から一九八四年に掲載されたもの。この著述は一九八四年五月に利別教会創立「百周年」実行委員会の手で木俣敏『悠久なる利別の流れ』という単行本として出版された。以下本書での引用はこの単行本による。

（8）　現在今金町役場に保管されている天沼家関係史料はただ二冊にファイリングされているだけで、日付順に整理されているわけではなく、またタイトルも付けられてはいない。そこでここでは仮に「天沼家文書集」としておきたい。

（9）　「インマヌエル」という地名は、天沼恒三郎一家が移住した直後に志方之善らと相談の上決定したものであり、それまではとくにこの地に該当する地名はなかった。明治三十年にこの地域が利別村として瀬棚村から分村したが、その際インマヌエルは十五「部落」の内のひとつであった。

（10）　木俣敏氏は重要な一次史料の一部についてはその存在を知っていた。しかし、その文書の位置づけや意味について誤解している部分がある。

（11）　ただし整理されてはおらず、保存状態もあまり良いとはいえない。歴史的にきわめて貴重な史料であることから、いずれ精査・整理の上しかるべき施設（郷土資料室など）に保存すべきであろう。

（12）　以下の文書・一次史料は、現在今金町神丘に在住の天沼修嗣（天沼義之進の長男）氏のご好意で、筆者が彼のお宅にたびたびお邪魔して閲覧・複写させていただいた。

（13）　体裁は小型の大学ノートにペン書き。成立時期は不明であるが、記述中最新の日付は昭和十一年となっている。恐らく大正末期または昭和初期から書き溜めたものと思われる。なぜか末尾の二〜三頁分が切り取られ、文は途中で終わっている。

（14）　和紙罫紙本に毛筆で筆写したもの。成立時期はほぼ明治二十四年〜三十年頃。

（15）　和紙罫紙本に毛筆で筆写したもの。成立時期は明治二十五年三月以降。

（16）　上記「吾か生立ちの記憶」の記述によれば、彼は尋常学校で正則科と漢学科を兼修している（補遺一五五頁）。また天沼喜蔵の子孫が編集した『あゆみ』（私家本）でも彼が小学校卒業後漢学の塾に通ったことが書かれている（『あゆみ』一七頁）。

（17）　前掲木俣敏著書、二六頁では「是（明治二十三年）より先、改進党の主領犬養、尾崎等が党員救済の為に岩村長官の諒解を得て…（中略）…現今の瀬棚郡利別村に貸下を受けたが…（以下略）…」と書かれており、また前掲『改訂今金町史』、二二八頁では、「明治二四年当時…（中略）…改進党の首領犬養毅は尾崎行雄らと党資金の獲得を計画、岩村長官の諒解を得て…（中略）…北海道後志国瀬棚郡利別原野の六七五一町歩の大面積の貸付を受け…（以下略）…」と書かれている。一方、前掲「ノート」

の中の天沼恒三郎の日記(補遺一六〇頁)には、「当原野七千町歩の土地は先に明治二十三年にすでに犬養毅氏他八名の共同貸下の土地なる事を初めて聴き知った」(口語訳引用者)と書かれているが、同じ「ノート」の別の箇所に「イマヌエル郷の発端」というタイトルで書かれた記録では、この犬養らへの貸下げの時期を明治二十四年としている。これらの史料では、犬養らが北海道庁から土地の貸付けを受けたとされる時期が食い違っている。もしそれが明治二十三年あるいは二十四年であったとしても、その時の北海道庁長官は岩村通俊ではなく、永山武四郎であった(明治二一年六月以降)。従って、木俣前掲書および『改訂今金町史』の記述は誤りということになる。

(18) 前掲『改訂今金町史』上巻、二二八頁、七九八～七九九頁。

(19) 木俣敏前掲書、九一～九二頁。

(20) 補遺一五七頁。

(21) 原文は補遺一七二頁。以下、天沼恒三郎自筆の文書の本文中への引用に際しては、原文が当時の用語や文体で書かれていて理解しにくい部分も多いことから、特別の理由がない限り原文のままではなく、口語に翻訳し、さらに一部意訳した文章とする。なお、原文については本章補遺に収録された各文書の解読文を参照されたい。

(22) 原文は補遺一五八頁。

(23) 原文は補遺一六三～一六四頁。

(24) 「北海道庁技手高橋宛文書」の六丁目には次のような記述がある。「犬養毅氏来道セラレ国縫ニ邂逅ス即チ謀ルニ拙者自ラノ境遇ト併テ将来の目的トヲ以テス(即チ基督教的宗教村ノ建設)公幸ニ同情翼賛セラレ直ニ百五十町歩ノ地積ヲ宗教村建設ノタメニ分譲セラル事トナレリ」。

(25) 原文は本章補遺一七六頁。

(26) 発行時期、巻号が不明なため、現在のところ確認できていない。

(27) 前掲『あゆみ』、一八頁。

(28) 同右、一五～一六頁、および補遺一五四～一五五頁。

(29) 本章補遺一五七～一五八頁。

(30) 本書第四章一九三～一九六頁、第五章二五三～二五六頁参照。

(31) 前掲『あゆみ』一九頁。

(32) この「手続書」が書かれたのは明治二十五年十二月であり、ここでの名簿は同年三月の組織立ち上げや六月の太櫓の土地貸下げ申請の時点でのものとは若干変わっている。つまり、ここで書かれている文の趣旨に反して、ここに挙げられている同志名は最初からのものではない。同時期に書かれた「北海道移住開墾事業企望ニ付懇願書」(④―三)などに添付されている名簿の住所を見ると、天沼兄弟、大越、興田、諸星、新井、吉田の七名が埼玉県、山崎親子が富山県、高須、辻が群馬県、三田が東京市となっている。彼らが個々に天沼恒三郎とどのような関係にあったのか、その詳細は明らかではないが、まず全体として熊谷聖公会の信者またはその関係者であったと思われる。この組織の趣旨からして恐らく全員キリスト教徒であろう。この内中心的人物と思われる大越米吉は高崎地方一帯にあった馬車会社の元所有者(博徒の大親分ともいわれる)で、移住組織の立ち上げに関しては同志の紹介など親身になって恒三郎を支援した。親類の興田利太郎をはじめ、教会の同志である諸星又造、新井市次郎、そして山崎六郎右衛門を誘ったのも彼であろう。本人自身は移住する気はなかったと思われるが、身内や子分(社員)であった山崎六郎右衛門らを実際に北海道に送り込んでいる。諸星又造については、天沼家家族一同が北海道へ移住する十二月十七日の夜は一同で彼の家に止宿しており(「諸事細控簿」中の「全家族連携シテ北海道移轉日記」)、また後に自らの代理人という形で由浅為太郎と小泉與吉を移住させていることから、自身の移住は別としても恒三郎の企画に協力的であったと思われる。興田利太郎はこの名簿では大越米吉と同住所になっているが、恒三郎が第一回の北海道探検に向かう三月十五日には東京で彼の宅を訪問したことになっているので実際の住所は東京にあったと思われる。吉田清之助は六月以降新たに加えられたメンバーで、六月の太櫓の土地貸下げ申請の時点では名簿(一一名)になかった人物である。また、三田嘉女吉の本籍は六月の時点では富山県であったが、ここでは東京に変わっている。このなかで唯一、恒三郎とともに自ら移住した山崎六郎右衛門については後述される。

(33) 原文は本章補遺一七二頁。

(34) 木俣敏前掲書、九二~九三頁。

(35) 少なくとも天沼修嗣氏宅で拝見した文書のなかに該当するものはない。

(36) 前掲『開拓回想録』、八八~八九頁。

(37) 「脩《〔ママ〕》支明細誌控簿」四丁目参照。

(38) 北海道庁殖民課編、一枚折畳みで表面には「移住者の心得」、「北海道土地払下規則」、「北海道土地払下施行手續」、「土地貸下願(書式)」、「起業方法書(書式)」が記載され、裏面には地図ならびに物価表など統計表が記載されている。初版は明治二十五年(一八九二)二月発刊なので、恒三郎が読んだのはこの初版と思われる。

(39)『北海道殖民地選定報文　完』(一九八六年復刻版、北海道出版企画センター、原本は一八九一年三月発行)。

(40)明治十九年に伊達で日本基督教会の押川方義から受洗した旧伊達亘理藩の家老田村顕允はその後室蘭郡長となり、翌二十年に室蘭に押川を呼んだところから、室蘭にも多くの信者が生れた。恒三郎が会った斎藤良知(幌別に入殖した旧伊達白石藩家老)もこのとき信者になった一人である。明治二十三年には田村が伊達に戻ったため、恒三郎が訪れた明治二十五年当時の室蘭は教会活動はやや沈滞していた。逆に伊達(紋鼈)での教会活動は盛んであった。恒三郎の記録からもこのような状況が伝わってくる。日本基督教会室蘭教会創立七十年史編纂委員会編『日本基督教会　室蘭教会七十年史』復刻版、一九六一年)、一〜七頁参照。聖公会がバチェラーを中心に室蘭地区にやってきたのはこの直後であった。なお、田村顕允について、木俣敏前掲書およびそれを元にしたと思われる前掲『改訂今金町史』では、田村が函館の聖公会宣教師デニングから受洗したと記述しているが、これは誤りである(木俣前掲書、九四頁、前掲『改訂今金町史』上巻、七九八頁)。

(41)本章補遺一五九頁参照。

(42)「諸事細控簿」にこのふたつの書写がある。

(43)本章補遺一六〇頁。

(44)同右。

(45)同右。

(46)「諸事細控簿」の中の「北海道渡航止宿日記」の当該期間中のメモ書き、および「日記」(本章補遺一六〇頁)参照。

(47)「諸事細控簿」にその控が記録されている。

(48)同右。

(49)原文は本章補遺一七一頁。

(50)この「團体移住ニ関スル要領」は成功の見込みの確固たる團体移住(とくに三〇戸以上の団体)に対して特典(貸付予定地の存置)を与える目的で明治二十五年十二月内務省から発令されたもので、移住規約の要領も付記されている。その全文が安田泰次郎『北海道移民政策史』生活社、一九四一年、二六二頁に掲載されている。

(51)ちなみに、『北海道移住案内』のなかの「移住者の心得」では、各年度ごとの開墾成功の程度として、初年度から二年度、三年度と進むに比例して開墾面積も増えてくるのが標準とされている。

（52）『諸事細控簿』にその控が記録されている。
（53）前掲『あゆみ』からは、喜蔵の結婚はむしろ恒三郎が帰省した後、北海道への一家移住を前提として、熊谷聖公会の牧師の取り計らいで急遽決まったものであることを推測させる（二一〇～二一一頁参照）。
（54）本章補遺一六一頁。
（55）一方不思議なことに、「記憶」における詳細な記録のなかにはこの件はまったく出てこない。
（56）前掲『改訂今金町史』上巻、二二八頁。
（57）恐らく、山崎清太郎もしくは高林庸吉の話（伝聞として定着していたもの）がその根拠と思われる。
（58）前掲『改訂今金町史』上巻、七九八頁。
（59）前掲『開拓回想録』八八～八九頁。
（60）原文は本章補遺一七三頁。
（61）この状況が近所付き合いの点からもかなり厳しいものであったことが、前掲『あゆみ』から推測できる（一六頁）。
（62）先述したように、丁度この時期から、北海道庁は移住団体が信頼に値するものかどうかについて、この団体が属する府県庁の判断を求めるようになった。この文書の提出はこうした状況に対応した行動であったと思われる。本書序章二四頁参照。
（63）原文は本章補遺一七五頁。
（64）原文は本章補遺一七五～一七九頁。
（65）その内容は安田泰次郎前掲書（註（46））に掲載されている北海道庁内務部文書「移住規約ノ要領」（二六四～二六五頁）にほぼ沿ったものである。しかし、この「要領」は十二月下旬に公にされたものであり、恒三郎がそれを参照したとは考えられない。恐らく、様式については地元役所からなんらかの指導を受けたものと思われる。
（66）この家族による渡道の様子については「諸事細控簿」のなかの「全家族連携シテ北海道轉住日記」にかなり詳しく記録されている。
（67）「諸事細控簿」にその記録がある。
（68）本章補遺一六二頁。
（69）原文は本章補遺一六三～一六四頁。
（70）前掲『改訂今金町史』上巻、二二八頁。

(71) ただし、明治二十五年八月にすでに犬養毅が国縫に来て志方之善と会っていたということは充分にありえる。
(72) ただし、犬養との開墾契約の内容がどのようなものであったのか、その詳細な内容については不明である。
(73) これらの経緯については山崎清太郎の証言を元に天沼義之進が二カ所で記述し、さらにそれに基づいて木俣敏が記述している。前掲『開拓回想録』八九頁、前掲『あゆみ』二二～二三頁。木俣前掲書一〇八～一〇九頁。
(74) 「記憶」による。本章補遺一六四～一六五頁。
(75) 現在丸山敦子氏宅には丸山要次郎の書状ほかが保存されているが、そのなかにこの「北海道後志瀬棚利別原野慰満奴恵留村移住日記」(以下丸山「移住日記」と略称)があり、これは丸山要次郎の祖父である辺《ほとり》が丸山寛翁斎と称して記録したものである。
(76) ただし、中島夫妻はこの直後の六月二十八日開拓地での生活に耐え切れずに逃亡した。志方之善が国縫まで追いかけて説得したが無益であった。単なる理想や希望だけで移住してきた人々にとって北海道への開拓移住当初の生活がいかに厳しいものであったかがうかがわれるエピソードである。丸山寛翁斎「移住日記」、五頁。
(77) 前掲『改訂今金町史』上巻、二三九～二三〇頁。
(78) この時期以降の経緯については、前掲『改訂今金町史』上巻、二二九～二三七頁、および本書第二章参照。
(79) 『北海道移住案内』中の「移住者の心得」には「移住者は成るべく多人数團結すべし」という項目があり、伊達移住者成功の例を挙げて団結の力を強調している。
(80) 彼は後に、夫を戦争で失った志方之善の姉シメの再婚相手となった。
(81) 「ノート」にこのことが記されている。なお、彼らの移住時期については、由浅、小泉、平野の三名は明治二十八年までに移住していることが記述されている(前掲天沼義之進『日本聖公会　今金インマヌエル教会沿革史』、五頁)が、斉藤半次郎がいつ移住したのかは不明である。
(82) この三名は移住後の明治二十八年四月にアンデレス師から受洗している(天沼義之進前掲書五頁)。当初、彼ら三人は移住者の不足を補うために依頼され、また自らも経済的な理由からそれに同意して移住したが、その際インマヌエル団体の規定に従っていずれ入信することが条件づけられていたものと思われる。しかし、いずれにせよ彼らはその後敬虔な信徒として教会の中心的メンバーとなる。
(83) 前掲『改訂今金町史』上巻、二二九頁、七九九頁参照。

(84)　組合教会グループ内の理念上の確執がどのようなものであったのかは不明であるが、結果的に志方之善は明治二十九(一八九六)年八月、その年に東京から移住した妻の荻野吟子と養女トミ(志方の姉シメの娘)とともにインマヌエルを出て国縫に移り、さらにその翌年には瀬棚に移住し、明治三十八年(一九〇五年)そこで亡くなった。奈良原春作『日本の女医第一号——荻野吟子』図書刊行会、一九八四年、一七三〜一八八頁参照。

(85)　本章で明らかなった天沼恒三郎の行動それ自体が彼の実務家としての一面をよく物語っているが、それ以外にも、例えば、「ノート」に含まれている「菜根譚」、「処世訓」の記述を読むと、恒三郎が実業家としての才覚に優れていることがわかる。他方の志方之善はその一連の行動からもわかるように、やはり理想主義者であり、理論家肌の人物であるという印象が強い。ただし、このことは勿論、天沼恒三郎が終生敬虔なキリスト教徒であり続けたという事実と矛盾するものではない。彼は後の教会設立や運営の中心的リーダーであり、「利別聖公会礼拝日誌」によれば、明治三十年から同三十一年にかけての礼拝では彼がしばしば説教者を務めている。また、ここには挙げなかった現存の一次史料の「所感一束」(厚表紙小型ノートにペン書き、大正五年作成)には、彼のキリスト者としての研鑽の跡が記されている。

(86)　この点については本書第二章九五頁およびむすび一〇六・一〇七頁でも強調している。

(87)　両派の確執、両教会分裂の詳細とその原因分析については本書九四〜一〇〇頁参照。

補　遺

解読文一　天沼恒三郎「吾か生立ちの記憶」

一、原文はタテ書き。旧漢字も含めて原文のままとし、誤りと思われる部分には〔ママ〕を付した。
二、上段の欄外につけられている小見出しは太字で表記した。ただしその小見出しに対応した本文の切れ目が必ずしも明確でない部分があり、その場合は複数の小見出しをひとつにまとめた。
三、句読点は原文のままである。また改行については、明らかと思われる場合のみ改行した。
四、読みにくい語句には引用者が振りがなを付した。

吾か生立ちの記憶

出生地

余が生地は埼玉縣大里郡長井村大字田島弐十五番地なりしも余か出生当時は旧町村名にて武蔵国旗羅郡田島村弐十五番と云ひしも其後旧村落を合併して田島、西野、上根、江波、西城、上須戸、八ツ口、善ケ島の八ケ村合併して一村長井町と改称尚ほ其後又郡制の改革ありて大里、旗羅、榛沢、男衾、の四ケ郡中三郡を廃して大里郡と改められたり

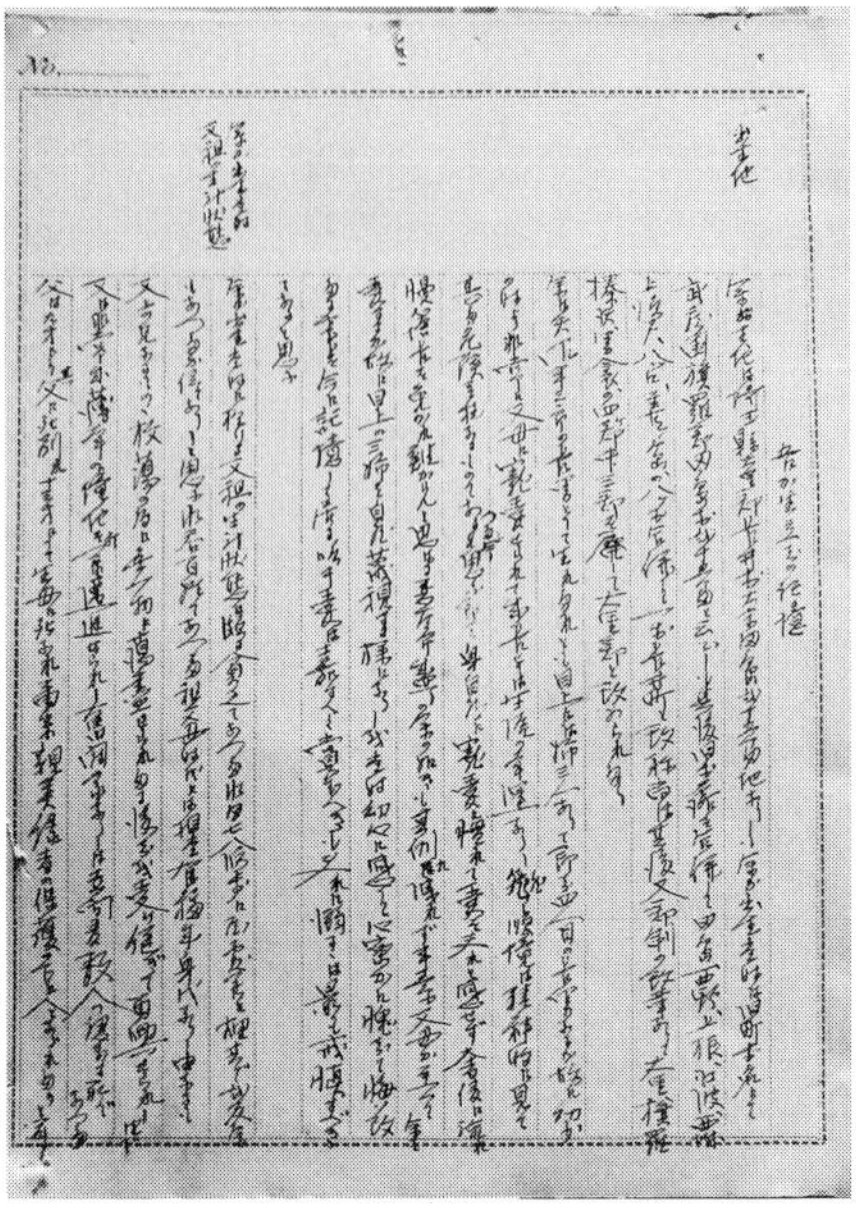

図2　天沼家文書(2)

余は天沼半三郎の長男として生れたれとも目上には姉三人ありて即ち四人目の長男となるか故に幼少の時より非常に父母に寵愛せられて成長せしは生涯の幸運なりし然し順境は精神的に見て甚だ危険至極なるものであったと今思ふ即ち身自然に寵愛に慣れて愛を失れと感せず奢侈に流れ慢心増長を免かれ難からんと思はる悪太郎盛りの余の如きも其例に洩れず平素父母が至って余を愛するか故に目上の三姉を自然蔑視する様になりしを当時幼心に感して心密かに愧ちて悔い改たる事を今に記憶して居る嗚呼《ああ》愛は嘉な人を賞むへきも之れに溺るゝは最も戒慎すべきてあると思ふ

余か出生当時、父祖の生計状態

余か出生当時に於ける父祖の生計状態は頗る貧乏てあった水田七八段歩に屋敷併せ畑共で弐反余もあったか位てありしと思ふ水飲百姓てあった祖父母時代には相当有福成《なる》身代なりし由なるも父上の兄なるものの放蕩の為に無物に蕩尽《とうじん》せられたる後分を受け継ぎて再興せられし由で父は非常成薄幸の境地を打開邁進せられし奮闘家なりしは世間多数人の認むる所であった

父は九才より其父に死別れ十三才にして生母に死なれ爾来《じらい》親類縁者の保護の下に人となられたりと聞く

兄上は年令十四才違ひにて其頃盛んに放蕩の限りを盡《つく》し其結果時の政府の法網に触れ遠く八丈島へ流罪に処せら

れ跡は幼少の父一人にてそれも他人の手風にて依って学育せられねはならぬ実に悲惨なる境遇にて一家は文字通りの支離滅裂なる有様てあった由

斯くして父は漸く長して他人に寄食　旁《かたわら》て自己一身を糊にし支ひ得る様なりしか孤軍奮闘自活の道に専念傍ら晩学なから学問に出精し昼は種々稼業にいそしみ夜はよもすから学問に励精せしも元来師を求むるよすかもなく独学にて且つ晩学なるにも不拘《かかわらず》勉強其物の結果地方にても学者の数に指折らるゝ様なれり且つ家事に奮励努力の結果前記の通り無物に蕩盡せられたる跡を受けて地方中位の家産を築き掲げるに至りたるは真に努力の結果と言はねはならぬ

天は此父に配するに身体健康勤勉にして正直に凡てに忍耐強く愛心至而《いたって》深き母を以てす余が現在あるは真に母の賜物なりと確く信ず

余が就学年令は拾才にして明治六年我帝国に於て学校令の始めて制定せられし最初の年なりし

郷里は田舎には稀有成教育熱心なる土地柄にして制度の発令当初に於て早くも学校建設せられしは真に余に於て幸福至りてあったこれと云ふのも土地の豪族吉田市十郎氏の力の與ってかありし事は慥《たし》かに余の幼心にも銘して忘るゝ事の出来ざる一事である

斯して余は明治六年年令拾才にして奈良小学校に就学明治拾弐年迄六ケ年間尋常学校に在学正則科及漢学科兼修

退校後家居農業手傳旁て独学

結婚、結婚對手の性格

明治拾五年十二月十二日年令拾九才にして同村字西野松本源蔵長女リウ同年と結婚す（里宇の母は始め蓮沼惣左エ門に嫁ぎ一男一女を挙げて夫に死別し後二人を携ひて松本家に入嫁したるものなり）余は結婚に先たち両親に対し左記希望条件を注文す其要領左の如し

健康、正直、深切、勤勉、の四項であったが幸にも稍々其希望は充たさるゝ得〔ママ〕たと必ず満足して居次第であるが只だ欠点と思ふて日々忠告しつゝある事は婦人として家事の不整理なる一事である言ひ換ふれば物事乱暴である之は余の性質と合致出来ざる一大損失であったと思ふされど高き神慮よりして神の恵は我れに満ち足りて居るのであろうと感謝して居る

青年結婚者の覚悟、結婚は卒業できない開事である覚悟肝要なり

青年の結婚に對しては殆んど何んの用意も覚悟もないものが先づ多数である様に思はるゝ只だ結婚出来さい〔ママ〕すればが一生涯の万事は成功かの如く思ふは大変誤解の甚しきものである結婚は快楽の結晶ではない寧しろ多岐多難なる大試練張夏〔ママ〕の襲撃団に向ふ様なものである宛かも微力なる一学生が試験に合格して始めて任地に赴きたるが如く四囲の余に對する待遇は頓に(とみに)一変して事毎《ことごと》に自らを試みんとするものゝ如く旧来知己の友も我れを畏るものゝ如く冷やかに思われ自然寂寞と悲哀を感ずる様になるものである現在我が家庭の人すらも我が独身当時に交はりたる情交の深切なるとは雲泥も只たならぬ様に感するものである我等青年は結婚に先ちて是れを預期して精神的修練習得するこそ転ばぬ先の杖てある最も肝要事てあると思ふ老婆心とは思ひなから早婚に懲りたる実験を有りの侭に書き記すなり

愛は夫婦の連鎖

夫婦の睦美は愛である愛なければ夫婦はない夫婦なければ家庭なし家庭なければ国家もない社會も又あるなし左れば愛は宇宙萬有の元素とも云へる嗚呼又偉大成道徳ならすや然らざれとも此愛の應用こそ実に至難至要の事と思ふ萬一應用を誤れば愛するか故に人を害し己れを害すの反對なる結果を呈するに至る戒心せさるべからず夫婦の睦美も如斯《かくのごとし》内整では外破れ外優では内面白からず百面王の如き円満は中々斯して得るべきてない嫉妬の難あり。経済の難。疾病の難。健康にして過殖の難あり。不健全にして劣殖の難あり其他内外より突発的に不意の

台風襲来の難ありて中々油断の出来るものてない此問に処して夫たるものは如何成《いかなる》風波の逆襲をも神色自若毅然として動する事なく徹頭徹尾素志貫徹する事を期せねはならぬ此期に望んで徒らに心迷ひ動く時は何事も成功を期する事は出来ない我等夫婦の関係も事業の成功も皆然りある

余は妻女離去の問題に就て偶像教の指導に断然反抗して大勝利を贏《か》ち得た余が平素処世の結果はキリスト教に於ける聖言の神の仰せ賜〔ママ〕ひるものは人之を離すべからす此信念を断固として萬難と戦い徹底的に一貫し来りしなり

或時偶像教の佐籖に曰く

弧舟歓到岸　波急不得後　女人立流水　望月心意濃

詮所《せんずるところ》之れは文字通り目的の彼岸に到達する事は難し故に婦人は如斯き不適材なる所を去って相当成再度の縁を求めらるゝに若かずと曰ふにあり嗚呼此時余は一時の感情に制せられて一歩を誤らんか生涯取り返しのつかぬ淵の深味に沈淪せしなん今にして往時を回想せんか実に身の毛も惲〔ママ〕つ程恐ろしく慄きを感するものである

職業

職業は先祖代々より農家て有った関係より余も幼少の頃より父祖に従って農業を習修した然し農家は多忙の時は相当忙しきも時に或は反對に閑散の時もある余は之れを利用して荷車を挽いて運送業をも試みた当時田舎道の交通稀少なる悪道を四斗米四俵或は五俵積んで三里ある町迄運搬した此運賃は一俵八銭位で随分耐〔ママ〕ひる骨折りてあった亦親類に薪山商買をするものありし関係より其人に従いて木材薪等の商買も五六年程試みた

然し何を営むも明治拾六年以来世は不況の継続で稼げば稼ぐ程貧乏神の先き回りすると云ふ状態てあった

政治思想とキリスト教の宣傳

当時余は年齢未だ弐十二三才自由民権を呼び熾《さか》んに政治思想に熱中し一面我か祖先傳来の佛教を放棄してキリスト教に帰依し大ひに其宣傳に努め右に政治を論じ左にキリスト教を携いて旦暮《たんぼ》付近の友人間の宣傳に努めた（外

人を自宅に招聘して盛んに宗教宣伝をした当時我国は外国人と内地雑居以前の事として所謂治外法権制度の時代であった為司法警察官も取扱上非常困った程であった）

我が北道移住の動機

我が北道移住を企てし動機は或時親友が余の談論に酔ひて激賞せられし談話の内の一語であった曰く天沼君は偉ひ之れに財産をも所有したならば実に鬼に金棒てある惜む哉と余聴いて心密かに慚然として大悟する所あり爾後《じご》職業革正更新に就き種々考慮した思ひば〔ママ〕近代日本の人口増殖は非常成加速度の勢ひて増加しつゝある昨今迄三千五百萬と歌われ人口は忽ちにして四千五百萬を数ふるに至った斯の勢で人口の増殖は殆と底止する所なきに引換へ農業耕作面積は相当数依然として拡大する所はない若かず国家の政策上より見るも将又《はたまた》一家の発展更正の点よりするも断固墳墓地を去って遠く異域に移住殖民して無人の境を開拓せんものと決心の臍をは固めた由なり左れど第弐の問題は移住地を何れに求むべき之である南東にブラジルあるも当時一家移住にての渡航は中々容易の事ではない時の郡長閣下にも相談を試みた閣下は近縣の那須野か原は自分も関係もあるとて頻りに彼の地への移住を勧めた然し今一歩を進めれは我国には洪大成植民地として北海道のあるなり寧ろ一度北海道探見して其上移住地を選択決定するも遅からすと決意し明治弐十五年三月十七日郷里発足北海道の視察探見に向ひり〔ママ〕先是《これよりさき》き〔ママ〕旅行は横浜より海路函館に至るの予定なりしも計らさりき発足に際し東北全線の（青森迄）開通に遭ひ幸に汽車便にて青森迄到達するを得らる之れ東北本線開通の最初の年なり

青二才の初旅行

余は人と為る今迄全く世間知らすに人となりて生れて初めて奥羽より遠く北海道へ旅行せし事にて道中在りと有ゆる眼に映するもの殆と其風物の珍奇を感せさるものなく殊に青森以北に於ける積雪の多量なると風俗の奇異なる又婦人杯の言語の通せさるには殆と閉口せしなり

第一次土地探見の敗軍

室蘭にて地籍係に土地探見いたし度き旨を陳べ色々其指揮案内等の便宜賜り之れを基礎として第一番に有珠郡西紋鼈村に滞在暫く該《その》地方及虻田郡の倶知案〔ママ〕原野方面を視察探見せしも中々適当と認むるケ所を容易に発見し得す土地はあれとも気候の良好ならざるあり積雪の多量過ぐるあり年々霜害の頻々たるあり交通不便にして着業の至難なるあり

斯く考慮し来たれば第弐の墳墓の地成永住地を発見して居住を据ひ付ける事は容易の事にてはあらさるなり遂に有珠虻田方面に於ける其適当地を見出す能はすして一先つ該地を切上げ殊に此年は積雪量も深く未た探見の時季にも少早〔ママ〕の嫌ひもあり旁らにて一度内地に引囬して同年四月上旬再度渡道して更らに後志国に至り瀬棚原野の視察探見の後図を策し西紋鼈を発出して帰国の途に就く

時に明治二五年三月三十一日なり

第弐次瀬棚原野探見の至難

瀬棚原野は気候温暖にして且つ積雪も少き事を道庁の土地選定報文に依り承知し且つ地理上斯く考ひ彼の地を視察せんと思ひ同年四月二十二日故郷出発再度の探見の旅行に上り第一回視察の時の予定残地成虻田、弁辺《ペンペ》、オハナイ原野等を経由し国縫より瀬棚に到るの予想なりしに案に相違して未だ一条の歩道すらなく大に予想を裏切られ非常に困難を感じたり不得止《やむをえず》内浦湾を迂廻し徒歩森村より峠下村を経大野村に出で中山々道を通過し遠く西海岸を迂廻し太田山の険を越ひ太櫓〔ママ〕を経而《へて》辛じて瀬棚村に到達したるは実に同年五月七日の事なりき此旅行に付き困難と思ひしは道中第一旅客運搬の設備の皆無なる事てあった唯一の方法は一人の旅客に弐頭の馬匹と一人の馬子とを以て不完全にも馬背に依りて旅客を迎送するある而已《のみ》てあった之れも賃金非常に高く一日旅程のケ所は往復弐日分を要求せらるゝものであった第弐は馬追も。船人も。特又《とくにまた》旅籠屋も甚た勝手気侭で多忙の時は断じて

旅客の要求に應せざる事であった故に旅費の予算は実に膨大なるものを要した

始めて瀬棚原野到着して意外の驚きと失望、第三次、太櫓原野の貸下申請書提出

斯くして幾多困難と戦って辛して目的地に到って見れば海岸の馬場川トシベツ付近に徳島県の少数移民小屋を見る而已にして奥地は実に文字通りの無人の境地てあった然るに時の瀬棚村戸長に就て土地貸下の件を伺ひ試みし所豈計《あにはか》らん見しに反して最早利別原野には惜哉尺寸の余地なしと余は此の一語を聴ひて実に意外と存じ茫然自失何ら形容の詞なき迄に失望落胆させられた

というのは当原野七千町歩の土地は曩《さ》きに明治二十三年〔ママ〕に於て既に犬養毅氏外八名の共同貸下済の土地なる事を初めて聴き知ったからてあった然る後瀬棚戸長の同情ある話しに隣郡太櫓郡サッカイシに良好なる相当面積のあるを聴き大いに力を得更らに一轉して太櫓村に到り〳〵旅店に投宿翌日即ち五月十日アイヌを傭ひ実地探見に出行す目的地は太櫓川の上流にして一条の歩道もなき為め川舟に竿差し太櫓川を遡りて現地に上陸せさるべからず里程は約三里内外なるも水路の為二日二泊を費して五月十二日夕頃旅館に帰り然して早速貸付申請書作製して拙者外拾名分一人別に付き四万八千坪宛《ずつ》の割合にて合計五拾弐萬八千坪の貸付方を北海道庁長官渡辺千秋殿宛にて明治二十五年六月九日付けを以て提出したり

第三次太櫓原野の貸下申請書提出

然して願書認可迄は相当日寸《にちじ》も要し旁て土地貸下運動も兎も角も一段落を告げたるを以て此期間を利用し本年中に於て全戸移住轉居の準備をせん為一先つは帰省も必要なれとも願書提出と同時に直接支廳長〔ママ〕の了解も必要と思ひ五月三十一日発足檜山支廳〔ママ〕に行き申請の意志を交渉し種々了解を得て六月五日太櫓旅店〳〵に帰り爾後引続き旅舎に滞在して毎日地理課の出張して踏検せん事を一日千秋の思ひを以て待ちたるも中々何等の沙汰に接せず斯らく無際限に遷行する時は本年中全戸渡道の豫定も大ひに齟齬を来すの恐れもと思考し土地請願に関係する凡ての

事項は在太櫓村なる長荒川氏に嘱托して同年八月二十七日瀬棚原野を跋渉して帰郷の途に就けり

未踏瀬棚原野を三人連れにて跋渉す

偶々《たまたま》西紋鼈より在太櫓の余を尋ね来りし一面識なき二人の来客あり面会の其故を問ひば〔ママ〕彼れ等も土地探見の意志にて余を新聞紙上に知りて余を追跡し来りしものなりと言ひり〔ママ〕余は一言の下に之れに同情し大ひに援助して土地の申請を手傳ひ然して二人同道未踏の瀬棚原野の跋渉に帰途を選みたり然るに国縫迄の旅行予定は二日なりしに案外なる困難の為三十日迄四日間を費し為に予定以外二日間の絶食の為生涯忘れ得さる困苦を嘗めさせられた然して国縫の藤田旅店にて八月三十一日三人右と左に別れて余は帰郷の旅を急き九月三日無事帰省《きせい》する事を得たり

不在留守宅の奮励努力

留守宅に於ては余か不在中と雖も別に事業を縮小せす前年通りの面積を耕作して一段の奮励努力し其結果寧ろ例年より又隣家並よりも作業能率は進捗せられたる様を見て余は実に感激に耐いす〔ママ〕喜びたり

帰宅 怱《いそい》て田畑を巡視せしに水田は晩生種は出穂最中にて畑は大豆の時葉色を呈し周囲の畦には高蜀黍《もろこし》見事に穂を垂れて其上に雀は餌を漁るに任かせつつありしを見る爾後余は家族に協力して秋の収穫に努力し旁て全戸渡道の準備に鞅掌《おうしょう》す

渡道間際の感想

斯くして秋の収穫も迫り、渡道出発の準備に日もまた足らざる忙殺の時とはなりぬ或は貸借の整理決済、或は親戚知己の訣別等実に枚挙に遑《いとま》はなかった此時に至りて一生涯忘るゝ事の出来得さる一大刺激を感じたる事かあった平素彼我共に障害なく相信する友にして突然小作料の督促に来られし事てあった彼れは未た嘗て一度も督促に来た事はなかった余も又未た嘗て督促を受くへき時期迄延納を怠った事もなかった然るに今度に限り彼れ我れの渡道を聴き萬一の場合を考慮しての早計事と考察せさるを得ない余は其時一意以て顔色に現はさるも心中何共《なんとも》失

敬千萬なりと実に憤懣に耐い〔ママ〕なかった

　落ぶれて袖に涙のかかる時人の心の奥ぞ知らるゝ

全戸の渡道出立

漸く秋の収穫も終了し渡道準備も整ひ十二月十七日郷里を出発して同夜は熊谷町諸星又造氏宅に一日宿泊す尚を同夜は郷里より見送りの宮本文光君、奈良原蔵八君、同上牧場員松本懸三郎君、宇野金平君、小林熊次郎君、松本作三郎君等熊谷町石原松村亭に於て余が為に送別の宴を挙けられ懇切に待遇せられしは生涯忘るゝ事の出来さる感激てあった

家族人員

家族人員は天沼恒三郎　父半三郎　母ろく　妻リウ　長匡　長女静子　二男卓美　弟喜蔵　弟喜蔵妻わか　計九人にして実に余は当年弐十九才なり

翌十二月十八日午後一時十九分熊谷駅発列車にて全戸を挙げて北海道に渡道移轉の旅行に登れり然して十二月二十日午前六時函館着⌃三に朝書の二食を喫し午後六時紋鼈行の汽船に投す

一家西紋鼈に上陸、㊣旅店に滞在、紋鼈に上陸の理由

二十一日午後五時紋鼈に着㊣旅店に一日投宿す

昨年〔ママ〕六月九日付土地貸下申請の件は其後余が帰省中に於て地理課吏員現地へ出張踏検の結果御料地内所属との理由に依り許可相成難き旨報告に接して第二回の又失敗に期〔ママ〕したる故を以て今後更らに土地獲得の為活動せさるべからさるに付き其結果後日何れの方面に移動する事になるとも当地なれば便宜上至極良からんと思ひ定めて斯くは此地に一時上陸せるものなり然して今後活動の方針は左の如く決定し徐《おもむろ》に其実行に着手せんものと決意す

一　家族には暫定的なりとも紋鼈に足留《あしどま》りして農業を営ましむるの事

但し小作地を借受け耕馬器械は用意して生活の途を立て一面農業の見習いを修得せしむるの事

二　余は其筋に懇願して速急土地の獲得運動に一意専念継続従事する事

借家を索《もと》め且つ小作地の借受けに奔走して忽ち予期の目的達成、道庁と土地貸下予約成る

然して家族は未た旅行疲れにて屋外に出づる能はさるにも不拘余は翌弐十弐日忽々《そうそう》借家捜索の為め諸方を奔走して相当成一家を長流川の辺りに索め得て翌々弐拾四日該借家に轉居して先々《まずまず》一安堵せしなりしも次きの余の心配は未見未知の異域の旅にありて小作地借債〔ママ〕けの事件なりしも至誠以て事に当る時は神は必らず恤《あわれ》みを降し賜ふて其願意を聴召さるを確信して諸方面に交渉を試みしに果而《はたして》忽ちにして八町余反の借地約束の成立を得るに至れるは真に感謝に耐〔ママ〕いさるものかあった然して引続き耕馬弐頭を購入同時に弐頭挽き西洋犁一挺買ひ求其他農事諸般の器具等を用意して融雪期に備〔ママ〕ひ一面余は札幌に行道庁に出願して昨一年間の失敗経過を陳情して適当成土地の指示並に速急認許方相成候様《あいなりそうろうよう》懇願せり其の結果奈江、近文、両原野中に於て没収の土地ある見通に付き来四月下旬頃を期して実地調査の上追而《おって》報告すへしとの確言を得て帰宅せり

是れ即ち明治二十六年一月二十九日なり

犬養毅閣下来道、犬養毅殿と入地を約す

道廳と貸下地予約の了解成るを以て昨年来太櫓に於ける貸下運動の滞在中の跡作業整理の為同年四月出張す帰途次利別原野の盟友志方之善氏を問ひたるに會々《たまたま》利別原野の貸下地主なる犬養毅氏来道ありて不日当地に来り詳細視察ある由今其通知ありし所にて明日は国縫に同氏を迎ひに行く積りなり君若し君が主意たる利別原野に於て飽《あく》迄《まで》其目的を成就せんとならば君を犬養氏に紹介すべしと真に逸すべからざる好機なりと志方氏の懇切なる勧告に従ひ翌日志方君と同道国縫に犬養毅閣下を其寓居に訪ひ志方氏の紹介にて犬養閣下に面会し具さに余が昨年来の計画の一大蹉跌を陳情し尚ほ当原野は余が最初の希望地てあり且つ宗教村建設てう同房同志のあるあれば枉《ま》げて

入地聞き入れられたしと志方氏共々懇請の結果茲《ここ》に目出たく入地の約束締結せられたるは真に一生涯中の満足なりしなり

取り逃がした魚掌中に入る、運命の神の要求は困難犠牲の代償

回顧すれは昨明治二十五年の四月瀬棚原野を目標に遅々有珠虻田方面より幾多不便の旅行と其他の犠牲を払ふて熱心運動せしにも拘らず何等の効果なく又手段方法の施すべき策なきを歎息せしめられた不得止窮余の策として太櫓郡に第弐次計画を立てた然るに不幸にも是れ又失敗を繰返すの余儀なきに終った然して一年後の今日最初の希望地たる利別原野をして斯くも容易に掌中に収むる事を得たるは何たる皮肉ぞや、ア、運命の神の奥の手は何事によらず其求むるものに対しては我等人類に可成多大成困難犠牲の代償を要求する原則とするなるか（我等は人に対し将た又《はたまた》神に対して斯く覚悟するは処世上至当の信念と信ずる）

断して行い〔ママ〕は鬼神も避く　躊らいつつ行ひ〔ママ〕は蟷螂《とうろう》も我れに乗ず

埼玉県より北海道有珠郡西紋鼈に移住、西紋鼈より瀬棚村へ転住

明治弐拾六年一月十七日北海道有珠郡西紋鼈村一番地へ全戸轉籍（埼玉縣大里郡長井村大字田島弐十五番地より）

明治二十七年四月十二日我が第弐の墳墓地なる後志国瀬棚郡字イマヌエル番外地へ全戸移轉す（有珠郡西紋鼈村壱番地より転居）

内地の共同者を指教す、同志者到着

明治二十六年四月最初の希望開墾地確定したるにより在内地共同諸氏に早速渡道方通知せしに山崎六郎右ヱ門氏全家族と諸星又蔵〔ママ〕氏の代人湯浅〔ママ〕為太郎他一人の青年を同伴して同年六月瀬棚港に上陸直ちにイマヌエル内に入山小屋掛けに着手せり

余は有珠郡西紋鼈村に於て本年（二十六年度）は農事上の準備成るを以て家族を両分して両親及弟夫婦並に長女静

子、次男匡美〔ママ〕の六人を残し弟を主人として極力農業を努力せしめ余は妻女並に長男匡を伴ひ三人にて六月十六日当地に乗り込み山崎氏の小屋掛けに加勢し次いて余の住宅を架設して漸く開墾の事業を開始せり
当時当部落に先入居住者は志方之善君、大住庸吉君、島津熊吉君、丸山要次郎君、志方シメ姉而已なりし爾後各戸共一致親睦独一の神を信し共に聖日を守り記〔ママ〕律整然として一意事業に励精せり

開墾開始最初の大試練に遭ふ

同年九月十二日悪台風にて大降雨あり未曾有大洪水にて山崎、天沼、川本の三家族十三名一ヶ所に避難して辛うして生命は取り留められたるも初年第一回の耕作物は実に収穫皆無の惨状を呈せり

家族全員一所に集り同時に弟喜蔵分家す

明治二十七年五月十九日弟喜蔵妻和賀長男喜満分家と同時に地積も事業も分離せり尚ほ昨年別れて西紋鼈に奮闘せし家族は同年二月二十八日一同無事にて当地に到着す此年は天候順調にして農作頗る良好なりしも如何せん開拓地面積未だ狭溢にして多量成収穫を望むを得さりし

同志の一団も洪水の為に迷ふ、年々相次ぐ洪水の被害に耐〔ママ〕いす暫定的生活安全の方策を講して辛うじて初志の貫徹を達成した

爾来拮据《きっきょ》精励事業に奮闘せしにも不拘《かかわらず》年々歳々洪水に禍ひせられて熱心なる同士諸氏内にも為に折角の志を挫折せられて業を他に変換するもの或は居を轉換するもの等迷路に彷徨するもの続出して実に我か団体も憐れむべし支離滅裂状を呈するに至ったけれとも余は猿公の夫れの如く人真似は絶對嫌いた況や深慮なき軽挙妄動をやだ思ふに現在の洪水の如きは決而《けっして》永久的不可避のものではない将来人工的河川の改修浚渫等相当なる施設を示す時は必然除去せらるゝ問題と信する故に其時期迄我等は隠忍自重して待たねばならぬ該《その》時期の到来す夫れ迄我等は生活の安全保障の策を立てねばならぬ是れか焦眉の大問題であって同時に大試練の基てあった為に余は鈴木農場

に請ふて大字金原オチャラッペ川上流に於て未開地四町歩を暫定的に借受開墾使用して生計安全の方法を立てた然して一方自個所有の開墾は極力鋭意専心して其予定の通りの成功を達遂せしめる事を得て実に感謝に耐いな〔ママ〕かった

目的達成の勲功の大部分は両親の援助にあり

如斯《かくのごと》きは一は天佑に係ると雖も又其背後に両親の洪大成援助もどうしても見逃す事は出来ない父は明治二十五年五十八才にして余と倶に渡道し八ケ年間創業の苦労多き時代を余の為に援助して呉れて六十六才を一期として逝去せられた母は父と同年令にして身体殊に強健に能く我が事業の為に弐十弐年間の長期に亘って貢献的に援助を賜はった然して大正弐年七十九才を一期として長逝せられたア、当時創業苦難の時代に於て我が家庭に両親なからんか到底現在を築き上くる事絶對不可能であった事を述懐止まぬと同時に真に感謝の念を禁する事が出来ない実に老人は家庭の眼目であり老人なき家庭は暗黒である又余親ら未開地に居住して一家を創立し農業諸般の基礎を開いて始めて祖先の深き温情を思い知る事を得た思ふに茲に至れは余は両親の健在中に於てせめても少なりとも孝養を盡し得なかったかを悔悟して止まない然れとも一面当時を回想すれば創業計畫の多端に引換へ連年頻々たる洪水被害の為事業着手後六年間に於て収穫皆無の惨害を被むる事実に三年其余と雖とも多少被害なき年とてはあらず加之《これにくわ》ふるに郷里より携帯の衣服の如きは年々歳々消耗の侭に委して殆と新調又修復するの資を得る能はさる悲惨の状態にて実に廉衣粗食は開墾地に於ける常套語の如《ごとき》有様にて真に労多くして報償実に希薄極まる惨酷時代にてあるが為に如何に気の毒と思ひ悩むも如何せん術なく真に心苦しく勿体なき生活を終らしめたきは囲《かえ》す囲《がえ》すも千歳の遺憾てありし

　樹静かならんとすれども風やます　子養はんとすれば親またず

河川の浚渫前後四回、此薬で健康回復した、達者の時は菜種と大豆の成金て精一杯、飲んだ飲んだ揚句は又頭痛

鉢巻き、粗大農法と奪略農業の行詰り

河川の浚渫前後四回施行住民洪水の惨苦を免かれ始めて安心して業務を励精する事を得るに至った時代の菜種を多量に産出せられて河川住民の中には菜種成金も相当輩出せられた程であった然して当時主なる主産物は菜種てあった其後追々地力も減耗して菜種に換ふるに第弐次名産大豆を以てする様になった菜種は比較的肥沃なる土地を好む様なるに引換ひて大豆は新開地なれば高丘をも嫌はず亦開墾初代なれば谷地をも嫌はざるが故先つ一般に適合すると云ふも敢て過言にあらさるか故其生産額頗る廣汎多量にして一時は実に旺盛を極めたりしも是れ又花一時の喩ひの如く一は連作の為一は地力衰耗の為或は湿地にありては排水不完全其他の関係よりして長く其余数を保ち得ず

追々大豆畑の影を認むる僅少なる憐れの状態とはなり終てた其後燕麦の出現時代もあったけれとも燕麦は比較的作付け反当僅かにして我が農家の財政を左右する程のものあらず茲に至って農家の財政愈々窮迫を来し始め茲に至り始めて永年の粗大農業奪略農業の罪を悔いしも聴き及ぶ所てなかった

農業行詰の打開機運

時は明治四十三四年頃なりき余か当地来住以来最早十有八九年の歳月を圜《めぐ》り第一期未開地開墾は稍《や》や既に成功したけれとも顧みれは一面開拓以来約二十年に亘り殆ど無肥料の奪略主義農業の継続と大豆一種連作の為主産物成大豆の収穫今や著しく減少して実に創業当事の反当四俵乃至五俵の四半減に至れり糅而《かてて》〔ママ〕加ひて時に病虫害の発生に遇ふや収穫皆無の悲運に會ふ事尠しとせさる状態にて実に農家の疲弊困憊其極に達せり茲に同志相謀り窮局打開の策を講じ或は多年の奪略主義より培養主義に連作主義を輪作主義に轉換する事を誓ひ或は排水掘鑿《くっさく》又客土に専心土地の改良を約し或は水田開発の励行達成を期し又は農産品の加工、輸入物産品の奨励又は他方面の農業視察更らに未開地の獲得運動等鋭意専心此窮局打開に邁進せん事を期した

然して余は明治四十三年衆に率先して水田の開発策を企画し関係所有者を招集熟議の結果組合を組織し北海道廳に其測量方を請願した又一面に於て余は個人として檜山郡厚沢部村に於て未開地百三十町歩の賣払へ〔ママ〕を申請した尚ほ行詰りの打開急策としては差し当り適当成肥料を施し馬鈴薯を耕作し澱粉製造を始め其他輸出生産品の奨励もありしも之れは山師的に危険視するもの多くして一般に奨励するの好ましからさるを思ふて中止した

澱粉製造と水田開発

大正弐年トマンケシ、チョッポシナイに亘る一帯湿地にして平坦なる地区の灌漑溝路の実測隊道廳より出張して予定の測量遂行せらる抑々《そもそも》造田事業は当事我が地方最初の企画なるが故に多く人の危惧する所となりしも爾来漸く熱心研究の結果自然技能も熟練し収入も又従って増加を見るに至りしも時恰かも高丘地帯に於ける曩きに試みられたる馬鈴薯の加工即ち澱粉製造業の景気漸々《ぜんぜん》盛大の勢を加ふるに壓倒せられて水田熱も余儀なく又一頓挫を来すに立ち至った而して澱粉の景気は一人舞台となりて日に月に益々隆盛を極め奇しくも農家にして澱粉を製造せさるはなき迄に旺盛振りを示して澱粉成金を輩出の状況を呈せり思ふに世の中は走馬燈の如く又宛かも海波の如し悩ましき行き詰りは打開を胚胎し打開は軈《やが》て又行き詰りに還り不景気は好景気の前兆にして好景気は不景気の前触れなるかの如く終始循環輪轉して果而《はたして》汽車の如き一定の軌道を誤らずとせば我等得意安泰の時に於て他日非常時局の襲来時を思ひ緊褌《きんこん》一番大ひに警戒すべき事最も肝要なりと信ず然るに世上多くは喉元過ぐればあつさを忘れて一時の大景気に酔い浮かれて無暗矢鱈《むやみやたら》に賣って仕舞っては大漁後の借金残りとなるは当然の帰結と申すべき事なり是れを思ひは曩きに澱粉景気なかつせは昭和不況の苦痛はよもや是れ程の事もなかりしものをと実に取り返しのならぬ後悔を如何せんア、

隠居事業として清水原野の開墾開始、昭和弐〔ママ〕年清水開墾着手、昭和弐〔ママ〕年四月二十五日母死去の電報に接して帰省すれば早くも母上は故人なりし

明治弐拾六年利別原野へ来住以来早や既に約十有余年を過ぎ公私の事業稍や成功したるを以て第弐期隠居事業計画として明治四十三年檜山郡厚沢部村字清水原野に於て未開地百三拾余町歩の賣払ひを得た然れども当事不幸にして家庭に母親の病めるに逢ひ之か為に阻てられて着手の時期を遅るゝ年や如何とも猶予尤《とがめ》り難く三年に至り茲に於て熟議の上妻を留守宅に残し母の看護に当らしめ長男(匡)に家庭全般の後事を托し余は単身事業開始に当らんと決意し大正弐年四月六日峰岸郁太郎、鈴木朝治の両夫婦を同道し自宅を出発途中四泊して同月拾日目的の農場に着し直ちに開墾の事業を開始せり然るに着忽々居小屋の建設未だ成らざるに何事ぞ飛電母上の病気危篤を報じ来るに會ふ

驚きて急遽帰郷せしも遂に其甲斐なく早や遂に事切れたる報告を途中白石〔ママ〕にて聴いた其時は余か失望落胆は禁する事が出来なかった疲労の脚は益々重く歩行一層困難の倍加するを耐い〔ママ〕て道々故人の過ぎ越方を追懐して泣いた殊に過日出発の時には母上は其別離を特に惜み悲まれた脚も立たざる病躯を打ち忘れて余に其同行を迫りて聴かなかった今思〔ママ〕ひは之れも其筈であった夫れが今生の最後の別れで在ったのた嗚呼兎にも角にも母上は生きては渾身の愛を余に傾注し死しては清水原野の犠牲代償となって我が為に赤誠を傾け盡して下さった彼れを思へ是れを思ひば轉《うた》た感謝に耐〔ママ〕ひないと咽ひ泣きつつオチャラッペ迄来れば會々《たまたま》愛孫汪の馬を以て余の為に来り迎ふるに遇ふ早速該馬に跨かり途上話しつつ宅に到れは大勢の會葬者一斉に余を迎ふて各々懇切成弔辞を賜った室に入り直ちに恩愛の故人を拝した感慨無量の悲みに泣く事而已てあったア、

清水開墾の経営方法及其結果現状

開墾地の小作規定は契約地積の半額を全地成功の上にて小作人に無償譲與する事残存半額の地積は小作人に於て永久小作する事小作料の納付は開墾の起業方法書割当の順次に依り其開墾の年より満三ケ年間鍬下《くわした》無料として四年目より反当金壱円五十銭徴集する事開墾地内の立木は製炭材料に使用し該割当年限内に於て開墾と共に製炭副

業とする事製炭料金は普通額の三分の弐以内土地の便否樹木の状態を酌量して雙方《そうほう》相談の上にて決定する事等であった

但し当開墾地は前代の払下人に於て開墾申訳的樹木乱伐の跡にて真に立木は極めて粗にして且つ僅少なるものてあった様に加ひ〔ママ〕て山地の木立ちよきケ所は余か土地の指令認可を得たる後に於て営林区署に於て誤《あやまって》而賣払へ〔ママ〕伐採したるを以て殆んと見ましき樹木はなかった

之れか為に相当製炭料金の崔〔ママ〕収をし得なかったのてある

以上の方法を以て土地は全部成功した（総地積は百参拾余町歩）小作戸数は拾七戸程てあった

小作人には金品の仕送り嵩《かさ》んで貸金証書となりて残った其結果彼れらに折角無償譲與せし開墾半額の土地は無理矢理に彼れ等復た我れに押戻して借金の棒引きを迫る事とは為り終わった為に最初の素地面積と成功面積の現在所有面積も毫《いささか》も減少なく維持する事を得た然し押付けられた土地の価額は概ね反当金拾円内外てある随分高價に値する常に余は自ら勤勉にして身倹約を守り小作者に比して自給自足の生活を送り来りし為半額の土地は

〔この後欠落〕

解読文二　檜山外五郡役所大場第一課長より太櫓郡太櫓村外三ヶ村戸長中島榮八宛文書(1)

一、旧漢字も含めて原文のままとした。
二、読みにくい語句には引用者が振りがなを付した。

埼玉外三縣人團結移住企圖者惣代天沼恒三郎ナルモノ太櫓郡太櫓村ニ於テ土地貸下出願候ニ付其筋ヘ遣達取計置所右願ノ義ハ仮令《かりに》戸籍ヲ異ニスル團結者ト雖ドモ組織確固トシテ開墾成功ノ見込アルモノハ詮議相成立義《あいなりたつぎ》モ可有之候得共《これあるべくとそうらえども》右等ノ如キハ團結移住ノ規約書モ無之随《したがって》而移住開墾之方法モ不完全ニ有之且ツ何レモ相当資力ヲ有シ團結開墾スベキモノナルヤ否ヤ取調之義ニ付主務部ヨリ申越相成タル旨ヲ以テ地理課ヨリ申越ニ付右点御取調ベノ上至急御回報相成度此段義御照會候也

檜山外五郡役所

大場第一課長

明治二十五年八月二十二日

太櫓郡太櫓村外三ケ村戸長、中島榮八殿

解読文三　北海道團結移住開懇〔ママ〕志願ニ付其準備手続書(2)

一、旧漢字も含めて原文のままとした。

二、読みにくい語句には引用者が振りがなを付した。

北海道團結移住開懇〔ママ〕志願ニ付其準備手続書

埼玉縣幡羅郡長井村大字田島第廿五番地

天沼恒三郎

右者今般時機ニ所感アリテ同志相謀リ共同一致シテ北海道ヘ團結移住イタシ開墾事業ニ従事イタシ度候ニ付同情ノ志士十余名即チ大越米吉興田利太郎諸星又造天沼喜造〔ママ〕新井市次郎辻八郎高須釘次郎三田嘉女吉山崎六郎右ェ門仝理之助吉田清之助等諸氏ト相謀リ一致渡航シ同心協力相連結和合シテ生死相助ケ勤勉努力シ不撓不折《ふとうふせつ》ノ堅念ヲ以テ彼ノ荒漠タル原野ノ開拓懇〔ママ〕成ニ心身ヲ托シ敢テ速ニ事業ノ奏功ヲ全《まっとう》シ大ニシテハ上　陛下ノ拓地殖民ノ聖意ヲ奉ジ我日本帝國ノ生産ヲ増殖シ且ツ身ハ以テ北門ノ鎖鑰《さやく》トナリ國家万一ノ凶變ニ應ゼントノ覚語〔ママ〕決心ニ候小ニシテハ團体員各個子孫永遠ノタメ鞏固不抜ノ基礎タル百年ノ大計ヲ茲《ここ》ニ創立シ鋭意専心飽迄《あくまで》吾人其自個ノ目的ヲ全スルハ勿論併テ其成績ニヨリ世人ヲ無言ニ奨励誘導シ自然北海道ノ拓地殖民ノ企望ヲ喚起セシメ之レニ因テ後来益々移住殖民ノ數ヲ増加スルヲ得テ以テ吾國ノ拓地殖産ノ実業ヲ振起シ國利民福ノ増進ヲ期ス之レ今回茲ニ此事業ヲ創始シ社會永遠ノタメニ計度スル所以ナリ依テ此團体ハ事業ノ成功ヲ神速ニシ且ツ困民救濟ノタメ應分ノ小作者及使役人夫ヲ召集シ各々随意ノ契約ヲ以テ懇切ニ就業生活ノ途ヲ経営セシム是レ生等同志ノ團体ヲ結合組織シ此事業ヲ企圖スル所以ノ要旨ナリ

前条開陳ノ趣意ニ付團体員一統協議ノ上該事業ノ整理ニ係ル一通ノ規約書ヲ製定シ一同署名シテ誓約ノ条件ヲ遵守スルノ証トス且ツ委員一名ヲ置キテ團体事務ヲ主理セシムルモノトス依テ豫ジメ該委員ヲ互撰シ仝道ニ渡航シ実地ヲ探見視察ノ上土地払下ノ手続ヲナサシム其經歴ノ概況左ノ如シ

明治二十五年三月十四日弊生恒三郎ヲ以テ部理〔ママ〕惣代人トナシ先ツ仝道ニ渡航シ実地ノ探見撰地并《ならび》ニ土地払下出願ニ関スル事其他一切ノ諸準備事務ヲ処理スル事ヲ委任セラレ候ニ付即チ諸氏ヨリ委任状ヲ受領シ即日本國ヲ出発シテ仝月十七日仝道渡島國函館港ニ着シ夫ヨリ順路仝國森村ヲ経テ膽振國室蘭ニ渡航シ紋鼈村地方ヨリ虻田近傍ノ土地ヲ探見跋渉セシカドモ如何セン今年ハ例年ニ比シテ残寒殊ニ酷シク当時尚降雪頻々連日ニ亘ルノ天候ニテ実地ノ探見意ノ如クナラズタメニ所々ノ郡衙戸長役場等ニ就キ探見ノ模様農商ノ実況土地払下ノ手続等重要概

畧ノ事柄ヲ聞知シタルノミニテ不得止《やむをえず》翌四月四日一先ツ皈郷《ききょう》イタシ見聞ノ次第ヲ精確ニ共同者諸氏ニ談議シ再度四月二十二日融雪ノ季ヲ窺ヒ又本國ヲ出発シ仝月二十六日前同所即チ膽振國西紋鼈村ニ着シ翌二十八日ヨリ実地ノ探見ヲ始メ又処々ノ郡衙町村役場等ニ付キ且実業家杯訪問巡視イタシ其間途上ノ經歴ハ或ハ山野ニ寢伏シ飢餓ノ困難等実ニ形容スベカラズ如斯《かくのごとき》コト二週日余即チ五月二十八日後志國太櫓郡ニ於テ適当ノ農地ヲ発見撰定シ其面積五拾弐万八千坪ノ貸下出願書ヲ前記共同者全体ノ名義ヲ以テ調製シ当太櫓村役場ヨリ江差ノ郡衙ヲ経テ道廰ニ捧呈イタシ御沙汰ノ降ルヲ待居候《まちおりそうろう》所《ところ》他ニ故事出来イタシ不得止仝地ノ住人ナル荒川銀平氏ナル者ニ委細ヲ囑托シ拙者ノ代理人ニ相立置《あいたておき》自分ハ去ル八月二十七日皈郷イタシ候其后右代人及仝村戸長ヨリ申越サレ候通信ニテ本年九月十五日道廰ヨリ地理課吏員出張イタシ該地積御検査相成候所豈《あに》計ラン該地積ハ御料林ノ所屬ニシテ道廰ノ所管外ナレバ蹈検スルコト能ハズ然リト雖モ彼ノ土地ノ如キハ地勢平坦ニシテ地味モ又頗ル肥沃ナレバ寔《まこと》ニ耕宅地タルベキ最上優美ナ適地ナリ随《したがっ》テ願望人モ顆〔ママ〕シク今ヤ八拾余人ノ多キニ至ル而ルヲ御料林ノ故ヲ以テ開拓スル能ハズ空シク熊狼ノ窠窟タラシムルハ拓地殖民ノ大意ニモ悖ルノ嫌ヒアルノミナラズ立木等モ左迄善美ナルニアラザレバ依然御料林トナシ置クモ益ナカルベシ因テ此砌《このみぎ》リ御料林ノ名称解除イタシ殖民地ニ引直ス方可ナラントノ主意ニテ仝村戸長ヲ始メ実地踏検セシ地理課吏員ヨリモ此旨道廰ニ請願開陳取計置候得《とりはかりおきそうらえ》共《ども》其后未ダ何等ノ御沙汰モ無之然レドモ多分官林ノ分ハ此願意貫徹スルハ早晩必然ノコトナランナレドモ御料林所屬ノ分ハ至難ノコトナラント豫想イタシ居候付テハ今后尚層一層ノ奮発ヲ以テ他ノ然ルベキ土地ニ着眼スル方可ナラントノ趣キ仝村戸長ヨリ懇々申越サレ候ドモ報ニ接シテ弊生等同志ノ失望落膽ノ様殆ンド明状スベカラズ実ニ數月間ノ憂慮困難及ビ之レニ伴フ財用ハ一朝ノ雲散霧消ト皈シ去リタリト沈思黙考スレハ慨歎措ク能ハス之レニ加フルニ該願地ハ樹林地ナルヲ以テ生等一同是非今年中ニ渡航移住仕リ何分ノ樹木ヲ積雪中ニ伐採運搬イタシ来春融雪ノ季ヲ待テ早速開墾ニ着手セザレバ播種ノ季節ヲ誤ルノミナラズ開拓ノ進否且ツ經濟ノ渋滞如何ニ係ル一大要事ト

信ジ豫《まえもっ》テ其渡航ノ準備イタシ或ハ土地家屋等其他諸財産ヲ賣却イタセシモノ或ハ従来営業ヲ廃罷セシモノ等アリテ稍《や》ヤ其準備整頓シテ今ヤ将《ま》サニ発足セントスルノ折柄ニ際シ前陳ノ如キ未タ土地ノ安否モ判然セザルノ次第ニテ実ニ一同ノ困難迷惑等筆帋ノ能ク盡スベカラザル所ニ候然リト雖モ之レガタメ折角ノ企謀計畫ヲ廃止断絶スルニ忍ビズ故ヲ以テ一時全体ノ渡航発足ヲ中止シ置キ更ニ該事業ノ準備確実整理ノタメ弊生恒三郎惣代委員ノ資格ヲ以テ今回全家族丈ケヲ連携渡航シ犠牲的事業ノタメニ奔走儘盡力仕度決心ニ候右既往経歴ノ概況開陳候所如斯ニ候也

右北海道團結移住企圖者惣代
天沼恒三郎　㊞

明治二十五年十二月

解読文四　北海道移住開墾事業企望ニ付懇願書

一、旧漢字も含めて原文のままとした。
二、読みにくい語句に引用者が振りがなを付した。

北海道移住開墾事業企望ニ付懇願書

埼玉縣播羅郡長井村大字田島第弐拾五番地

天沼恒三郎

右者余今般同志ト相謀リ共同團結シテ北海道へ移住イタシ開墾事業ニ従事仕度《つかまつりたく》企望ニ付豫テ其準備整理ノタメ弊生去ル三月十四日ヨリ再度仝道ニ渡航シ実地探見ノ上後志國太櫓郡ニ於テ適当ノ地積ヲ発見シ即チ本年六月九日付ケヲ以テ該地所ノ貸下願書ヲ捧呈イタシ置候所豈計ラン該地所ハ御料林ノ故ヲ以テ未ダ御認可ノ否レ成モ判然セズ一同困却罷在候依テ琲囬《しゃかい》拙者戸籍本村役場ノ証明ヲ受領シ該事業確実整理イタシ更ニ本月十七日出行イタシ愈〻先願不御認可ト確定候上ハ他ニ而ル〔ママ〕土地ヲ発見撰定シ殊更ニ地所貸下出願イタシ度候就テハ其筋ノ信認モ不小義ニ付何卒別紙手続書開陳ノ情状御洞察ノ上該道廳主務課へ御申送リ成下候ハヽ幸甚ノ至リニ御座候依テ別紙手続書及規約書ノ寫委任状ノ寫シ共相添ヒ此段事懇願候也

右北海道團結移住企圖者惣代

天沼恒三郎　㊞

明治二十五年十二月十五日

埼玉縣大里外三郡長　中村孫兵衛殿(3)

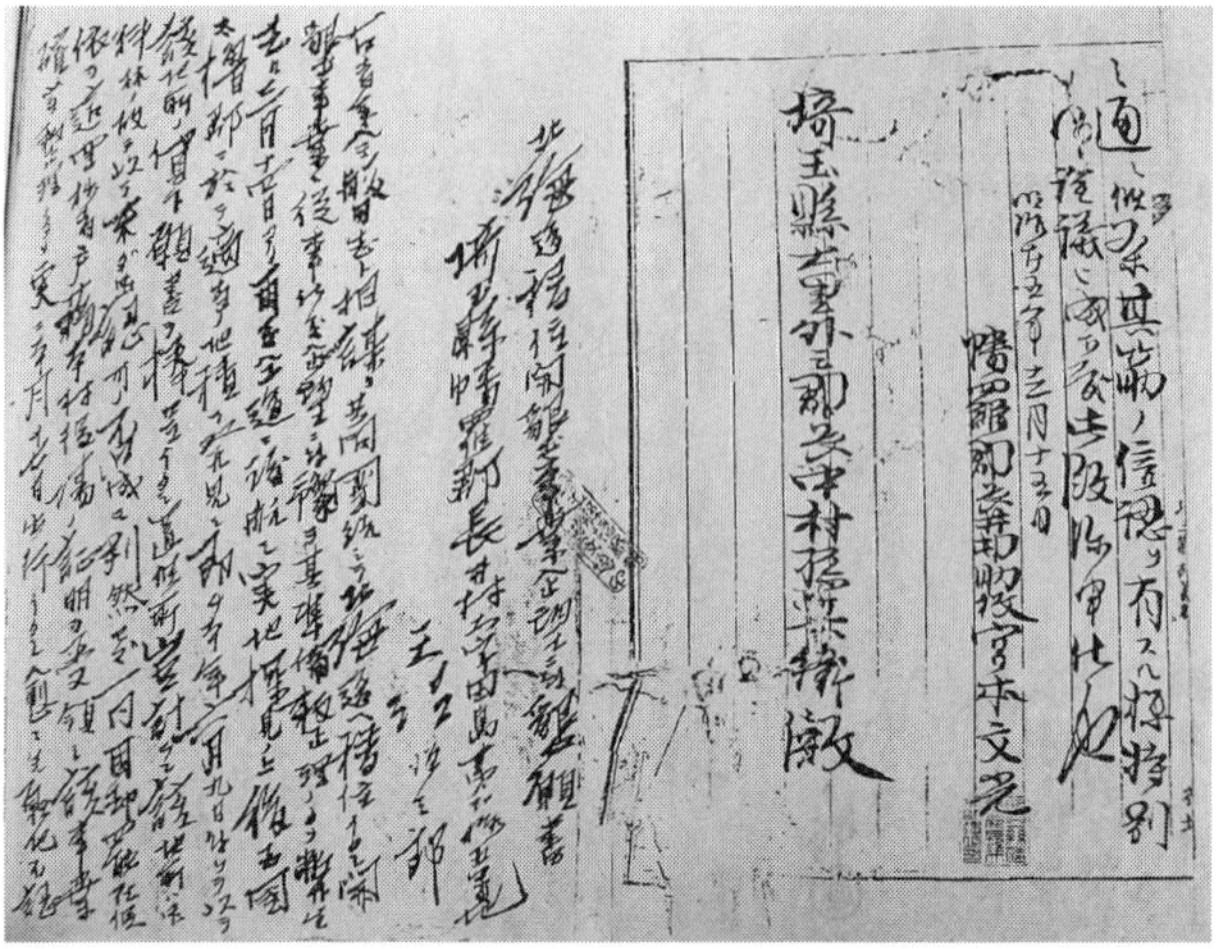

図3　天沼家文書(3)

解読文五　團体成業規約書

一、旧漢字も含めて原文のままとした。
二、読みにくい語句には引用者が振りがなを付した。

今般埼玉外弐縣《〔ママ〕》ノ同志ト相謀リ北海道開墾事業ヲ企圖シ同道地所拂下出願御認可ノ上ハ各自協力一致之レカ墾成ヲ期ス依テ署名者一同協議決定ノ上左ノ契約ヲ締結致シ置候也

第壱條　本團体ハ基督教信者ノ同志ヲ以テ組織シ聖父ノ愛護ニヨリ同心協力北海道ノ開拓事業ニ従事スル事

第弐條　本團体ノ拂下タル地所ハ各自其名義ノ區畫ヲ異ニスト雖モ同事業トシテ各其費用ヲ分擔支出シ一致連帯移住開墾成功ヲ期スベキ事

第三條　本團体ハ各徳義ヲ重ジ和合親睦言行挙動ニ注意シ苦樂相助ケ神速ニ事業成功シ聖神ノ至榮ヲ現ハスベキ事

第四條　本團体員ニシテ開拓成功期限内ニ於テ疾病其他不慮ノ災害事變ニ遭遇シ労働ニ耐ル能ハザル事アルトキハ外連帯者一同ニテ負擔シ成功スベキハ勿論該不幸者ニ對シ憐愍救助ス

ベキ事

第五條　前條ノ事變ニ遭遇シ共同者ノ救助墾成ニ係ル土地ハ該分擔本人ニ半數ヲ給與シ其半數ヲ共同者全体ノ共有財産トナス事

但シ共有財産ト雖モ自后開墾費一反歩ニ付金五円ヲ納ムルモノニハ旧拂下出願人ノ名義ナルヲ以テ其人ニ返還スル事アルベシ

第六條　團体員ニテ種々ノ都合ヲ口実トシテ実地渡航移住セス救助墾成ヲ求ムルトモ事故ノ如何ニ拘ラズ本團体ハ一切之レニ應セザル事

但シ本人ノ事故誠実ト認メタルトキハ開墾ニ要スル人夫金円ヲ徴収シ期限ヲ定メ共同者一同協議ノ上其求メニ應スル事アルベシ

第七條　本團体移住民ハ取締一名ヲ互撰シ團体ノ諸務ヲ整理セシム

但シ俸給ハ給セズ

第八條　本團体開墾事業ニ関スル諸經費其他第四條ニ要スル金円ノ徴収法及負擔法ハ拾五才以下ノ小児ヲ除キ人口ニ分割シ均一ニ徴収スル事

但シ共同者外ノ親屬及使役人モ又本文ニ順ズ

第九條　共同者ニシテ故ナク実地移住セズ又第六条但シ書ノ手続ヲナサズ事業ヲ緩怠ニ放任スルモノアルトキハ一應照會ノ上共同者一同ニテ分擔開墾シ共有財産トスベキ様其筋ノ處置ヲ請フベシ

第拾條　本團体開墾ニ関スル人夫使役法及小作者手當割渡地所反別期限等ハ各地主ノ随意契約ヲ以テ之レヲ定ムベキ事トス

第拾壱條　此規約書ハ弐通ヲ製シ一通ハ天沼恒三郎一通ハ大越米吉ヘ預リ置ベキ事

右規約ノ條項堅ク遵守決行可致候《いたすべくそうろう》依テ一同連署候也

群馬縣碓氷郡臼井町大字横川六拾壱番地
士族　高須釘次郎
東京市小石川區白山御殿町百拾九番地
士族　三田嘉女吉
富山縣下新川郡舟見町二百拾七番地
平民　山崎六郎右エ門
右同居
平民　山崎理之助
群馬縣西群馬郡高崎町大字龍見丁弐番地
士族　辻　八郎
埼玉縣大里郡熊谷町第弐百六拾九番地
平民　興田利太郎
埼玉縣大里郡熊谷町弐百六拾九番地
平民　大越米吉
仝縣同郡同町第三百拾三番地
平民　諸星又造
仝縣幡羅郡長井村大字田島第弐拾五番地
平民　天沼恒三郎

右同番地同居
平民　天沼喜造〔ママ〕
埼玉縣幡羅郡長井村大字善ケ島六拾六番地
平民　新井市次郎
仝縣男衾郡男衾村大字富田四拾八番地
吉田清之助
明治二十五年三月(4)
右　天沼恒三郎　㊞

右規約書寫相違無之候也
明治二十六年二月
北海道廳長官　北垣國道殿

(1)　この解読文の元になっている文書はオリジナルなものではなく、天沼恒三郎が筆写したものである。またこのタイトルは解読者が付したものである。

(2)　「北海道團結移住開墾志願ニ付其準備手続書」としては次の二つの文書が残っており、文面には若干の相違がある。①明治二十五年十二月九日付で通常の筆字で書かれ、草案と思われるもの、②明治二十五年十二月付で清書字体で書かれたもので、欄外に幡羅郡長井村役場の印が押されていることから、実際に提出されたと思われるもの。ここでは②を底文書としている。

(3)　この後に「團体成業規約書」、「委任状」が付されている。尚、解読文五はここに付された「規約書」を後に(明治二十六年二月)書き直したもので、字使いに若干の相違がある以外は同じ文面である。

(4)　この記述は、ここまでの名簿が明治二十五年三月の時点での共同者の名簿であること、従って、最後の一名はその後に加わった者であることを意味している。

第四章　浦臼・聖園農場（高知殖民会）

――武市安哉のカリスマ性

はじめに

インマヌエル団体が今金に移住したと同じ明治二十六年（一八九三）の七月、土佐（高知）から当時樺戸集治監の用地であった現在の浦臼町に入殖したのが聖園農場（高知殖民会）である。そのリーダーは、北光社の坂本直寛と同じく高知のクリスチャンで自由民権運動の闘士として知られた武市安哉であった。彼はキリスト教的理想村建設の構想をもち、あえて国会議員の職を辞して北辺の開拓事業に身命を賭けたのである。この聖園農場自体は、移住してまだ二年も経たない明治二十七年十二月に彼が急死したため、その後長くは続かず、明治四十二年には解体した。しかし、彼の理想と開拓者精神は聖園教会を核とした彼の弟子たちによって脈々と受け継がれ、浦臼地区にとどまらず、北海道各地の開拓史に大きな影響を残している。ほかの同種団体と比較したとき、この団体の特性と思われるのは、とくにリーダーである武市安哉のカリスマ性、感化力の強さである。そこでこのような特性を生みだした歴史的背景と、この団体固有の北海道開拓者精神史上の意義について、精神史的、宗教社会学的観点から明らかにすることが本章の課題である。

ところで、武市安哉には、次章で考察される北光社の坂本直寛の場合とは異なって、自らの生涯や思想について述べた著作や史料はきわめて少ない。従って武市の思想・行動、また聖園農場の成立経緯やその後の状況について記録されたおもな一次史料としては、彼の周辺にいた人々の著作や証言のほかに次のような当時の新聞、機関紙が挙げられる。

『土陽新聞』など。(1) 武市らが属する自由民権運動の機関紙であり、また武市の事業に注目していたことから、明治十八年から三十年までの間、移住前の武市の政治活動、聖園農場設立の経緯、移住後の聖園農場の近況などについて多数の記事を掲載している。

『福音新報』。植村正久が発行していた旧日本基督教会系の機関紙で、『土陽新聞』と同様、明治二十六年から同三十年までの間に多数の関連記事が掲載されている。


また、移住当時およびその後の聖園農場の状況について記述されている北海道側の史料としては次のものがある。

河野常吉他編『北海道殖民状況報文 石狩国』北海道出版企画センター、一九八七年。明治三十二年頃の調査による聖園農場についての記述がある。

北海道廳殖民部拓殖課編『殖民公報』第六二号、一九一一年九月。聖園農場末期の状況についての記述がある。

『北海道』第一号、北海道雑誌社、一八九四年一月。北海道への拓地殖民に対する国民の関心と意欲を振興することを目的として発行された雑誌で、聖園農場の初期の状況についての紹介記事がある。

吉村繁義「聖園開拓の回想記」稿本、一九六四年執筆。著者は明治二十七年、九歳の時に家族と一緒に聖園農場に移住した人物で、自らの記憶に基づいてこの回想記を書いた。ノートにペンで書かれたもので、北海道立文書館に所蔵されている。


そのほか、聖園農場のみならず、北光社、教育同志会も含めた当時の設立経緯を知るための間接的な一次史料として、これらすべての団体移住に関わるキーマンである片岡健吉の日記がある。

立志社創立百年記念出版委員会編『片岡健吉日記』高知市民図書館、一九七四年。この底本になっているのは、高知市自由民権記念館所蔵の『片岡家資料』に含まれる手帳であるが、そのほかに、和紙に毛筆で書かれた文書もある。詳細については、註（91）参照。

一方、二次史料のなかでもっとも重要なものは次の書である。

崎山信義『ある自由民権運動者の生涯――武市安哉と聖園』高知県文教協会、一九六〇年（以後崎山『生涯』と略記）。これは先に挙げた一次史料をはじめ、関係史料を丹念に収集、構成して書き上げたもので、武市の思想・行動および聖園農場の全体像を明らかにした唯一の、しかも優れた著書であり、のちの『聖園教会史』や『浦臼町史』などにおける聖園関係の記述もほとんどこの著作に依拠して書かれている。これは崎山氏が彼と同様に初期の聖園農場移住の子孫である吉村繁義氏の協力をえて書かれているが、残念なことに、記述のなかでは根拠となった史料の明示が十分とはいえない(2)。しかし、全体としてこの著書での記述は信頼できるものと考えてよいであろう。

そのほか、重要な二次史料は次のものである。

日本基督教会聖園教会編『聖園教会史』日本基督教会聖園教会、一九八二年
浦臼町百年史編纂委員会編『浦臼町史』浦臼町、一九六七年、二七三～二九九頁
浦臼町百年史編纂委員会編『浦臼町百年史』浦臼町、二〇〇〇年、一五六～一七六頁、一〇四〇～一〇四六頁

第一節　聖園農場創立の経緯

まずあらかじめ、崎山『生涯』の記述に拠って、聖園農場創立の経緯の概略をみてみよう。明治二十六年（一

八九三)の聖園農場第一次移住者は三一名であり、払い下げを受けた土地面積は約三八〇万坪であった。その翌年には第二次移住者として二〇〇名、さらにその翌年の第三次移住者は四〇〇名にのぼっている。

移住者規則については、「高知殖民会規則(案)」[3]が残っているが、その特徴として、この規則は第七条までしかなく、後続の北光社など他団体のそれと比較してかなりシンプルなものである。そのおもな項目のみを挙げれば次のとおりである。

第二条　本会々員は資本家、移住者、協賛者の三種とす。

(一)～(三)〔省略〕

第三条　移住者は左の各項を盟約することを要す。但し雇人は此限りにあらず。

(一)　協賛者の紹介を要すること。

(二)　金百五十円を携帯すること。

(三)　移住後三年間禁酒の約を守ること。

(四)　慣習の休業を改め、大祭日、日曜日を以て休業とすること。

(五)　猥りに転住、転職せざること。

第五条　本会移住者北海道来着の上は、本部より一戸に付き開墾地一万五千坪以内を貸与し、開墾完成の後は土地払下規則に拠り所有権を得るものとす、但し成功著しきものは本部の見込みを以て贈与することあるべし。

このうち、土地関係については実際にはだいぶ改められた。当時の関係者の話を総合すると、リーダーが武市安哉であった時代と武市没後リーダーになった土居勝郎の時代をつうじて次の三種ぐらいに分かれていた[4]。

一、第一次入殖者には無条件で一戸分(一万五千坪)を与えた。

二、第二次以降の自費入殖者には、開墾成功後三分の二を与え、残り三分の一を本部に収め、この分に対し小作関係を設定することになっていた。しかし実際にはあとで移住者が妥当な値段で買い取った。

三、同じく第二次以降の者で旅費、開墾費共に貸与した者には三分の一を与え、残りの土地に小作関係をもった。

なお出資者は、山内家(六〇〇〇円)、武市安哉(一二〇〇円)、林有造(一二〇〇円)、土居源三郎(一二〇〇円)であった。(5)

このような聖園団体の法的基盤となる規則をみると、「高知殖民会規則(案)」第三条の(三)、(四)にある倫理的・宗教的規定以外には、とくにほかと異なるような特徴的なものは見られず、ごく類型的なものといってよいであろう。ただ、全体的なシンプルさはこの集団における管理主義的な傾向の弱さ(良心の尊重)を表すものであり、それはさらに、この団体の「民主的」な性格にもつながっている。ここでの農場経営は基本的に「協議体」によって行われていたという。(6)これは武市安哉が出資者でありながら、農場主や管理者というよりもむしろ移住者代表というスタンスを取りつづけたことから生まれたものであろう。武市がこの農場を「武市」農場ではなく「聖園」農場と命名したことにもそのことが表れている。(7)また、第三条(三)、(四)の倫理的・宗教的規定は、後述するようにこの集団のピューリタン的特質を示すものである。

聖園農場は、入殖後リーダー武市の精神的統率力のもとで稀有の団結力を発揮して開墾、教育、信仰などの面で成果をあげ、しかも現職の国会議員がその職を捨てて試みた事業であったことから全国的にも注目を集めた開拓移住団体であった。しかし明治二十七年(一八九三)十二月に東北への旅行の帰途、青函連絡船内で武市安哉が急死したため、(8)娘婿である土居勝郎(同様に自由民権運動に関わったキリスト教徒)が「土居農場」として指導権を継承した。彼はさらにその規模を拡張する一方、養蚕を導入して一時北海道屈指の養蚕地にするなどの功績を

図1　浦臼にある聖園創始記念碑

あげたが、明治三十六年(一九〇三)以降、彼が北海道会議員になってから農場の管理は停滞し、明治四十二年(一九〇九)、この農場はすべてを北海道拓殖銀行に譲渡し、その歴史を終えた。

　このような歴史的経緯を概観する限り、ほかの同種移住団体と同様に、聖園農場もまた結果的にはその理想を貫徹・成就することはできず、また開拓事業の成否の重要な指標と考えられる移住者の定着率についても、とくに第一次移住者のほとんどが一〇年あまりの間に浦臼を去る[9]など、少なくとも外面的には失敗に帰したといってよいであろう。現在その名残りを留めるのは浦臼町の市街中心に立つ聖園教会とこの地に住むごく少数の移住者の子孫、そして武市の理想の再現を目的として昭和三十七年（一九六二）に設立され、現在に至っている「有限会社聖園農場」[10]のみであるように見える。しかし、後述するように、聖園農場は浦臼町の基礎を築いたということのほかに、間違いなくこの北の大地に無形の豊かな財産を残し、しかもそれは北海道開拓者精神史上きわめて特異な性質をもっている。

第二節　聖園農場創立の動機

一　土地の狭さに拠る生活困窮からの高知農民の救済

武市安哉が聖園農場創立を思い立った動機は何か。これを知るための重要な史料としては、武市が地元の支持者たちに向けて『福音新報』に掲載したメッセージである「衆議院議員辞職の告示書」[11]、そして武市の死後やはり『福音新報』に掲載された筑峰生（ペンネーム）による追悼文「武市安哉君を憶ふ」[12]の二点が挙げられる。後者では武市が死ぬ九カ月ほど前（明治二十七年年三月頃）にこの追悼文の著者が実際に武市から聞いた話が記憶としてかなり詳細に記述されている。

これらの史料から、聖園農場創立の動機としてまず第一に考えなければならないのは、移住民が置かれていた外的条件、すなわち故郷での地理的、経済的な背景であろう。もちろん一般的な背景として、当時日本が置かれていた政治的・経済的状況から、北海道への開拓移住（拓地殖民）がまさに一種の国策、世論にまでなっていたことがあり、なかでも平地の少ない四国ではとくに北海道への移住熱が盛んであった。

「衆議院議員辞職の告示書」では、その動機としてこのような側面がとくに強調されており、次のように述べられている。

特に土佐の國たる南海の間に邊在し、山嶽畳々、道途四塞、戸口の繁殖は他の郡縣に比し一層駿速なるものあり。深山幽谷亦た梨鍬を容れざるはなく、耕地は既に拓尽して復た余剰なきに関らず、他の沃野膏土を求めて之に移らんとするものなし。若し夫れ此の勢を以て推移せば、彼の社會的逼塞の吾が土佐國を襲ふは、誠に惨酷にして見るに忍びざるものあらんとす。故に我が土佐國の為に百年の長計を立つるは實に今日に在るなり。然れども世間多くは高談放語の人のみ、拓地殖民のことを吹々するもの、未だ身を挺して此の事業を躬行せんとするものあるを見ず。予の進んで北塞に入るものは蓋し實践躬行以て此の事業を大成して、吾が土佐國の為に此の必至の勢を回避せしめんと欲するに在るなり。(13)

山が多くて平坦地の少ない土佐国、とくに安哉の郷里である住吉野（現在の南国市）では一般的に農民の生活は貧しく、現金収入が少ないために出稼ぎにでなければならないという状況は、とくに明治六年（一八七三）の地租改正以来改善されるどころかますます悪化していた。こうした土佐国農民の状況から、四国のほかの地域と同様にこの地域でも、〝広くて平らな土地〟への渇望とそのための移住への強い意欲と関心が一般的に強く存在していたと考えられる。とくに四国からの北海道開拓移住団体すべてに共通するこうした広い土地への渇望(14)は、自分の周囲で経済的な窮乏に悩む農民の救済を意図する武市安哉にとってもまた、もっとも基本的な動機であり、背景であった。武市はこれに後述するような聖村建設という宗教的理想を重ね合わせたのである。

明治二十五年（一八九二）、「北海道開拓用地払い下げ問題」に関する調査員として自由党から派遣されて北海道に渡った武市がまず圧倒されたのも、北海道の大地の広さであった。その史料的根拠は不明であるが、崎山『生涯』では次のように書かれている。

汽車で市来知[15]へいく途中の石狩平野は、原始林と丈なす雑草に覆われた草原であった。…（中略）…それは遠く眼の届く限り続いており、北方にクマネシリ山脈、東の方に夕張山脈が、はるかに煙っているのみ。この雄大な景観と未開の沃土は安哉を圧倒し、感動させた。北海道へ来てから具体的な形をとりかけていた移住、〝キリスト教精神による理想的な新農村の建設〟という構想が、決定的なものとなって彼の全精神をゆさぶったのである。[16]

これに北海道で出会った教会関係者や札幌農学校関係者から感じ取った清新なピューリタン的雰囲気が武市の決断を不動のものにしたとされている。[17]

二　武市安哉の政治への失望と挫折——北光社・坂本直寛との相違

㈠　武市安哉の政治活動の本質

聖園農場創立の第二の動機は武市の政治への失望と挫折と考えられる。ところで彼の政治的キャリアは、明治四年（一八七一）に敷かれた区制による小区の戸長から始まり、大区の区長、明治十一年には郡制施行に伴い安芸郡書記、そして明治十二年には高知県議会議員となった。またこの間彼は自由民権運動の母体である立志社に入り、明治十四年自由党結成と同時に党員となって自由民権運動家として活躍した。明治二十年の三大建白運動に参加して、保安条例によって片岡健吉、坂本直寛ら同志とともに入獄、そして同二十二年の憲法発布の大赦による出獄後の同二十四年には周囲から推されて国会議員となった。なお、彼が片岡や坂本とともに高知教会（日本基督教会）でナックスから受洗したのは入獄の二年前、明治十八年のことであった。

ところで彼の政治家としての活動や発言については、直接的史料はもちろん、間接的史料もきわめて少なく、不明な点が多い。とりあえず彼が政治家として関係した具体的事件としては、自由民権運動関係以外では明治九年からの「山田井堰破壊事件」をめぐる調停[18]、同十一年の「鯨浜騒動」の調停[19]、同十八年の「田辺道路問題」[20]、同じく十八年の「山田井堰の流材論争」への関与（後述）、同十九年の「物部川事件」での請願活動[21]などが挙げられる。

このうち、彼が「立志社」に加入した動機や、三大建白運動など自由民権運動家としての言動に関しては史料もほとんどなく、またとくに彼の思想的独自性を示すものは見当たらない[22]。後述するように、元来彼は理論家でもなく、また弁舌家でもなかった。従って、彼は当代を代表する弁舌家として常に運動の表舞台に立ち、一方スペンサーやミルの著書を直接読んで西洋の近代政治思想についての高い見識と自らの政治理念をもち、著作も残している坂本直寛[23]とは対照的な地味な存在であったといってよいであろう。のちに坂本は北見・北光社の社長として移住し、その後聖園農場にも籍を置くことになった。ところで武市と坂本は三大建白運動で入獄するまでの自由民権家としての活動（藩閥専制政治批判、人民主権論、国会開設論、減租請願運動等）のなかで、またキリスト教入信の経緯も含めて、ほぼ同一の軌道を歩んでいるかのように見える。しかし、限られた史料のなかからも、とくに土佐の自由民権運動が明治十五年（一八八二）頃の絶頂期を過ぎて衰退期を迎えるにつれて、二人の政治的スタンスや方向に微妙な差異が見られるようになる。これは後述するようにそれぞれの信仰が深まってゆく過程で、二人の内部で宗教と政治との関係のあり方が徐々に離れてゆくというプロセスとも関連しているのである。

武市安哉の政治的活動の本領や特徴が表れているのは、直接国政に関わるような大きな政治問題よりもむしろ「田辺道路問題」や「山田井堰の流材論争」、「物部川事件」など地域農民の生活に直結するような問題や紛争への関わり方であろう。このうち「山田井堰の流材論争」に関しては、彼自身による数少ない直接の発言史料のひとつが残されている。

この論争の発端は明治十八年(一八八五)九月の『土陽新聞』に、坂出要の名で「島本仲道君の山田井堰に対する所論を聞く」と題する投稿が掲載されたことに端を発する。この問題は、元立志社法律研究所員であった島本仲道が皇居造営用の木材納入を請け負うことになり、その用材を物部川を通って流下させようとしたところ、山田井堰関係五〇有余村の村民がこれを拒んだとして、この村民とその後ろ盾になっている「某氏」(武市安哉)を非難するとともに、物部川は天下の公川であって、藩政時代に各村に与えた「特権」は認められないとし、強く流材の商権を弁論主張したものである。これに対して武市は早速長文の反論を同じ『土陽新聞』に掲載した。そのなかで武市は理路整然と、村民が流材を拒んだというのは、島本側が巨大な材木を、突然乱暴なやり方で流し、井堰に損害を与えたのが発端であってすでに一応解決済みのことであること、また、川は天然で公のものであるという説に対しては、社会と同様、人々の生活圏にある自然や施設も人為のものであり、そこで生活を営む人々に所有権や使用権が帰するのは当然のことであるとして反論している(24)。ここにはかつては自由民権の同志であったが、今は政商として、農民を上から見下ろしてものをいう島本に対して、あくまでも農民の代弁者として立ち向かおうとする武市のスタンスが明確に浮かび上がっているのである。

また、「田辺道路問題」と「物部川事件」ではいずれも地域住民の重い負担(前者は国道新設に対する町村民の税負担、後者は物部川の堤防修理費の不合理な負担)に対して、しかもそれを強引に強制しようとする県知事や官憲の横暴に対する反抗がその内容であり、武市のスタンスはつねに農民、住民の側に立つものであった。

このような全体的状況から、彼の政治的活動全般を通して見られる特徴は次の三点である。第一に、彼は理論家、弁舌家ではなく、むしろ実践・実務家であった。第二に、彼の政治活動を支えていた精神は徹底して弱者、貧民の立場に立ち、権力側の横暴から、とくに高い地租に苦しむ貧窮農民の生活とその権利を守り、改善することであった。ここには一貫した「権力への対決姿勢」が見られる。第三に、彼の公職としての政治への参加はつねに彼自ら望んだものというよりは、彼の誠実な人柄と人格を敬愛する周囲の人々の強い推薦と支持に支えられたものであったという事実である。とくに、獄中で、これからは家業の百姓に帰って村のために働きながら農村伝道を進めようと考えていた武市にとって、国会議員への出馬は周囲から無理やり押し出された、いわば不本意なものであった。(25)

(二) 政治的世界との決別

国会での彼は、選挙中の政府の露骨な選挙干渉に関して厳しく政府を弾劾する演説などで聴衆に感銘を与えたが、二年足らずの議員生活のなかで彼は政治的世界の不浄さに対して深く幻滅し、また自分の理想との乖離に強い失望感を抱いた。この彼の政治への失望、挫折感を明確に示している史料が前記「追悼文「武市安哉君を憶ふ」」である。著者である筑峰生に対して生前武市は例えば次のように語ったとされている。

此の戰々競々〔ママ〕たる境遇を經、辛うじて當撰して上京せしに、豈圖らんや日毎の奔勞多くは詮なき黨争の為めにのみ用ひられ、却て宿志を遂げんためには存外に致力することを得ず。此間に周旋を事となし、巧言令色以て懸引を巧にせんは甚だ自ら不適任なるを感じぬ。…(中略)…例へば旦暮政界の紛争に惟れ忙はしき余に取りては、安息日は實にこよなき休日なるに、政友等は故らに此日をトして〔選んで〕酒莚を開き談合を爲す。是れ余の得堪ふる〔堪え得る〕所に非らず。…(中略)…此際頻りに感じけらく、元來政弊を改革し以て民庶に眞の安堵を得させむと、實に余が此地位に立ちたる素願なりき。然るに之を達せんとする手段に於て却て種々の政弊を伴ふ、豈遺憾ならずや。余にして若し敢て名を衒ひ榮を貪らんがため、将《は》た又《また》職務となさむがために此位置に立てるならんには兎も角も爾《そ》は痛く素志に戻《もと》る。余には是非共到達すべき標的あり。焉《いずくん》ぞ途上に紛争を惟れ事とし、以て千金の白日を徒費するに忍んや。加之根本的改革の必要は、日一日に感ずる切なり。…（中略）…然れば、我が同胞を精神上より根本的に改革せざらん限りは、奔命何の功かある。今に迨《およ》んで『福音を傳へずば禍なり』と保羅《パウロ》の嘆せし意も味ひ知らる[26]（傍点およびルビ引用者付与、またカッコ内は引用者による説明）。

このように彼は、正義と理想ではなくて利害・打算による離合集散や駆引き・談合が支配する世界、そして民党をも含めた政治家自身の堕落腐敗に対する激しい嫌悪感を語り、またなによりも彼が耐えがたかったのは、キリスト者として厳守すべき神聖な安息日に行われる酒宴・集会であった。

ところで、政治の世界を支配する原理はドイツの社会学者マックス・ヴェーバー（Max Weber）の用語を借りるなら「目的合理性」と「責任倫理」であるといわれるが、それに対して武市の立場は明らかにこれらと対極概念である「価値合理性」と「心情倫理」であったと考えられる[27]。つまり、「政治の世界では目的を達成するためには、その手段として倫理的には多少いかがわしい行為も是認されうる」という「目的合理性」、そして「政治家はその結果に対する責任を引き受けなければならず、またその結果から評価されるべきだ」という「責任倫理」の考え方に武市はとうてい同意することはできなかった。上記引用文の傍点部分にもうかがわれるように、彼にとって、倫理的に正しい目的を追求する手段もまた倫理的に正しいものでなければならなかったのである（＝「心情倫理」）。また同時に、彼はこのような政治世界に固有の原理を一応承認した上で、自らの政治家としての不適正さを自覚したということもできよう。

ところで、武市の同志坂本直寛もまた、一見したところ自由民権運動の衰退とともに政治から身を引き、政治世界への失望から、武市の聖園農場を模範にキリスト教的理想村建設を目指したように見える。しかし彼の場合には、「政治世界から身を引くこと」と「政治世界への失望・挫折」とは決してイコールではなかった。

土佐の自由民権運動は明治十五年（一八八二）頃の絶頂期を過ぎ、農民運動の過激化と政府の弾圧や民権派内部での路線対立などから衰退期に入ったが、その時党中央の主流派が推進したのが「国権拡張論」であり、これは困民党・秩父事件[28]など農民の抵抗に同調する党内の若手過激派の関心を海外にそらす意図をもつものであった。[29]そしてこのナショナリズムがひとつの具体的な形をとったのが「海外殖民論」である。これはアジアの先進国である日本がアジア(とりあえずは隣国朝鮮)に殖民事業を起こすことが必要だという論調であり、党首の板垣退助自ら「殖民論」を喧伝(明治二十五年)し、「朝鮮改革運動」を実行に移そうとしたほどであった。[30]坂本直寛は当初はこのような論調に批判的であったと思われるが、キリスト教信仰の内面化と関連して次第に国権論の方向へと変化してゆく。結局、出獄後彼が情熱を燃やしたものは、当時の外務大臣榎本武揚らが進めていたメキシコ殖民計画への参加であった。そして明治二十八年(一八九五)の日清戦争の勝利がほとんどすべての日本人の愛国心を高揚させたのと同様、坂本のナショナリズムへの傾斜、すなわち「権力との距離」の喪失を決定的なものにしたのである。戦争直後に彼が書いた「海外移民論」[31]では、この戦争を義戦とし、この勝利が朝鮮を清国から開放独立させ、日本を世界の強国の列に加入させたものであると宣言している。そして重要なことは、彼の北光社設立、北海道開拓移住への決断も、結局はメキシコ殖民計画のいわば方向転換に過ぎなかったということである。また同時に、坂本にとって、北海道への開拓移住の目的は、キリスト教的聖村建設であると同時に「自修自治の共同体」という国民国家モデルの建設でもあった。[32]北光社移住直前に彼が行った講演「北海道の発達」[33]ではこの理念が高らかに謳われている。このような彼の論調のなかには、「政治への失望・挫折」という要素や「政治的世界との決別」という姿勢はほとんど感じられない。

一方、武市安哉がこのような民権派内部での国権論的傾向に対してどのようなスタンスをとっていたのかについては不明である。彼もまたある種の愛国主義者であったことは間違いないとしても、少なくとも知る限りでの彼の政治的活動を通じて感じられるのは、すでに見たような弱者の味方、権力への対決姿勢、そして政治的世界全般に対する失望感である。また、彼は日清戦争勝利の高揚を知らずにこの世を去ったとはいえ、少なくとも生前の彼の言動には海外膨張論的ナショナリズムの痕跡も見られない。いったいこのような武市と坂本との相違は何に由来するのか。この点は二人の信仰のあり方とも関連して考察されるべきであろう。

三　キリスト教的教育による人間改革の理想

(一)　武市安哉とキリスト教信仰

政治の世界に失望した彼が選んだ道は、上記追悼文「武市安哉君を憶ふ」の引用文の末尾に書かれているように、政治的手法による民衆の救済から、人間の「内面からの改革」による救済の方向へと自らのポジションを転換することであり、そのためのキリスト教的教育による人間改革であった。このことが前述のふたつの動機を総合した形での第三の動機であり、これが具体的な形をとったのが、北海道への開拓移住計画であった。彼は一時伝道に専念しようという考えに傾いていた時期があったが、当時の農民たちの経済的窮状に直面して熟慮した結果として、彼は伝道だけで貧しい農民たちを救済できるとは考えられなかった。彼にとっては、生活の基盤である土地と労働の上に築かれる生活と内面的信仰が一体となったものが必要であり、それが新天地でのキリスト教精神に基づく理想的共同体建設という構想につながったと考えられる。これこそが彼にとっては政治的手法に代わる、しかも経済的手法を補う民衆救済の唯一の選択肢だったのである。

ところで、武市のキリスト教への入信の動機については、乏しい史料から見る限り当時キリスト教に入信した自由民権運動家をはじめとする多くの知識人たちの場合と比較してとくに区別されるものはないように思われる。つまり、当時の一般的知識人たちにとって、キリスト教の最大の魅力はなによりもまず西洋文化への窓口であること、そして封建的な階級社会に対するアンチテーゼとしての「人間解放」の力、自由平等の思想であり、自由民権運動との接点もここにあった。また政治に幻滅した武市にとってとくに魅力的であったのは、キリスト教のもつ内面からの改革力、倫理的生活・人格形成(西欧的市民社会の基礎にあるもの)への感化力であったと考えられる。また政治から宗教への関心の移動という、こうした心理的プロセスに関しては、マックス・ヴェーバーの政治と宗教の関係に関する一般論が妥当するであろう。すなわち、非政治化された(政治的影響力を失ったか、もしくはそれに嫌悪感をもったために政治的関心を失った)知識人に特有の一種の現世逃避あるいは信仰の内面化(内的救済の希求)という図式であり、これは坂本直寛らキリスト教に入信した多くの自由民権運動家たちに共通する傾向でもあった[34]。

　武市の信仰の特質を示す史料は少ないが、崎山『生涯』で紹介されている吉村繁義の談話によれば、その特色は来世に対する信仰の強固さと聖書研究がしっかりしたものであること、そして全体的に弁論的、表現的でなく、人格的、実践的な信仰であることが指摘されている[35]。この点においても、理論家、弁論の人である坂本直寛との際立った対比が表れているといえよう。さらに、彼の入信後の変化については、追悼文「武市安哉君を憶ふ」のなかで彼自身が語ったとされる次の言葉がある。

　余が道を信じて領洗せしは去ぬる十八年のことと覺ゆ。元來左までの學識もなく資産もなけれど尚ほ推されて郷閭《ごうりょ》の長とせられしかば、行懸りより多少政治上の運動を試みぬ。而して領洗するや愈々以て公共の爲め、私を抑へて盡力することの己が義務なるを感じぬ。而して何となく望ましく念ひしは、安らけき自由民政の下に若干の資産を有ち、冀くは紛々たる俗慮の羈絆を脱し、以て獨立自給の教會を建て、是に由りて遂に同胞を救拯に導きたし、とのことなりき[36]。〔傍点引用者〕

この言葉のなかに、武市の内部での政治と宗教の関係がどのようなものであったか、そして彼が信仰を深める

図2　村上寿雄作武市安哉の肖像画
（浦臼町郷土史料館蔵）

ことによって、彼の生き方のなかでいったい何が変化したのかが表現されているように思われる。つまり、一方で自らの適性に反する政治世界との決別、そして他方で俗的な私利私欲の一切を完全に超克し、他者のため、公共の為に生きようとする、「自己限定」（献身）の態度である。

一方、坂本直寛もまた、まぎれもなく政治世界における倫理的堕落を憂うる者の一人であった。しかし、彼の信仰はその内面化の過程で、政治的原理から宗教的倫理への飛躍、転換ではなく、むしろ「宗教（倫理）と政治の一体化」という危険な方向へと向かっていったように思われる。彼の信仰に関連した発言のなかで目立っているのは旧約聖書の英雄や預言者への思い入れの深さと、彼らのなかに理想的改革者あるいは政治家像を求める傾向であり、それとともに「天職」、「神の摂理」が強調されるようになる。とくに彼は晩年になると日露戦争を義戦とし、その戦いと勝利を「日本の天職」、「神の摂理」という言葉で繰り返し語るようになる。(37) まさにこうした宗教と政治の一体化が、彼の「権力との距離の喪失」に基づくナショナリズムと政治的な「自己実現」への執着を継続させ、次章で詳しく論ずるように、彼のキリスト教的理想村建設の事業への関わりを結局は中途半端なものに終わらせてしまうことになった(38)のである。

(二)　政治から宗教へ――「自己限定」（献身）としての民衆の救済

ここで重要なことは、民衆を救うふたつの道、つまり政治的手法と宗教的教育・実践とが二者択一として立てられるとすれば、武市安哉は自らの進むべき道として明確に前者を捨てて後者を取ったことである。これはいいかえるなら彼自身による「自己限定」の姿勢の確立ともいえよう。ここにすでに見たような坂本直寛をはじめ、年齢とともにふたたび政治的活動に重心を移していった武市の後継者である土居勝郎、あるいは聖園から北光社に移った前田駒次や北光社の二代目社長、澤本楠弥らとの決定的な違いがある。(39) 武市は代議士という職を維持しながら開拓移住の事業を続けてはという周囲の忠告に対して、「衆議院議員辞職の告示書」(40) のなかで、両者を掛けもちすることの危険性と無意味性を述べてきっぱりと否定している。

さて、こうして明治二十五年(一八九二)、北海道視察から郷里の土佐に帰った武市は、板垣退助や旧藩主をはじめ地元の高知教会の信者や自由民権運動の同志たちに精力的に北海道移住計画を説明し勧誘した。その結果、すでに述べたような農民たちの広い土地への渇望が背景としてあらかじめ存在したとはいえ、諸々の状況から考えて予想をはるかに超える数多くの賛同者、志願者が集まったのである。それは明らかに、武市という人物・人格への強い信頼、そしてその基礎にある熱心なキリスト教信仰とその理想主義からくるものと考えられる。『福音新報』もまたこの点に注目して次のように報じている。

縣下の基督信徒にして武市氏植民の募集に應ずる者も可なり之ある趣なり。元來植民地の規約中には禁酒、日曜日休業の箇條などもある由。尙、武市氏今月中に北海道に向かわるゝ都合なりと云ふ。世は只冒嶮的の植民事業にのみ熱中し、移住者の霊性に關しては敢て顧みる所なきが如き時に際し、我儕は此熱心忠實なる神の義僕によりて統率さるる植民の事業に對しては實に非常なる望みと同情を有する者なり。(41)

これは武市の事業が、外部の人々からも、一攫千金の夢や蓄財・保身を意図することの多いほかの一般的移住開拓事業とはその動機と理想において明確に一線を画する特別なものであるという評価と期待をえていたことを物語っている。

さらに、この開拓移住に実際に参加した者のなかには、前田駒次(自由民権運動家、信者)、岡林只八(信者)、長野開鑿(信者)、斎藤為熊(信者)、大久保虎吉(大工、信者)、野口芳太郎(早稲田専門学校卒、三大事件関係者)、平井虎太郎(同志社大学学生)、小笠原楠弥(三大事件関係者)、岡貞吉(信者)、松本清(小学教師)、小野田卓也(樺戸集治監農業指導員)[42]、など、かなり多くのインテリや自由民権運動家、そしてもとからのキリスト教徒がその初期から含まれていた。このような倫理的・知的水準がきわめて高いというメンバー構成上の特徴は、北光社などほかのキリスト教的移住団体に比較しても際立っている。またそのほかの学生や農業青年などの参加者についても、武市が郷里で熱心に勧誘して歩いたことの結果として、彼の理想と情熱に共鳴し、彼の個人的人柄に惹かれて参加した者が多い。このことから、この集団の統合原理が武市安哉の個人的資質、つまり一種の「カリスマ」性に強く依拠していることが特徴的である。そして後述するように、このような社会学的特性が、聖園農場がのちにその特色を発揮するに際してきわめて有利な条件になったのである。

さて、以上を総合して考えるならば、武市安哉における開拓移住の動機のなかでもっとも主導的な位置を占めているものは、やはり「民衆の救済」であろう。外面的には武市も坂本もともに新天地でのキリスト教的理想村の建設という同じ目標をもって開拓移住を企画したように見える。しかし両者の間には内的な動機の点で大きな隔たりが存在する。窮乏した農民、民衆を外的・内的に救済するために自己の生命を捧げようとする武市のスタンスはいわば「自己限定」(自己犠牲)志向である。これに対して、後述するように坂本のキリスト教的理想村の建設の理想には、「北門の鎖鑰《さやく》」[43]というナショナリスティックな動機と「自治自修の共同体建設」といういわば政治的な理念が結びついており、彼はこのような自らの理念を実現することを動機として北光社を立ち上げ、参加したのである。坂本の場合、この事業の最終的な成否の基準は民衆ではなくてあくまでも「自己」ないし「自己実現」であった。従って自己の理念の実現不可能性を察知した時に、彼はあっさりとこの企画から離脱してし

まったのである。(44)

第三節　聖園農場の特色と開拓者精神史的意義

一　ピューリタン的倫理の浸透と武市安哉の宗教的感化力＝カリスマ性

こうして明治二十六年(一八九三)七月、武市安哉をリーダーとする計三一名の先発隊員による新天地、聖園農場での生活が始まったが、他団体に比較した場合のこの聖園農場の特色としてまず第一に挙げられるのは、ピューリタン的雰囲気とリーダー武市の宗教的感化力の強さである。もちろんこれは、すでに述べたように、構成メンバーのなかに最初からキリスト教徒や学生が多かったことから、北光社の場合ほど構成員間の知的・倫理的ギャップが大きくはなかった(45)というメンバー構成上の特色、そして指導者武市安哉のカリスマ性という、この団体がもつふたつの社会学的特性に由来するものである。なお「カリスマ」とはマックス・ヴェーバーの社会学用語で、この集団の統合原理(支配の正当性)が合法的(官僚制的)なものでも伝統的なものでもなく、武市安哉の個人的な資質・人格に対する帰依の感情に基いている(真正カリスマ)ということを意味している。(46)このふたつの社会学的特性から帰結したものが、ピューリタン的なエートスの形成であった。

札的川沿いの原野に宿営した彼らは二日目の夜集会を開いて今後の方針や日常生活の心得などを決めた。先発員には無条件で土地五町歩を与えること、いずれの土地を選ぶかは各人の自由であること、そして小屋がけができるまでは共同生活とし、毎朝の礼拝には必ず出席することなどである。そしてさらに、次のことが誓約として約束された。[47]

一、いかに多忙の時にも、日曜日には業を休みて礼拝に出席すること。

二、農場内に於て、何人も酒類の売買をせぬこと、また何人も飲酒すまじきこと。

実際にはこの二カ条がこの集団の唯一の律法であり、しかも強制や罰則を伴わないもので、これを遵守するかどうかは各個人の良心にまかされていたという。一般的には細かい規律による秩序の維持や管理を志向する傾向が強いほかの団体に比較して、このようなきわめてシンプルな規律のあり方は、「規律」ではなくてリーダーの「カリスマ」への絶対的な信頼がこの集団における統合力の核になっていることを明確に示しており、そして聖日厳守と飲酒の禁止を含むその内容は、この集団が明らかにピューリタン的理念によって指導されていることを物語っている。[48]

もちろん、礼拝のための建物〝祈りの家〟は、自分たちの家よりも先に、切り出した木材と笹、木の皮、ムシロなどを用いて数日間で完成し、また、一年もたたぬうちに第一次移住者の全員がキリスト教徒になったという。[49]崎山『生涯』によれば、武市は丸太切りのテーブルを前にして礼拝を司り、牧師が来ないときには説教もした。彼は毎日のように、馬で、道も整わぬ広い農場に散在する家々を訪ねて家族の安否を尋ね、励まして回り、土曜には「明日は日曜ぞ、教会においでよ」とすべての家を勧誘して回ったということである。[50]ここに、坂本直寛とは対照的な武市の信仰の特質、すなわち、弁論的・表現的ではなく、人格的・実践的な性格がよく表れており、これが移住農民に対する強力な感化力を発揮した要因のひとつであろう。

また驚くべきことに、このふたつの誓いは武市の死後も比較的よく守られており、明治四十年(一九〇七)頃までは、この地に冠婚葬祭に酒を用いたり、皆が集まって酒を飲んで騒ぐという風習はなかったという。[51]この点については、明治三十八年に九歳で聖園に入り、一九歳までをここで過ごした吉村繁義は、『浦臼町史』の資料とも

図3　現在の聖園教会

なっている「聖園開拓の回想記」稿本[52]のなかで次のように書いている。

それが大体に於いて励行されたことは、むしろそのまじめさ、真剣さ、そして聖園と命名して開拓に従事した武市先生の理想に対する感化がいかに浸透していたかを追想して襟を正さしめるものがある。驚くべき事実であったと信ずる。

この吉村の回顧から、武市の死後一〇年以上たってなお聖園を強く支配していたピューリタン的雰囲気を感じ取ることができよう。

なお、礼拝の場が笹葺きの〝祈りの家〟から最初の教会堂に移ったのは、入殖の翌年の明治二十七(一八九四)年五月、「日本基督教聖園講義所」としてであった。ここで礼拝と日曜学校が開かれ、また日曜以外には子弟の教育の場でもあった。入殖五年目の明治三十年(一八九七)には信徒五〇余名を数えたという[53]。このことから、最初の礼拝が行われるまでに三年、教会ができるまでに六年余りを費やした北見・北光社の場合に比較すれば、聖園ではいかに早く宗教的・教育的環境が整えられたかがわかるであろう。

さらに、こうした聖園農場のピューリタン的特長はこの団体の運営方法についても、他団体に比較してきわめて民主的な性格を与えている。北海道への拓地殖民に対する国民の関心と意欲を振興することを目的として明治二十七年(一八九四)に発行された雑誌『北海道』第一号は、「武市氏の開墾事業」を紹介して次のように述べている。

該團体移住の方法たるや中央部の強制に出でず、自動の発達を期するものにして共同に関する事件の如きは會議を以て之を決し、其の目的も亦着實に良風美俗を養成するにあり。且つ同年十月より村内公共の資に充てん為め各自若干の金錢を蓄積せり。[54]〔傍点引用者付与〕

こうした民主的性格は、明治初期に北海道に開拓移住した旧伊達支藩など士族移住団体に見られるようなタテの主従関係ではなくて、平等なヨコの人間関係という基盤の上に形成されるキリスト教的移住団体の一般的特性と考えられるが、聖園はまさにその典型的な実例であった。[55]

二　武市安哉の教育への情熱――未完の「開拓労働学校」構想

聖園農場の第二の特色として、武市の教育への並はずれた情熱が挙げられる。全般的に教育の重視という傾向はキリスト教的移住団体にほぼ共通する大きな特徴であると同時に、ほかの一般移住団体に対するその優位性を示すものでもあるが、とくに武市安哉の場合、この教育にかける情熱は並はずれたものであったといえよう。彼にとっては、若者の魂の救いと教育による人づくりはすべての基本であった。そしてこの精神は彼の死後も聖園の基本理念として生き続けている。彼が入殖直後から始めた礼拝所、教会での日曜学校は、日曜礼拝とともにそ

の後一度も中断することなく現在にいたるまで続けられており、そこで学んだ生徒数はのべ三千人を超えるという。(56)

また、崎山『生涯』によれば、明治二十七年(一八九三)に第二次移住者が来た時、教育のことは一日もゆるがせにできないという武市の主張で、急いで学校を開設することになり、雪解けを待って、札的の元本部があった場所を百メートル平方ばかり切り拓き、大工大久保虎吉の手で建築にかかったという。また吉村繁義の「回想記」では次のように書かれている。

原始林からの開拓地で武市農場ほど早期に教育を始めた例は少ないのではないかと思う。…(中略)…その年の秋にはバラック建てのものが落成し、直ちに授業を開始することになった。…(中略)…要するに学校教育と宗教教育を年中無休で続けられたのである。(57)

一方、新渡戸稲造の遠友夜学校や、あるいは明治二十二年から中央で開催されているプロテスタント諸教派共同による「夏季学校」に触発されて空知集治監の教悔師留岡幸助(58)が明治二十七年に「冬季学校」を開校した際に、武市はその発起人の一人になった。そしてこの年の三月に市来知で行われた第一回冬季学校に聖園農場から八名の青年を出席させている。(59)なおその際、次回の冬季学校(岩見沢で開催)の継続委員の一人として武市安哉が指名されているところから推測して、当然留岡と武市の間に何らかの事前打ち合わせ、了解があったであろう。(60)この冬季学校では内田瀞(高知出身)ら札幌農学校の学士による農学、理学の話や牧師によるキリスト教的講義などがあり、聖園農場からの出席者たちはそこで大きな刺激を受けると同時に、それ以来、ここが聖園農場のメンバーと内田瀞ら農学校関係者および札幌独立教会(札幌バンド)や札幌・小樽の牧師たちとの重要な交流、情報交換の場になっていたと推測される。(61)

さらに、武市は北海道移住の当初から、かねてから親交のあった東北学院院長押川方義(62)との協力で聖園農場に

「開拓労働学校」を作ろうという計画をもっており、そのための用地も聖園農場内に確保していた。この学校は夏は働き、冬は学問をするという自給自足の学校であり、宗教と労働と学問を統一した教育をしようというものであった。明治二十六年（一八九三）八月には押川が自ら推薦した福井捨助牧師[63]とともに聖園農場を訪れており、これはその準備の一端であったと推測される。もしこの計画が武市の急死によって挫折していなければ、北海道教育史上きわめて注目すべき学校が生まれていたことであろう。じつは武市が明治二十七年十二月二日、北海道への帰途の連絡船内で急死したのは、仙台に立ち寄って押川とこの計画のツメの会談を行った直後のことであった。

ところで、のちに聖園教会では昭和八年（一九三三）から昭和四十一年にかけて、計六回の「農民福音学校」（第四回からは「農民福音大学」と名称変更）を開催している。これは祖父、武市安哉の遺志を受け継いだ聖園教会の土居映子牧師（第二回以降）をはじめ北海道内各地の教会関係者や牧師、北海道大学、北海道教育大学、そしてとくに酪農学園大学の教授・助教授、さらに北海道農事試験場の技師たちが教壇に立ち、その内容は聖書研究、農業技術および経営、教育問題、そして賛美歌練習などから構成されていた。これは農村の若者たちの精神的な成長、改革を意図したものであり、その直接の契機になったものは、賀川豊彦、杉山元治郎の協力で昭和二年に兵庫県で第一回が開催され、その後全国的に展開された「農民福音学校」であったと思われるが、この賀川らによる「農民福音学校」自体が、その時期や内容を見ればかの「冬季学校」の継承（復活）と考えてよいであろう[64]。従って、ここにも間接的ではあるが武市安哉の教育理念が生き続けているといえるのではないだろうか。

こうした武市の教育への情熱は、まさに聖園農場全体をひとつの「学校」と解釈させるような特異な性格をこの農場に与えることになる。その点については次項で述べたい。

三　新天地への展開──真のフロンティア・スピリット

(一)　聖園からさらなる新天地への飛躍

第三に、聖園農場に見られるほかに比類のない特徴は、ここからさまざまな形でほかの地へ転出して行った者の数が並はずれて多いという事実である。これは「脱落」ではなくていわば前向きの転出であり、飛躍であった。従ってこれは決して他団体のように単に落伍者が多かったということではない。このことは移住していった者のなかに、いわばこの団体のリーダー、幹部クラスの人々が多かったという特異な事実が証明している。

明治二十九年(一八九五)には聖園農場の幹部であった前田駒次が請われて北見・北光社へ移った。また、同じく幹部の野口芳太郎は、北光社の移住者を迎える準備のため小笠原楠弥とともに明治二十九年八月からしばらくクンネップ原野に滞在した後、[65] 翌年遠軽の学田農場へ指導者として転出していった。明治三十四年以降、大久保虎吉が美深へ(のちに士別へ)、小笠原兄弟などが名寄へ転出、なおこの小笠原一家はそこから美深へ移ったあと、大正七年(一九一八)には一族四七人でブラジルに渡っている。さらに岡林只八は明治四十三年に釧路に入殖して釧路教会で伝道活動を行い、その後樺太に移住、豊原伝道教会所に所属した。そのほか恩根内、美瑛原野、雨竜などへも続々と転出者が現れた。しかも彼らは移住した地でそれぞれに開拓、教会・伝道活動に貢献している。

一方、明治三十四年に佐藤精郎、武市政安がアメリカに渡ったのに続いて、明治四十年には石丸正吉、小笠原豊光がアメリカへ、大正九年には石丸二郎がブラジルへ移住した。明治三十年押川方義を頼って聖園農場から東北学院に入学、さらに青山学院を経て東京で海外植民学校を作り、そこから多くの日本人をブラジルに移住させた崎山比佐衛は、昭和七年(一九三二)に自らもブラジルに渡り、「アマゾンの父」と称されるほどになった。[66] こうして新天地へ転出した人々の多くはそれぞれの地で教会に所属して信仰を守り、事業でも成功を収めている[67]。

聖園農場から移住した人々が間接的にさらにそのほかの地域に対しても影響を与えた例として、美深から佐呂間への展開がある。聖園農場からほかの地へ移ったなかで、教会員および家族がもっとも多く転出していった先は中川郡の美深であった。最初に美深に行ったのは大久保虎吉の一家で明治三十四年（一九〇一）に移った。続いて斎藤為熊一家がその年の秋に、福田常弥と谷海浪も相談して一緒に美深に移住した。このあと、明治三十五年には小笠原尚衛、小笠原袈裟治、小笠原市馬、岩崎彦六、岩崎彦三、札的の山原軍馬、小原文治、王子茂などの一族があとを追うようにして美深に移った（一部の者は名寄に行ったあと美深に移っている）。そして彼らは明治三十七年にここで美深伝道教会を創った。美深町郷土研究会による『続美深ふるさと散歩』では次のように述べられている。

教会の設立者は、明治三十四、三十五年に空知郡浦臼の聖園から本町に移住した、聖園教会の長老の大久保虎吉や斎藤為熊、小笠原尚衛らの一族合わせて五家族十四人と、同三十五年に同郡新十津川から入殖した近藤直作[68]らによるものである。ピヤソン氏から最初に先例を受けたのは山梨盤作で、同三十七年（一九〇四）一月に十四日のことである。一方、聖園グループは、同年三月十二日に教会籍を美深講義所に移して信者転入式を行い、美深教会形成の中心的な役割を果たしてきた。これらの人々は、ピヤソン宣教師の巡回伝道を受けており、教会は町の中心的な指導者を擁して、高度な社会文化機関としての役割も持っていた。キリスト教を信仰していた人々は開拓功労者でもあり、美深の歴史を語るときに忘れられない顔ぶれである[69]。

そして、明治三十九年（一九〇六）、そのなかの近藤直作ら三世帯が佐呂間に転出し、同地にも教会を設立したのである。その経緯を『佐呂間町百年史』では次のように述べている。

佐呂間におけるキリスト教の伝道は、美深で教化を受けた近藤直作（近藤農場主）が、明治三十九年（一九〇六）に入植したときに始まっている。近藤直作は聖村建設の理想に基いて、「禁酒農場」を宣言して禁酒励行を唱導し、毎日曜日を礼拝日として休業させるなど、節度ある農場経営形態をつくることをめざし、やがて山口愛光らのよき協力者も輩出した。開教初期の頃は、伝道はほとんど近藤直作の自宅で行われ、旭川からピアソン夫妻が年に二・三回、名寄から山口庄之助牧師が年四・五回、また遠軽から山下善之助牧師、野付牛（現北見市）から西森拙三牧師が毎月、招かれて宣教を行っていた。(70)〔傍点引用者付与〕

この傍点部分に書かれているように、近藤直作は、ただ単に美深で出会った聖園出身者からキリスト教伝道を受け継いだだけではなく、彼はまさに間接的に武市安哉の思想と実践的方法論を受け継いだ。そして新天地に新たなコミュニティを実際に作り上げた。ここには、聖園農場の基本理念（武市の理想）がほぼ完璧な形で美深を経由して遠く佐呂間にまで運ばれ、実を結んでいることが示されているのである。(71)

(二)「脱出」のエートス＝地縁的共同体原理からの離脱

ところでこうした彼らの新天地への移住は、同時に住み慣れた土地や共同体からのいわば脱出（エクソダス）でもあり、これは特別に大きな精神的エネルギーを必要とするものであった。もちろんこのような現象は、明治三十一年をはじめとする大水害による被害がその主要な原因のひとつとして作用していることは否定できない。とくに聖園から美深、名寄、士別に移住した多くの家族たちについては、『聖園教会史』や『美深町史』の記述はこのことを強調している。(72)

しかし、この傾向を単にこのような水害や土地が狭くなったことによる困窮からの解放という経済的・物質的動機からのみ出たものと考えるわけにはいかない。(73) なぜなら経済的利害関心というものは本来的には日常的な関心であり、人間の伝統主義的な態度に基づくものであって、家も土地も捨てて新しい未開の土地へ移住するという大きな（ある種の非日常的な）精神的エネルギーを必要とする行動に対しては、一定の限界をもつものと考えられるからである。

彼らに共通して見られるのは、慣れ親しんだ土地や共同体に対する伝統主義的な執着がなく、少しでも可能性がある限り積極的に新天地に出て行こうとする精神態度であり、これは一種のエートス（その背後に非日常的価値観＝信仰がある）にほかならない。ここにキリスト教信仰がもつ特殊なエネルギー、すなわち地縁的な共同体原理＝日本的村落固有の伝統的絆からの〝離脱〟のエネルギーを見ることができる。このようにして生まれた新天地への脱出のエートスこそが文字どおりの意味での「フロンティア・スピリット」といえるものであろう。

ところでこのようなエートスを育てたのもまた、明らかに武市安哉からの影響、感化である。崎山『生涯』によれば、武市はしばしば青年たちに、「土佐の山の中から出てきて、ここで五町歩の土地をみると途方もなく広く感じるに違いない。しかしいまに狭いと思うようになるだろう。聖園を拓いたら、さらに広いところへ出て行って第二第三の聖園を作ってくれたまえ。まあここは、そういう人たちにとっては学校のようなものさ」といっていたということである。(74)

またこうした事実を社会学的な観点から捉えるならば、それは、この集団の統合原理が武市のカリスマ性に基づいていたことから生じたひとつの結果でもあると理解できよう。(75)すなわち、まず第一段階として武市のカリスマ性が移住民の地縁的、伝統主義的執着を破砕したこと、そして第二段階として、武市亡き後、武市のようなカリスマ性をもたない土居勝郎への指導権の継承（一種の代理的「世襲カリスマ」への移行(76)）がうまく機能しなかったため、この集団から急速に求心力が失われたのではないかということである。

四　聖園農場と遠軽・学田農場および北見・北光社との関連

㈠　遠軽・学田農場創立の経緯

ところで、前述の「開拓労働学校」構想との関連で注目されるのは、明治三十年（一八九七）に聖園農場から野口芳太郎が移っていった遠軽・学田農場である。これまで、野口芳太郎という共通項以外に聖園農場とこの学田農場との特別な関連性について触れた研究・史的論稿は今のところ見当らない。しかし、諸々の史料から、これまではっきりしていなかった北見・北光社の成立経緯も含めてこの三者の密接な関連性を仮説として提出することができると思われる。

遠軽・学田農場については、『遠軽町史』にかなり詳しく記述されているが、その成立の経緯については史料が少ないためはっきりしないとされている。とりあえずわかっていることとして、明治二十九年一月、東北学院院長押川方義を会長とする北海道同志教育会「旨意書」・「會則」が定められたが、その内容は、北辺の防備と拓殖の見地から、将来を担う有為な人材を養成するため、青年に真の教育を授けるキリスト教主義の私立大学を設立すること、しかもそれを、未開地の貸付を受け、「資本主」を募り、小作人を入れて開拓し、この基本財産により生ずる利益をもって実現するというものであった。[77] 副会長には本多庸一、[78] 会計には川崎芳之助、農場監督には信太寿之がなり、評議員として片岡健吉、[79] 小崎弘道、[80] 海老名弾正、[81] 仁平豊次、田村顕允、[82] 島田三郎、[83] 江原素六[84] が名を連ねている。ここに、日本基督教会系をはじめ、メソディスト、組合教会派など当時の日本を代表するプロテスタント各派の重鎮がバランスよく顔を揃えていることが注目される。しかしいずれにせよこの計画の中心になっているのは、押川方義と押川の弟子で当時の札幌日本基督教会の牧師信太寿之であった。

『遠軽町史』に掲載されている信太寿之の「旅行日誌」[85]によると、彼はこの計画がまとまった後の明治二十八年夏から賛同者を募るため、高知の片岡らを訪問してこの計画について説明した。その後彼は土地の選定に関わり、結局「湧別原野第四小作殖民地」として開放された土地を借り受けることになり、新潟県や秋田県を中心にした小作人が実際に入殖したのは三十年五月であった[86]。しかし、その経緯は定かではないが、この団体も経営が不振に陥り、明治末頃解散したものとされている[87]。聖園農場の野口芳太郎は移住民の到着前からここに移り、受け入れの準備をするとともに、移民の入殖後は本部事務主任として活躍したのであるが[88]、学田農場以外でも彼はこの地で北見青年会を創立して冬季学校などを開き、また遠軽基督教会の創立などに力を尽くした。

(二)　武市の「開拓労働学校」構想と北海道同志教育会（学田農場）構想および北光社構想との関係

ここでひとつの仮説を提示したい。すなわち、北海道同志教育界構想は、先に述べた武市と押川の間で企画されていた「開拓労働学校」の構想が武市の急死によって不可能になった直後に、そのいわば〝代替案〟として、武市の遺志を引き継ぐ形で生まれたのではないかということ、そして北見・北光社の構想も、坂本直寛が述べているように[89]、同志である武市の聖園農場の成功がその出発点であったこと、さらにこの北光社構想は、新たに生まれたこの学田事業構想にもおおいに触発された高知側のリアクションとして実際に動き出し、土地の選定や実施計画もこの両者が並行して、しかも聖園農場のイニシャティブのもとに、相互に密接な関連を保ちながら進められたのではないかということである[90]。

このような仮説の根拠となるのは後述するように、『遠軽町史』など直接学田事業についての記述やその基になっている史料と聖園および北光社に関する史料との比較検討からえられる推論、そしてさらに、すでに挙げた諸研究では触れていない史料である『片岡健吉日記[91]』、高知教会の長老による「安芸喜代香日記[92]」などから知られる当時の高知および東京での関係者たちの交流状況、そして『土陽新聞』、『福音新報』などに散在する関連記事である。(93)

まず、学田事業の構想が生まれた時期と発案者については、新聞『北海タイムス』(大正一一年八月七日号)は「信太壽之氏の事業と氏の性格」と題する特集記事で、明治二十八年(一八九五)、日清戦争(明治二十七年八月勃発)で国家のために日々倒れる同胞を見ながら、安閑として牧師の職にある自分を恥じた信太が、当時北海道にもっとも欠けているものは教育事業であると考えてこの学田事業構想を発案し、恩師押川の賛成をえたという書き方をしている。この記述がどのような史料に基づいているのかは不明であるが、そのほかの点では明らかに事実と反する、もしくは不正確な記述も見られ、この記事の全体的信頼性には疑問が残る。(94)また、『日本キリスト教会札幌北一条教会一〇〇年史』では、信太がこれを計画し、それに賛同した押川が会長を引き受けたと記述している。(95)

一方『遠軽町百年史』では、その時期については触れていないが、押川の命を受けた信太が実質的な企画、実行を担当したと述べられている。(96)また、藤一也『押川方義――そのナショナリズムを背景として』では、明治二十八年十月ごろに押川がこの事業を起こし、その実質的企画者が信太であったと記述している。(97)

これらの相矛盾する資料から押川と信太のどちらが最初の発案者であったのかを断定することは困難であるが、少なくとも明治二十九年一月に出された北海道同志教育會「旨意書」・「會則」のきわめてナショナリスティックな文面はまさに押川の思想そのものにほかならず、この点から見る限り、押川の主導性を認めるべきであろう。(98)また、この事業が構想された時期を藤一也前掲書が明治二十八年十月としているのは正しくないであろう。なぜなら、信太の「旅行日誌」に明らかなように、すでにこの年の六月には、信太は学田事業のための「資本主」勧誘の旅に出発しているからであり、少なくともその時期は明治二十八年の五月以前にさかのぼらなければならない。

ところで、学田事業構想が生まれた時期の問題に関連してとくに注目されることとして、『片岡健吉日記』によれば、武市が急死したわず一〇日あまり後の明治二十七年(一八九四)十二月十四日に、のちに同志教育会の会長、副会長になる押川方義と本多庸一が片岡を訪問していること、そしてさらにそのほぼ一週間後には片岡が同じく同志教育会の評議員になる島田三郎にも会っているという事実がある。日記には会談の内容に関する記述はないが、時期的なタイミングから考えて、この時に武市の遺志を継いだなんらかの教育機関についての構想が初めて話し合われたという可能性が十分に考えられる。またそれから二ヵ月後の明治二十八年二月十日には片岡が押川を訪問しており、さらに、同月二十三日には武市健雄(安哉の次男)、同月二十五日には武市安哉の後を継いで聖園農場のリーダーになったばかりの土居勝郎が片岡を訪ねている。このような状況からひとつの仮説として提示できることは、まず片岡、押川、そして聖園農場の土居などの間で、この時期頃までにほぼその基本的構想がまとまっていたという可能性である(99)。

さて、その後、この年の七月には信太が高知を訪れ、片岡を始めとする高知教会のメンバーに対してこの構想に関する集会を開き、説明している。ここで高知のメンバーらはおおいに触発されたものと推測される。その後信太は東京で、植村正久、島田三郎、江原素六とこの件で相談し、また同年十一月には聖園農場の土居勝郎から、学田創業費として五〇〇円というかなり高額の金銭的支援の約束を取り付けている。この事実は、この学田構想が土居勝郎にとって、何らかの形で岳父、武市安哉の遺志につながる重要なものであったと仮定すればおおいに理解できることである。

もちろん、武市の「開拓労働学校」構想については、聖園農場の幹部たちは早くから知っていたと思われる。一方、信太寿之も明治二十七年(一八九四)から聖園農場を説教で訪れ、また聖園農場からも数人の参加者があった明治二十八年一月(武市が死去して間もない時期)の冬季学校に信太が参加し、説教するなど、以前から聖園幹部と信太との間に十分な親交・交流もあったことが推測される。従って聖園側においても、直接もしくは片岡を介してかなり早い時期からこの学田構想に対して組織としてもなんらかの強い関わり(関心と協力姿勢)をもっていたことは、前述の聖園農場土居勝郎からの金銭的支援の件や、またその中心的メンバーでありながらのちに聖園農場から学田農場に移った野口芳太郎らの行動からしても明らかであろう。

さらに『片岡日記』によれば、片岡は明治二十八年十一月から同二十九年一月にかけて島田三郎と頻繁に会っており、また明治二十九年一月二十四日には信太とも会い、さらに小崎弘道とも連絡をとっている(100)。この間に片岡はこの直後に発表された北海道同志教育會「旨意書」・「會則」の作成などに関わったと推測される。さらに片岡は同年二月二十五日に高知から上京した土居勝郎(三月四日まで滞在)に会い、三月三日には押川、信太両氏に会っているが、この時、片岡、土居、押川、信太の間で学田事業について、とくにその土地選定の問題について話し合われたのではなかろうか。そしてさらに同月七日には北垣国道に会っているが、恐らくこの時に土地選定に関する助言を受けたものと推測される(101)。

またこうした計画については、この頃から頻繁に開かれていた東京での「土佐会」の会合で片岡を通じて、林有造、西原清東(102)などの在京国会議員や坂本直寛をはじめとする高知関係者たちに広く認識されていたと思われる(103)。従ってこの土佐会での交流から、この学田事業計画に触発されて後の北光社設立につながる何かが生まれたと推測できるのではないだろうか。ちなみに、坂本直寛が最終的に北海道移住の決意表明をしたのは、ちょうどこの時期の明治二十九年二月八日付片岡健吉宛書簡(104)においてであったが、その直前の二月六日には、聖園農場から来た土居勝郎の「北海道殖民談」を聞いている(105)。この時に聖園農場への新規移住者募集の話と同時に、前年十一月に信太に学田事業の金銭援助の約束をしたばかりの土居から学田事業構想についての話が出たものと考えるのが自然であろう。さらにその直前には北海道同志教育會「旨意書」・「會則」が公表されており、その内容についても坂本はそれ以前かもしくはその時に知ったはずである。ところで、この北海道同志教育會「旨意書」・「會則」に書かれている押川方義の思想は、「北門の鎖鑰」論を中心とする坂本直寛のその後のナショナリズムにぴったりと符合するものである。(106) 従って、少なくとも坂本が北光社設立を決意するに際して、このような形で押川の思想に影響されたことは十分考えられることであろう。

一方、学田事業計画の方は明治二十八年(一八九五)末頃から同年二十九年秋にかけて、信太が中心になって土地選定に取りかかった。信太の「旅行日誌」によれば、明治二十八年十一月十三日天塩(当時の天塩国)に行き、増毛の山に登って街の状況を視察した。彼が天塩に行ったのは、恐らく、その前年にすでに前田駒次が視察して有力な候補地のひとつになっていたからであろう。このことに関して『遠軽町史』では、これは最初天塩に学田地を創設する予定で貸下地の下検分に行ったが、視察の結果土地がおもわしくないので中止し、湧別原野に変更したのだという、学田農場入殖者の証言を書き加えている。(107) しかし後述するように、変更の理由はそれとは違ったものであろう。その後明治二十九年の夏から秋にかけて湧別原野の探検が行われ、明治二十九年十月付で「北海道同志教育會第一学田地探検報告書」が探検者信太寿之、西勝太郎の名で出されており、そのなかで北見国紋別郡上湧別原野が適地であることを報告している。(108)

ところでこの探検に関連して『遠軽町史』にはきわめて興味深い事実が記述されている。『遠軽町史』によれば、野口芳太郎の妻ハルの証言として、「学田の探検は信太、野口、土居勝郎の三人で、中央道路を経て探検に来たこと。土居は何かの都合で途中から探検をやめて浦臼から引き返した。(109)」ことを記述している。まず「浦臼から引き返した」は「浦臼へ引き返した」の間違いであろう。またここでは報告者の一人である西勝太郎については触れていない。その信憑性を保証するものはないが、もしこの証言が真実とすれば、明治二十九年八月二十日に聖園農場の前田駒次が坂本直寛、澤本楠弥とともに北光社の土地調査のため、クンネップ原野への視察旅行に旅立ったのとほぼ同じ時期に、土居、野口も信太とともに湧別原野への視察に出ていたことになる。農場主である土居勝郎自らが同行したということのみならず、これだけの幹部が一度に聖園農場を留守にしたということ(土居が引き返したのもそのことと関連するかも知れないが)は、このふたつの探検が聖園農場という組織を挙げて、しかも一貫した計画として(手分けして)行われたものであり、またこのことが武市の遺志を継ぐ聖園にとってきわめて重要な事柄であったと考えなければ理解できないであろう。また探検者の一人である西勝太郎についてはその素性は明らかでないが、やはり聖園農場から派遣された者である可能性が高い(111)。

直接的な根拠となる史料は乏しいが、これまでの史料に関する比較検討から推測される経緯を仮説として示すと以下のようになる(112)。

学田農場は、武市が急死した直後の明治二十七年(一八九四)末、武市から死の直前まで「開拓労働学校」設立への協力を求められていた押川方義がその遺志を継いだ代替案として構想し、まず片岡健吉、本多庸一に協力を依頼した。翌二十八年に入り、この構想はすぐ武市の娘婿であり聖園の後継者である土居勝郎にも伝えられ、聖園関係者は、武市の遺志を継ぐこの構想に強い関心を示すとともに協力的姿勢をとることになった。一方、押川はこの構想を弟子である信太寿之に依頼してその実質的計画、実行を任せ、自分は小崎弘道、海老名弾正などプロテスタント界の重要人物を協力者に引き入れ、組織化することに努めた。

さらに、東京での土佐会での集まりで片岡からこの構想について知った林有造や西原清東ら高知出身代議士たちもまたこれに興味をもち、またこの話は高知の坂本直寛らにも伝わった。この頃から高知関係者の間では武市が死去したこととも関連して、なんらかの形で新たな北海道開拓移住についての話が出ていたであろう。

この年の夏、高知に来た信太寿之から学田農場構想について聞いた高知関係者たちはおおいに触発され、そこで後の北光社につながる構想が一気に具体化した。そこで片岡は聖園の前田駒次に指示して土地調査を依頼し、この年の秋に前田は天塩と北見へ調査旅行に出た[113]。一方、翌二十九年（一八九六）の一月に発表された北海道同志教育会の「旨意書」と土居勝郎の学田事業に関する話に強いインパクトを与えられた坂本直寛は、迷っていた北海道開拓移住、後の「北光社」事業への参加を決断した。

明治二十九年の学田農場と北光社の土地選定作業は別々に行われたのではなく、前年の前田による調査結果をふまえた聖園農場のイニシャティブのもとに計画的に、しかも同時に平行して行われた。土地の視察のため、明治二十九年の夏から秋にかけて、役割を分担して、学田農場候補地の湧別原野には土居勝郎自らと野口芳太郎が信太寿之に同行し、そして北光社の候補地クンネップ原野には前田駒次が坂本直寛と澤本楠弥の同行者として聖園から派遣された。両者とも最初の候補地は天塩であったが、そこが御料地に編入されたことがわかった[114]ため、以前からすでにほかの候補地として挙がっていた湧別原野とクンネップ原野にそれぞれ変更されたのである。土地選定のための情報源は、明治二十二年から道庁で殖民地選定作業に当たっていた内田瀞[115]（土佐出身）や、元高知県知事で明治二十五年から北海道庁長官であり、明治二十九年（一八九六）四月からは拓殖務次官であった北垣国道、そして初代北海道庁長官で当時御料局長であった岩村通俊の実弟林有造[116]などであった。両者のいずれも当初は天塩方面に着目し、最終的にはどちらも北見方面（遠軽・上湧別原野と訓子府原野）に決定したという事実は、こうした情報源の共通性から説明されるであろう。

この調査の結果を受けて高知では西原清東が中心になって直ちに「北光社」が設立されて移住民募集が始まり[117]、また学田事業計画も翌三十年四月までに組織化を完了するとともに、新潟県や山形県で移住民を募った。こうしてそれぞれの第一次移民を乗せた船が相前後して網走港と湧別浜に到着し、そして、この両方の移住民が実際にそれぞれの新天地に第一歩を記した日付もまた、奇しくもまったく同じ明治三十年五月七日のことであった。

結び

　さて以上の考察から、聖園農場と武市安哉の北海道開拓者精神史的な特色と意義について、次のようにまとめることができるであろう。まず第一に、聖園農場設立の理想とそのリーダーであった武市安哉の理念と実践は、ふたつの社会学的特性、すなわち、そのメンバー構成について知的・倫理的二重構造が見られなかったという構造的特質、そして武市安哉のリーダーとしてのカリスマ性という集団の統合力に関わる特質にも支えられて、この地に、永続的なものではなかったにせよ、ほかには見られないほどピューリタン的なエートスに支えられた民主的なコミュニティ(聖村)を創り上げた。そして第二に、より重要なこととして、それは浦臼・聖園農場という時間的・空間的な狭い枠をはるかに超え、武市の志を受け継いだ人々を媒介として北海道の各地、さらには国外にまで、その教育的、倫理的な影響力を発揮したのである。

　このような聖園の特色を北光社の場合と比較した際に、聖園に開拓者精神史上の優位性を認めることができるとすれば、そのひとつは、リーダーである武市安哉と坂本直寛における開拓移住の内的動機の差異に拠るものと考えることができる。すなわち、自己の政治的影響力に対する未練を清算できないままに「自己実現」を目指して聖村建設を志した坂本と、政治への明確な決別から宗教的手法による民衆の救済に「自己限定」的に献身しようとした武市との差異である。

　ところで、序章で開拓者精神における宗教的要素の一般的な特質として挙げた五項目を指標として、聖園の開拓移住団体としての成果を評価するとすれば、「コミュニティ・アイデンティティの創出」を除いた四項目にほぼ合致しているとみなしてよいであろう。すなわち、個人的・内面的な心の拠り所、古い「地縁」的結合からの離脱のエネルギー、ヨコの絆による民主的コミュニティの形成、そして知的・倫理的水準を高める教育の推進、である。ただ、すでにみたような新天地への脱出という聖園の特徴は「地域への愛着」、「地域社会の一員としての自覚」という意味でのコミュニティ・アイデンティティの創出という点には明らかになじまない。しかし、コミュニティを通常の「地域社会」という意味ではなく、「教会」という超空間的、内面的な概念で捉え直すとするならば、ある種の強力なコミュニティ・アイデンティティにつながるものということもまた可能であろう。

たしかに、開拓移住団体としての聖園の成功は一時的なものに過ぎなかった。いま浦臼の地に形として残っているものは、コミュニティというよりは学校や教会に過ぎないかも知れない。しかし聖園農場が後世に残したその内的・精神的遺産は限りなく大きい。その一例として、聖園農場は、後続のキリスト教的開拓移住団体である遠軽・学田農場や北見・北光社を産み出す中心母体にもなった。この両者は、新天地でのキリスト教的聖村建設の先行団体である聖園農場のまさに成功（聖園の発展）と挫折（武市の急死）を契機として生まれ、また、武市の遺志を受け継いだ聖園農場のイニシャティブと強力なサポートに支えられて成立したということができよう。これらの団体がすべてその外形を失った後もなお、その内的遺産は多くの人々に受け継がれ、北海道開拓時代におけるコミュニティの倫理的水準を少なからず支えつづけたのである。

聖園農場はそれ自体がひとつの「開拓学校」であった。そして、武市安哉の撒いた種は多くの弟子たちの志（真のフロンティア・スピリット）に運ばれ、「新天地」北海道の各地で豊かな実を結んだのである。

（1）　なんども発行停止になる過程で『高知新聞』、『高知自由新聞』、『江南新誌』など色々と紙名が変わっている。
（2）　この著作のもとになっている史料の全体的状況については、「あとがき」（二八八～二八九頁）にある著者の記述を参照されたい。
（3）　この文書は札幌の武市家に残されていた手控帖のなかにあったという。崎山信義『ある自由民権運道者の生涯――武市安哉と聖園』高知県文教協会、一九六〇年、一四三頁。
（4）　崎山信義前掲書、一四七頁。
（5）　同右、一四八頁。
（6）　同右、一六六～一六七頁。
（7）　同右、一四五頁。
（8）　武市安哉の急死の原因(病名)については、不思議なことに、諸史料を見ても、必ずしも明確に説明されてはいない。この点について、聖園教会の長老であった故村上寿雄氏は、病床からの私宛の書簡のなかで、あくまでも私見と断った上で、彼の「病死」ということについては疑念をもっていると書かれている。つまり安哉は青函連絡船のなかで何者かに殺害された可能性があるというのである。のちにこのことについて村上氏が遺族の方に訊ねたところ、それに対して遺族は肯定も否定もされなかったというのである。これは私にとっても衝撃的な情報であったが、もしそれが事実であったとしても、誰が、どのような理由で安哉を殺害したのか、今のところまったく手掛かりはない。
（9）　崎山信義前掲書、二六二頁参照。
（10）　この農場は、昭和三十七年(一九六二)三月に畑山勝盛氏が社長となって設立した小規模な農場で、「協業によって農場の近代化を進め生活の安定を図ること」、「キリスト教信仰による神の国とその義を求め、主の僕として農民福音の業をこの地に求めること」を目標としている。平成十年現在、構成員男四名女三名、従業員一名、夏季雇用三名、そのほかに子供を含め家族九名の規模で、水稲、畑作、野菜等の複合経営を行っている(浦臼町百年史編纂委員会編『浦臼町百年史』浦臼町、二〇〇〇年、一七六～一七七頁参照)。
（11）　『福音新報』一一一号(明治二六年四月二八日号)、崎山信義前掲書、一四九～一五二頁に全文収録。
（12）　『福音新報』一九七号(明治二七年一二月二一日号)。なお筑峰生というペンネームをもつ人物がいったい誰であったのかについては、崎山氏は、『福音新報』の編集にあたっていた人の話から、植村正久の教え子の牧師川崎已之助であろうと推測している(崎山信義前掲書、二二七頁)。しかし、佐波亘『植村正久と其の時代』第三巻(教文館、一九六六年、四四九頁)では、植村正久による「福音新報満二〇年」と題する回顧文のなかで、初期の『福音新報』の功労者の一人として、川崎已之太郎の名前があげられている。従って、崎山前掲書の「川崎已之助」は「川崎已之太郎」の誤りである可能性が高い。
(13) 前掲註(11)参照。
(14) 四国地方でとくに北海道移住熱が高まっていたことについては、明治二十四年(一八九一)から北海道への移住勧誘のため全国を遊説して回った北海道毎日新聞社の記者による「遊説日誌」からもうかがえる(中村英重『北海道移住の軌跡』高志書院、一九九八年、九七〜一七一頁参照)。
(15) 「いちきしり」と読む。現在の三笠市にある。
(16) 崎山信義前掲書、一三六〜一三七頁。
(17) 同右、一三三頁。ただし、ここでもやはり、その史料的根拠は示されていない。
(18) 崎山信義前掲書、一九頁。
(19) 同右、一九〜二一頁。
(20) 同右、三四〜三九頁。
(21) 同右、五二〜五七頁。
(22) 自由民権運動時代の彼の言論活動については、党の機関紙『土陽新聞』に何度か、集会や演説会の発起人、幹事、演説者として名前が載っている程度である(崎山信義前掲書、二四〜二六頁参照)。
(23) 坂本直寛の政治思想に関しては、坂本直寛著・土居晴夫編『坂本直寛著作集』全三巻、高知市立図書館、一九七〇年があり、研究書としては松岡僖一の優れた著書『幻視の革命——自由民権と坂本直寛』法律文化社、一九八六年がある。また、本書第五章二五三〜二六五頁も参照されたい。
(24) 『土陽新聞』明治一八年九月二二日号。崎山信義前掲書、二九四〜三〇六頁に資料(二)として収録されている。
(25) 崎山信義前掲書、一〇一頁。
(26) 前掲註(12)参照。
(27) ヴェーバーの「目的合理性(Zweckrationalität)」対「価値合理性(Wertrationalität)」、「責任倫理(Antwortungsethik)」対「心情倫理(Gesinnungsethik)」の概念規定と内容については、Max Weber; *Wirtschaft und Gesellschaft, Grundriss verstehende Soziologie*; Studienausgabe herausgegeben von Johhannes Winckelmann (Köln-Berlin: Kiepenheuer & Witsch, 1964), SS. 12-13、マックス・ウェーバー、濱島朗、徳永恂訳『ウェーバー社会学論集』(現代社会学体系　第5巻　社会学論集)青木書店、一九

七一年、一一五～一一八頁、およびMax Weber; Politik als Beruf, Gesammelte politische Schriften (J. C. B. Mohr Tübingen, 1971), SS. 551-553. 前掲『ウェーバー社会学論集』、五二八～五三一頁を参照されたい。

(28) 秩父事件は、高利と重税に苦しんだ秩父の困窮農民が「秩父困民党」を結成し、明治十七年(一八八四)十月、圧制政府の転覆を企てて武装蜂起した事件である。この時自由党主流派はこれを支持せず、むしろ政府の弾圧を避けるため、また過激派地方党員を統制できなくなって解散した。なおこの事件の鎮圧後、この事件の首謀者であった井上伝蔵は死刑判決を受けるが北海道に逃亡し、名前を変えて石狩、札幌、北見へと逃亡生活を続け、大正七年(一九一八)、野付牛町で死去した。

(29) 松岡僖一『土佐自由民権を読む――全盛期の機関紙と民衆運動』青木書店、一九九七年、二二五～二二七頁参照。

(30) 前掲松岡僖一『幻視の革命』、三八頁。

(31) 北海道立文書館所蔵「坂本直寛自筆文書」目録番号四。その内容の詳細については、本書第五章二五六～二五九頁参照。

(32) 前掲松岡僖一『幻視の革命』、五三頁参照。

(33) 明治二十九年(一八九六)八月に彼がクンネップ原野の視察に出かける直前に札幌農学校新渡戸稲造主催の第二回夏期講習会で行った講演の筆記録。北見市史編さん委員会編『北見市史』資料編、北見市、一四一～一四六頁に収録。

(34) このような宗教社会学的側面については、Max Weber; *Wirtscahft und Gesellschaft*, 5. revidierte Aufl. (J. C. B. Mohr Tübingen), S. 306(マックス・ヴェーバー、武藤一雄他訳『宗教社会学』創文社、一九七六年、一五七頁)、*Ibid*. S. 356f.(同、二七九頁)、および本書第五章二五四～二五五頁および同、二八〇頁の本文と註(76)～(78)を参照されたい。

(35) 崎山信義前掲書、四八～四九頁。また、武市が獄中から出した手塚牧師宛書簡には、このような福音主義的な彼の信仰の特質の一端が表れている(同、九四～九六頁)。

(36) 前掲註(12)参照。

(37) このような坂本の傾向が表れている著作・史料としては、坂本直寛著・土居晴夫編/口語訳『坂本直寛・自伝』燦葉出版社、一九八八年、六四～六八頁、前掲『坂本直寛著作集』中巻、三九「韓國に於ける我邦の経営」、四〇「對韓経営に就て我黨の士に望む」、四一「宗教上より日本の天職を論ず」、下巻、四七「韓國と其救拯」、北海道立文書館所蔵「坂本直寛自筆文書」目録番号六〇「人の企画と神の摂理」、および「青年ヨセフ」(『福音新報』明治三四年一二月二五日～同三五年一月一五日号)、「魔西」(同、明治三五年七月一〇日～八月二一日号)、「曠原之異人エリア」(同、明治三六年七月一六日～八月二七日号)を参照されたい。

（38）坂本直寛が北光社移住から半年も経たないうちに社長としての重責を澤本楠弥に委ねていったん故郷に帰り、その後浦臼・聖園農場に転居してしまったことを指す。詳細については本書第五章二六九〜二七七頁参照。
（39）土居、前田、澤本については、本書第五章の関係箇所を参照。
（40）前掲註（11）参照。
（41）『福音新報』一一三号（明治二六年五月一二日号）。
（42）彼は、明治二十五年（一八九二）七月に武市が北海道視察で樺戸集治監訪れた際に、武市の話を聞き、その理想の高邁さに感動してその実現に尽力し、のちに聖園農場に加わった。佐波亘前掲書（第三巻、四四頁）では、その件について次のように記されている。「明治二十五年七月代議士武市安哉が財務調査を兼ね北海道漫遊中樺戸集治監を訪れて小野田氏等の意見を叩く。国家経営策北海道拓殖より急なるものなく、社会堕落を歎じ、基督者の責任を訴へ、根本的改革の急務と之に伴ふ精神的修養の必要を論ず。進んで理想の新郷土を作り、ここに新元気、新生命の徳性を涵養し、他日国家に報ゆる時あらん等、熱誠抱負を開陳、之を聞ける小野田市氏は感極まり血湧き肉躍り深く同情の念禁ずる能はず、共にカナンの地を望むの情切。隅々集治監の用地として未着手の地数千萬坪あるを以て典獄大井上氏に紹介し、盡力。」。
（43）「北側の門の戸じまり」、つまり、北海道が日進戦争後のロシア進出に対する北辺防備の最前線であることを意味する語。
（44）坂本直寛の北光社離脱の原因等に関する詳しい考察については、本書第五章二六九〜二七七頁を参照されたい。
（45）北光社では、リーダーと一般移住者の間に知的・倫理的ギャップが大きく、明らかな二重構造が見られる。これについては、本書第五章二六六〜二六七頁を参照されたい。
（46）マックス・ヴェーバーの「カリスマ（Charisma）」概念については以下の書および論稿を参照されたい。Max Weber; *Wirtscahft und Gesellschaft*, 5. revidierte Aufl. (J. C. B. Mohr Tübingen), S. 124.（マックス・ヴェーバー、世良晃志朗訳『支配の諸類型』創文社、一九七〇年、一〇〜一一頁）、*Ibid*. S. 143f.（マックス・ヴェーバー、世良晃志朗訳『支配の社会学I』創文社、一九六〇年、四七〜五六頁）、*Ibid*. S. 654f.（マックス・ヴェーバー、世良晃志朗訳『支配の社会学II』創文社、一九六二年、三九八〜四〇三頁）、拙稿「マックス・ヴェーバー宗教社会学における〝カリスマ〟と〝非合理性〟」（『宗教研究』No.212、一九七二年一一月）。
（47）崎山信義前掲書、一六五頁。
（48）日本のプロテスタンティズムに関して「ピューリタン的」とは何を意味するかについては、大木英夫は次の要素を挙げている。①祈り、②契約、③生の改革(禁酒禁煙、聖日厳守など)、④文化的関心(新たなキリストの国の建設)(大木英夫「日本におけるピューリタン宗教の受容」、大橋健三郎他編『講座　アメリカの文化I　ピューリタニズムとアメリカ』南雲堂、一九六九年、三四七〜三五〇頁参照。)。聖園の理想は明らかにこうした要素を含んでいる。

(49) 日本基督教会聖園教会編『聖園教会史』日本基督教会聖園教会、一九八二年、二四頁および三二頁。

(50) 崎山信義前掲書、二〇一頁。

(51) 崎山信義前掲書、二四五頁。ただし、武市の死後、やはり全体的な倫理の緩みが見られるようになってきたことは、明治三十二年頃の調査による河野常吉他編『北海道殖民状況報文　石狩国』(北海道出版企画センター、一九八七年)における次のような記述(二九八頁)からも知られる。「後継者ハ其事業ヲ継承セシモ其志ヲ継カス目下耶蘇教外ノ宗旨ヲ奉スル者ヲ生シ禁酒禁欲ノ戒ヲ破フル者アルニ至レリ」。さらに明治四十四年(一九一一)九月に出された北海道庁殖民部拓殖課編『殖民公報』(第六二号)の三頁には聖園農場についての次のような記述がある。「學校あり教會堂あり一時盛況を呈したりしも近年漸次規約頽弛し且つ土地の大部分を他に轉讓せるのみならず移民中基督教外の宗旨を奉し禁酒禁煙の戒を破ふるもの漸く多く又他に轉退するものありて農場の成績現時不振の状態にありと云ふ」。

(52) 吉村繁義「聖園開拓の回想記」稿本、一九六四年(以下「吉村繁義稿本」と略記)、現在北海道立文書館が所蔵。

(53) 前掲『聖園教会史』、三四〜三五頁。

(54) 『北海道』第一号、北海道雑誌社、明治二七年一月二五日発行、三四〜三五頁。

(55) 金田隆一氏もその論文「キリスト教(新教)よりみた北海道開拓精神について」(『苫小牧工業高等専門学校紀要』一、一九六六年一二月、六四〜六五頁)において、旧伊達支藩亘理藩の移住団体における封建的なタテの倫理と、聖園の民主的な性格とを対比させている。

(56) 前掲『聖園教会史』、三五三〜三五四頁参照。

(57) 前掲吉村繁義稿本、一八頁。

(58) 留岡幸助と武市安哉との親交は、武市が明治二十五年(一八九二)の北海道視察の際に空知集治監を訪れ、そこで会って以来のことと思われる。彼は実際に聖園を訪問しており、また、明治二十七年(一八九四)三月の第一回冬季学校でも聖園農場のメンバーと接触している。彼はのちに(一九一三年)、遠軽に感化教育施設「家庭学校」を創設するが、これも遠軽・学田農場および遠軽教会の存在と無縁ではなかろう。前掲吉村繁義稿本、四頁参照。

(59)　藤井常文『留岡幸助の生涯――福祉の国を創った男1864-1934』法政出版、一九九二年、一三七〜一三八頁。なお、この冬季学校のモデルとなった「夏季学校」は明治二十二年(一八八九)に同志社で第一回が開催されて以来毎年行われ、青年キリスト教徒の教育のために毎年各派が共同して行うプロテスタント界の一大イベントであった。全国から約四〇〇〜五〇〇名が参加したということであり、留岡もその参加者の一人であったかも知れない。彼は北海道の気候、労働条件に合わせて「夏季」ではなく「冬季」学校にしたという。同志社大学人文科学研究所編『留岡幸助著作集』第一巻、同朋舎、一九七八年、四八〜五〇頁参照。「夏季学校」の詳細については、佐波亘『植村正久と其の時代』第二巻、教文館、一九六六年、五九九〜六二五頁参照。

(60)　室田保夫『留岡幸助の研究』不二出版、一九九八年、二二五頁。なお、留岡幸助日記編集委員会編『留岡幸助日記』第一巻、矯正教会、一九七九年、三三七頁によれば、留岡は明治二十六年(一八九三)十二月二十一日から二十五日にかけて、札幌、小樽で、四方素、宮部金吾、新渡戸稲造、信太寿之、松浦松胤、沢中弘之助などに冬季学校の構想について話し、賛同をえたということであるが、残念ながらそれ以前の日付けの日記が欠けており、この件についての武市安哉との接触の様子は不明である。

(61)　第五回の冬季学校は明治三十一年(一八九八)二月にほかならぬ聖園教会会堂で開かれており、このことからも冬季学校と聖園農場との密接な関係が推測される。前掲『聖園教会史』三七〜三八頁参照。

(62)　明治五年(一八七二)、横浜でバラから受洗して日本基督公会を組織、のちに仙台教会を創始し、東北学院の院長になった。熱烈な愛国主義者としても知られる。押川方義は明治十九年一月に松山から高知に来て二カ月滞在し、伝道を助けたことがあったが、この時から武市との親交が始まった。なお、押川が院長をしていた東北学院には、彼の独創による「学生労働会」という施設があり、そこでは学資のない学生が牧場の牛の世話や牛乳配達などの仕事をしながら勉強をしていた。のちに武市の推薦を受けた崎山比佐衛も加わったこの組織が、武市安哉の「労働学校」構想のヒントになったのではなかろうか。彼がその構想の協力者に押川を選んだこともそこから理解できよう。前掲『聖園教会史』、一八一頁、『アマゾン植民の父　崎山比佐衛小伝』(崎山校長記念碑建設委員会、一九六二年(北海道立文書館所蔵)、四〜五頁参照。

(63)　福井捨助は明治二十七年(一八九四)七月、聖園教会の初代牧師となった(前掲『聖園教会史』、三六頁)。

(64)　第一回―昭和八年(一九三三)一月十二〜十五日(前掲『聖園教会史』、九八〜一〇一頁)、第二回―昭和二十六年(一九五一)一月十日〜十四日(同、一三四〜一三六頁)、第三回―昭和三十七年(一九六二)一月十八日〜二十一日(同、一七七〜一七八頁)、第四回―昭和三十八年(一九六三)一月十一日～十四日(同、一八〇～一八一頁)、第五回―昭和三十九年(一九六四)一月十日～十二日(同、一八四～一八五頁)、第六回―昭和四十一年(一九六六)一月十七日～十九日(同、一八八～一八九頁)。福島恒雄『北海道三愛塾運動史――樋浦誠先生の歩んだ道』北海道三愛塾運動史刊行会、一九八七年、聖文舎、二三～二九頁、および同『北海道キリスト教史』日本基督教団出版局、一九八二年、三六二～三七三頁参照。

(65) 北見市史編さん委員会『北見市史』上巻、北見市、一九八一年、八三五頁。

(66) 崎山比佐衛の事跡、生涯については、前掲『アマゾン植民の父　崎山比佐衛小伝』が詳しい。

(67) これら各地の転出者の動向に関しては、前掲『聖園教会史』、三三〇～三四九頁、崎山信義前掲書、二六二～二八五頁参照。

(68) 近藤直作は聖園の出身ではなかったが、美深で聖園グループと交わり、そこで聖園、武市安哉の精神に感化され、後述するように、その後佐呂間に武市・聖園の精神を伝える媒介になった。のちに彼の息子、近藤治義が聖園と最初から関係の深い小樽シオン教会の牧師となって、聖園の会堂改築などさまざまな面で聖園のよき助力者になったのもこうした経緯、関連から理解することができよう。前掲『聖園教会史』、一五一頁、一五四頁などを参照されたい。

(69) 『続美深ふるさと散歩』美深町郷土研究会、一九九三年、一三九～一四〇頁。

(70) 佐呂間町史編さん委員会『佐呂間町百年史』佐呂間町、一九九五年、六二二頁。

(71) 山本秀煌編『日本基督教会史』(改革社、一九七三年)では、明治四十四年(一九一一)の「北海道中会教勢報告」(星野又吉)のなか(三三三～三三四頁)で、函館、小樽、札幌、旭川、釧路、室蘭の教会および伝道教会における布教・活動状況が総じて振るわないことを述べた後、聖園の影響を受けた、あるいは関係の深い伝道会、伝道教会について次のように記している、「北見に於ける湧別・佐呂間別・野付牛三伝道会及聖園伝道教会の如き農村の伝道は比較的活発にして伝道宣を得ば前途益々有望と云ふべし。瀧川・美深両伝道教会の如きも漸次発展の望みあり」。

(72) 前掲『聖園教会史』、三三六頁、美深町史編さん事務局編『美深町史』美深町、一九七一年、一九八頁。

(73) 小川ユウ子氏は卒業論文「武市安哉と『聖園』形成」(北海道立文書館がコピー所蔵)で、移住者が頻繁にその居住地を変えるのは当時の植民地、開拓移住民にはごく一般的に見られる現象であると述べている(五九頁)。しかし、聖園の場合は、これまでに見たような経緯からして、そのような類型的な現象とは区別されるべきであろう。

(74) 崎山信義前掲書、一八三頁。

(75) マックス・ヴェーバーのカリスマ理論によれば、カリスマの特徴は日常的、伝統主義的な羈絆を突破できるその変革力にある。Max Weber; *Wirtscahft und Gesellschaft*, 5. revidierte Aufl. 1. Halbband (J. C. B. Mohr Tübingen) SS. 140-142（前掲マックス・ヴェーバー、世良晃志朗訳『支配の諸類型』、七〇〜七六頁）参照。
(76) マックス・ヴェーバーの「支配の社会学」で用いられる用語であり、カリスマ的指導者が死去した後、そのカリスマが例えば血筋の連続性に基づいて支配の正当性が受け継がれることを意味する。Max Weber; *Ibid*. S. 144（前掲マックス・ヴェーバー、世良晃志朗訳『支配の諸類型』、八三頁）参照。
(77) 詳細は本書第六章、二九八〜二九九頁を参照。
(78) 日本メソジスト教会初代監督、青山学院院長、教育者。
(79) 武市や坂本と同志で高知の自由民権運動家。国会議員（衆議院議長）、同志社総長などを歴任。聖園農場、北光社、学田農場のすべての創立にその中心的な推進者、協力者として関わるキーマンである。
(80) 同志社社長、日本組合基督教会会長、牧師。
(81) 同志社総長、思想家、教育者。
(82) 伊達家亘理藩家老として明治三年（一八七〇）に有珠郡（現伊達市）に集団移住。明治十九年（一八八六）に押川方義から受洗。日本基督教会伊達教会創立者の一人。
(83) 政治家、ジャーナリスト、明治十九年（一八八六）植村正久から受洗。
(84) 政治家、教育家、日本メソジスト教会日曜学校局長。聖園農場設立の協賛者の一人で、実際に聖園農場を訪問してもいる。前掲吉村繁義稿本三頁参照。
(85) 遠軽町『遠軽町史』遠軽町、一九七七年、、一六五〜一六八頁。原史料は現在遠軽町郷土館に保存・展示されている。
(86) 前掲『遠軽町史』、一六七〜一六八頁および一八四頁。
(87) 副会長になった本多庸一に関する文献によれば、本多は押川に請われて資金集めに協力したが、結局事業が失敗して、資金提供者である友人のために後々までその後始末に苦労したという。岡田哲蔵『伝記叢書二一七　本多庸一伝』大空社、一九九六年、九九〜一〇〇頁、青山学院編『本多庸一』青山学院、一九九六年、一五五頁参照。
(88) 野口芳太郎は明治二十九年（一八九六）秋から冬にかけて訓子府原野で翌年の北光社移住民受け入れのための準備作業に従事して、いったん聖園農場に戻った（『福音新報』明治二九年一二月一八日号によれば明治二十九年十二月三日に聖園農場で野口らの送別会が行われている)。その後、翌三十年三月には、学田農場の移住民受け入れ準備のため、すでに学田農場で活動していた(『遠軽町史』一七三頁参照)。

(89) 前掲坂本直寛「海外移民論」、二九頁。

(90) 『遠軽町史』では、「北海道同志教育会と北光社は別につながりはないようである。」との記述がある(一七一頁)。しかし、少なくとも両者の創立協力者の共通項である片岡健吉の存在、そして聖園農場から北光社を経由して学田農場に入った野口芳太郎、野口とともに北光社から学田農場に移り、移民のための小屋がけなどの準備をしたとされる吉村駒猪の存在(『遠軽町史』一七一頁)、また後述する土地選定作業の経緯などを見る限り、これらが聖園農場はもちろん、北光社や学田農場という組織(の推薦ないし了解)とまったく関係のない個人的行動であったと見ることはできないであろう。なお、『遠軽町史』では、吉村駒猪について、野口と同じく最初聖園農場に入った者と記述しているが、その典拠は不明である。ちなみに、崎山信義前掲書、および『聖園教会史』のいずれにも掲載されている第一次から第三次移住者名簿(全員が載っているわけではない)のなかにその名前はない。また、『北見市史』(上巻、八三五頁)の記述でも、明治二十九年(一八九六)の秋、澤本とともに北光社移民の準備のために聖園農場から現地に行った者は野口のほかに武内羊之助と小笠原楠弥であるとされており、吉村駒猪の名はない。一方、『北見市史』には北光社への初期入植者として、「班不明者一覧」のなかに吉村駒猪の名が記載されている(上巻、八六〇頁)。ところが明治二十九年十月に北光社の先発隊として高知から入った一二名のなかにもその名はない(氏名不詳の某が一名いるが)。以上のことからこの吉村駒猪の素性については不明な点が多いが、野口と行動をともにしていること、聖園農場に同じ姓の吉村吉太郎一家とその身内が入っていることなどから推測するならば、最初聖園農場に入り、途中北光社移民受け入れの準備のためクンネップに行き、そこから野口とともに学田農場に移ったのではなかろうか。いずれにせよこの事実もまた聖園農場、北光社、学田農場が相互に密接な関係をもっていたことを推測させるものであろう。

(91) 片岡健吉の日記としては、立志社創立百年記念出版委員会編『片岡健吉日記』(高知市民図書館、一九七四年)の底本になっているもの(手帳)のほかに、和紙に毛筆で書かれた明治二十八年二月二十日から同年三月九日までのものが、高知市自由民権記念館所蔵の「片岡家資料」のなかにある。この後者では同じ日付でも前者には記されていない事実が多々記載されている。ここでは前者を『片岡日記』、後者を『片岡日記毛筆版』と記すことにする。

(92) 土居晴夫「安芸喜代香の明治二十九年日記」(一)、(二)(『土佐史談』一一三、一一四号、一九六六年)。

(93) ここで、参考までに『片岡日記』、『片岡日記毛筆版』、『福音新報』ほかの史料から学田事業構想に直接・間接に関連すると思われるおもな項目を年表的に列挙すると次のようになる。

明治二十七・　八・　七　押川方義が滝川で講演、武市安哉、福井捨助も同行。『福音新報』
　　　　　　九・二九　武市農場で新会堂の奉堂式を執行、信太（札幌）、福井が説教した。『福音新報』
　　　　　十一・二九　武市、仙台に宿泊して押川と会談。『福音新報』
　　　　　十二・　二　武市安哉、帰道途中、連絡船中で死去。
　　　　　十二・　八　土居氏北海道へ出発。（東京から）『片岡日記』
　　　　　十二・一一　夜竹内（料亭）にて土佐会（片岡健吉、坂本直寛など在京の土佐出身者の会合）。『片岡日記』
　　　　　十二・一四　午前阪本〔ママ〕着　押川、本多来る（東京へ）。『片岡日記』
　　　　　十二・一七　夜土佐会。『片岡日記』
　　　　　十二・二二　夜島田氏着（東京へ）。『片岡日記』
　　　　　十二・二四　夜土佐会。『片岡日記』
　　　　　十二・二九　昨夜島田氏出発（東京から）。『片岡日記』
　　二十八・　一・一三　第二回北海道冬季学校（岩見沢）で、信太牧師が説教、内田瀞が農談。『福音新報』
　　　　　　二・一〇　午後押川ヲ訪問ス（東京で）。『片岡日記』
　　　　　　二・二三　武市健雄（安哉の二男）来訪（東京へ）。『片岡日記毛筆版』
　　　　　　二・二五　土居氏来る（東京へ）。『片岡日記毛筆版』
　　　　　　二・二七　島田氏着（東京へ）。『片岡日記毛筆版』
　　　　　　七・二二　信太寿之、高知で片岡らと遊ぶ。「信太旅行日誌」
　　　　　　七・二三　高知市、由比宅で学田事業のための集会を開く。集まる者片岡始め約二〇名。「信太旅行日誌」
　　　　　　七・二八　安芸国の菅家で、学田事業のための集会を開く。参会者二〇余名。「信太旅行日記」
　　　　　　八・　四　信太寿之、東京で、植村正久、島田三郎、江原素六と学田事業について相談。「信太旅行日誌」
　　　　　十一・一一　信太、札幌の山形屋旅館で、浦臼の土居勝郎から学田事業費として五〇〇円を借りる約束をえる。「学田地探検日記」（『遠軽町史』一六七頁）
　　　　　十一・一三　信太、天塩国の増毛を視察。「学田地探検日記」（『遠軽町史』一六七頁）

島田ら来る〔東京へ〕。『片岡日記』
十一・一五　島田へ寄る。『片岡日記』
十一・二三　島田へ寄る。『片岡日記』
十一・二五　島田を訪問。『片岡日記』
十一・二八　本多来る〔東京へ〕。『片岡日記』
十一・三〇　島田を訪問。『片岡日記』
二十九・一・六　島田氏帰京。『片岡日記』
一・二四　信太氏来る〔東京へ〕。『片岡日記』
一・二八　小崎へ返事出す。島田ら来る〔東京へ〕。『片岡日記』
一・？　北海道同志教育会「旨意書」・「會則」制定〔恐らく東京で〕。（『遠軽町史』、一六一頁）
二・六　小高阪組合会を開催、土居勝郎による北海道殖民談を聞く〔高知で〕。「安芸喜代香日記」
二・八　坂本直寛、書簡で北海道行き決意表明。土居晴夫「北光社移住史新考」（『土佐史談』一一八号、一五五頁）
二・二五　土居氏土佐より着。書類受け取る。『片岡日記』
三・三　押川、信太の両氏来る〔東京へ〕。『片岡日記』
三・四　土居氏北海道へ向け出発。『片岡日記』
三・七　北垣氏を訪問。『片岡日記』
三・一七　島田氏帰る。『片岡日記』
三・三〇　江原氏を訪問。『片岡日記』
四・三　北垣、押川を訪問。『片岡日記』
八・二〇　坂本直寛、澤本楠弥が前田駒次〔聖園〕らとともに、北光社の立地のためのクンネップ原野視察に出発〔聖園農場から〕。『坂本直寛・自伝』
九・五　北光社の北海道拓殖地として北見国常呂郡クンネップ原野に決定した旨の記事および移民募集広告土陽新聞に掲載。『土陽新聞』

九・十　土陽新聞に「北光社意住民規則」を掲載。『土陽新聞』
十・？　「北海道同志教育會第一学田地探検報告書」が信太寿之、西勝太郎の名で公にされた。そこで上湧別原野に決定。『遠軽町史』
三十・三・二三　東京で北海道同志教育会の評議員会が開かれ、押川、本多、川崎、信太の出席により協議、組織づくりを完了した。『遠軽町史』
四・五　「北海道同志教育會報告書」が出される。東北学院労働会機関紙『笑蓉峰』明治三〇年四月五日付報告書(『遠軽町史』一七一～一七四頁)
五・七　学田第一次移民、上湧別原野に到着。『遠軽町史』
北光社第一次移民クンネップ原野に到着。『北見市史』

(94)　『北海タイムス』(大正一一年(一九二二)八月七日号)、「信太壽之氏の事業と氏の性格」。この記事では協力者として、明治二十九年(一八九六)一月に出された北海道同志教育會「旨意書」・「會則」(現存史料)とは多少異なった名前を挙げている。ここでは旨意書にはない近衛篤麿、本間理三郎、猪俣吉平、栗田壽吉が加わり、田村顕允、海老名弾正が抜けている。またここに記載されている猪俣、栗太両氏は別の資料では学田用地の借受人として記録されている者であり、また本間理三郎とあるのは、同じくこの用地の借受人の一人である相馬理三郎の間違いと思われる。なおこの相馬、栗田両氏は函館日本キリスト教会の信者であり、元来函館教会と関わりの深かった押川の影響が感じられる(前掲『遠軽町史』一六八頁参照)。ところでこれらのことは、この記事が依拠した史料あるいは情報が不正確なものであることを意味すると思われるが、他方『遠軽町史』の記述が参照できなかった別の史料が存在し、それに基づいてこの記事が書かれたという可能性も完全には否定できない。
(95)　日本基督教会札幌北一条教会歴史編纂委員会編『日本キリスト教会札幌北一条教会一〇〇年史』二〇〇〇年、三三頁。
(96)　遠軽町『遠軽町百年史』遠軽町、一九九八年、一〇八頁。なおこの書では、学田関係について、『遠軽町史』における内容が多少変更の上記述されている。
(97)　藤一也『押川方義――そのナショナリズムを背景として』燦葉出版社、一九九一年、一四八頁。
(98)　前掲『遠軽町百年史』一〇四～一〇五頁。参考までにその前半部分を以下に引用する。
「邦家百年の長計を慮らんと欲せば須らく眞正なる教育を隆盛にし人情百川の源流を清め國民全體の智能を啓發せざる可からず夫れ人心能く其性情を導き智能を啓發し天道と一體たらしむるに於ては萬物之が為に僕従するに至ると雖ども若し其方針を

誤らん乎却て庶物の奴隷となり死を草木と同ふするに至る。
嗚呼今の人を教ふる者豈正襟三省して學道を講ぜざる可けんや抑も一國民を率ひて愛國義侠の民ならしむるも遠望樂天の人たらしむるも或はまた盲目獣情の者たらしむるも失望厭世の徒たらしむるも唯々教育の方針如何にあり故に聖賢深く之れを憂ひ蓋世の大器を以て政界の争野を避けて教育の險路に徐歩し以て人倫の基を立てたり嗟呼教育なる哉教育なる哉社會の改良國民の教化は獨り寺院教會の能くする所にあらず有為の人物を養成して國家の根底を固め多能の技工を出して社會の形成を助け内鞏外美の文明國を造るは實に眞正なる教育に在って存す
北海の全道面積六千九百十有餘方里に過ぎずと雖も四面皆海にして水産物の収穫年を追ふて増加し今や其歳収殆んど壹千萬圓に垂んとすと加之内に金銀の山あり炭銅の岳多し且つ開發して以て美田と化することを得る者亦數拾億萬坪以て數百萬の人口を容るゝに足れり殖民鐵道布設せられ排水工事成就せられ官民自由に全道に安居して海陸の産業に奮勵するを得ば數十年を出ずして道民の歳収億を以て數ふるに至るべし且つ本道は北門の鎖鑰臺湾の以て南に備へざる可からざるが如く北に備へざる可からず故に早晩一二の師團置かれ軍港開かれ内外の文物大に面目を改め物質的の進歩蓋し刮目して觀るべきものあらん」。

(99) ただし、ちょうどこの時期は押川がその直前に立ち上げたもうひとつの大計画「大日本海外教育会」の準備に奔走していた時期でもあり、押川がこの計画の協力者でもある本多とともに片岡にその協力を要請するために訪ねた可能性も否定できない。もしそうであるとすれば、ここでの仮説の一部は成立しないことになる(藤一也前掲書、一〇八～一一二頁参照)。なお、明治二十八年(一八九五)十月に出された「大日本海外教育会告白」に挙げられている一八二名の賛助員、会員のなかに片岡健吉の名がある(同、一一四頁)。

(100) 註(93)参照。

(101) 本書第六章三〇四頁参照。

(102) 武市安哉、坂本直寛、片岡健吉らと自由民権運動時代からの同志で、片岡と同時に高知選出の国会議員であった。同志社第四代社長を務め、のちに渡米、ヒューストンで西原農場を経営して成功した。明治二十九年(一八九六)五月、北光社の土地選定のために坂本直寛、澤本楠弥とともに渡道、八月二十日に坂本、澤本らがクンネップ原野探索に出かけた際には彼は同行せず、一足先に高知に帰った(『片岡日記』によれば、八月二十六日、西原は東京で片岡を訪問している)。また八月末から九月初めにかけての『土陽新聞』(明治二九年八月三〇日号、九月三日号、九月五日号、九月六日号、九月九日号、九月一〇日号)の記事からは、北海道の坂本、澤本と連絡をとりながら高知で北光社設立の準備をした中心人物がこの西原清東であったことが推測される。なお、『土陽新聞』明治三〇年（一八九七）八月一五日号によれば、彼は明治三十年七月二十九日に行われた北光社総会に由比直枝らとともに来賓として招かれ、来賓総代として演説している。

(103)『片岡健吉日記』によれば、土佐会は通常、週一回の周期で開かれていた。例えば、明治二十七年十二月の武市の死から明治二十八年三月までの期間に土佐会が開かれた日付を挙げると、明治二十七年十二月十一日、十二月十七日、十二月二十四日、十二月三十一日、明治二十八年一月十八日、一月二十一日、一月二十七日、二月十一日、二月二十五日、三月四日、三月十一日、また、明治二十八年十一月から明治二十九年四月までの期間では、十一月十八日、十一月二十六日、十二月二十一日、十二月三十一日、明治二十九年一月四日、一月十二日、一月二十二日、二月十四日、二月二十七日、三月二日、三月十八日、四月三日である。これを見ると、とくに一月中旬にこの会が開かれた間隔がきわめて短くなっていることが注目される。

(104) 土居晴夫「北光社移住史新考」『土佐史談』、一一八号、一九六七年一一月、一五頁。

(105) 前掲「安芸喜代香日記」による。なお、この日記の著者、安芸喜代香は片岡、武市らと自由民権運動の同志であり、高知教会の有力メンバーで、坂本直寛とは義理の従兄弟でもあった。明治三十七年（一九〇四）には澤本楠弥の後を継いで北光社の第三代社長にもなっている。また武市の娘婿である土居勝郎は三大事件建白での入獄中に片岡健吉に心酔してキリスト教に入信した関係で、その後も片岡とは親密な間柄であり、学田事業についても密接な連絡を取り合っていたと推測される。

(106) 坂本直寛における「北門の鎖鑰」論については、本書第五章、二六〇〜二六二頁参照。

(107) 前掲『遠軽町史』一六八頁。

(108) この報告書の内容については、前掲『遠軽町史』、一六八〜一七一頁参照。なお、学田農場の候補地として湧別原野が探検調査の対象になったきっかけとして考えられる可能性は次の三点である。第一に、明治二十八年（一八九五）一月の第二回冬季学校において、信太がすでにこの地方の殖民地選定調査を終えていた内田瀞の農談から直接この地が有望であることを聞いていたことである。第二に、この内田らの調査結果をもとに発行された『北海道殖民地撰定報文』北海道廳第二部殖民課、一八九一年を参考にしたことであり、このなかには上湧別原野が「農耕に適した良美の地」であると述べている（三八八頁）。ちなみに「北海道同志教育會報告書」では、土性や植物の項目については、この『北海道植民地撰定報文』の記述をそっくりそのまま引用している。また第三の可能性として、明治二十七年（一八九四）からすでに常呂および湧別原野に高知から団体移民を組織して送り込んでいた高知県人宮崎寛愛らが明治二十八年十二月に新たな移民募集のため高知に来た際に、湧別原野が適地であるという情報を高知関係者を介して知ったことである。『土陽新聞』明治二八年一二月二九日号参照。

(109) 前掲『遠軽町史』、一六八頁。

(110) 北光社の土地選定作業がいつから始まったのかを示す明確な史料はない。つまり、明治二十八年(一八九五)八月の前田駒次の北見、クンネップ原野調査(事実と仮定して)がその始まりなのか、あるいは、翌明治二十九年五月、坂本直寛が北海道入りしてからのことなのか、北光社構想が生まれた時期とも関連して今のところ不明である。しかしとりあえずここでの仮説に従えば、明治二十八年七月に信太が高知で学田事業構想について集会を開いた後、遅くとも二十八年中には高知関係者の間で(土佐会を中心に)北光社につながるなんらかの構想が生まれ、信太による学田のための土地調査と前後して土地選定の作業に入ったものと推測される。また、二十八年秋に行われたとされる前田駒次の天塩、北見の視察旅行(前掲『聖園教会史』、四三頁、三三〇頁)が、学田、北光社両方の土地視察を兼ねたものであったという可能性も高い。この辺の時期的な問題に関する考察については本書第五章二七〇〜二七六頁を参照されたい。

(111) 西勝太郎について、『遠軽町百年史』一一〇頁では、聖園農場から土居の配慮で同伴させた人物であろうと推測しているが、その根拠は不明である

(112) ただし、これはあくまでもいわゆる〝状況証拠〟に基づく推論の積み重ねに過ぎず、その検証には新たな文献史料の発見を待たなければならないことはもちろんである。

(113) 前掲『聖園教会史』、四三頁。

(114) その詳細については次註参照。

(115) 高知出身で札幌農学校を卒業して開拓使に勤務した後、明治十九年(一八八六)北海道庁に入った内田瀞は、殖民地選定主任として殖民地の調査を行い、その区画割を各殖民地に施すことになった。この年から早速事業に着手し、明治二十二年からは調査監督として事業を指揮、明治二十四年までには北海道内ほとんどの地域を自ら調査し、殖民地区画を完了した。つまり彼は北海道の殖民地選定の最大のエキスパート、情報上のキーマンだったのである。彼は明治二十七年十月から翌二十八年五月まで「非職」を命ぜられ、上川郡鷹栖の松平農場を管理したが、同二十八年六月から復職している。諸史料では、明治二十九年八月に、北光社の最初の候補地であった天塩が御料地に編入されていることを知った坂本直寛に対して、彼が道庁でクンネップ原野を推薦し、その後坂本らがクンネップを視察した結果この地に決定したとされているが、彼は休職中の明治二十八年一月の第二回冬季学校で、石狩や北見の原野の状況などについて講演しており、そこに参加していた聖園関係者や信太牧師らには、すでに天塩のみならず北見地方、クンネップ原野、湧別原野についての情報も十分に伝わっていたと思われる。従っ

て、明治二十八年から二十九年にかけての時期にすでに、北光社あるいは学田の候補地として天塩と並んでクンネップ原野、湧別原野が候補地として調査の対象になっていたとしても不思議ではない。内田の殖民地選定作業については、橋田定男「北海道における内田瀞」（『土佐史談』、一九六号、一九九四年九月、一～八頁）が詳しい。

（116）彼が、実兄の御料局長、岩村通俊から天塩の候補地が御料地に編入されていることを聞き、それを日常的に交流のある同僚の片岡健吉に伝えたのは間違いないことであろう。その時期は『片岡健吉日記』から明治二十九年（一八九六）七月と推測されるが、片岡はこの情報を聖園農場および北海道にいる坂本、澤本に伝え、その情報に基づいて、八月二十日からの坂本、澤本、前田のクンネップ原野（すでに候補地のひとつであった）、そして学田のための湧別原野への視察旅行が行われたと思われる。

（117）『土陽新聞』明治二九年九月五日号（北光社の拓殖地としてクンネップ原野が決定された旨の記事、および移民募集広告）、同九月一〇日号（「北光社移民規則」掲載）参照。

第五章　北見・北光社

――坂本直寛の開拓思想との関連を中心に

はじめに

明治三十年（一八九七）、クンネップ（現北見市、訓子府町）に入殖した「北光社」は、土佐（高知）の自由民権思想家で同時にキリスト教徒であった坂本直寛（坂本龍馬の甥）を中心とするグループのピューリタン的理想郷建設の思想に導かれたものであり、その点では、坂本と土佐で自由民権運動の同志であった武市安哉の指導のもとに、その四年前に浦臼に入殖した「聖園」農場の場合ときわめて類似している。従って、たとえキリスト教徒は当初は北光社幹部のなかの数名のみであったとしても、これを重要なキリスト教的移住団体のひとつと認定して差し支えないであろう。

しかしながら、後述するように、「北光社」が現北見市およびその周辺地域の発展の基礎を築いたことは確かであるとしても、ほかの一般団体に対比した時のキリスト教的移住団体としてのコミュニティ的特性をどの程度まで発揮することができたかという点では、聖園農場や赤心社の場合よりも高い評価を与えることはできない。

このことがとくに我々の興味を引くのは、北光社の中心的指導者と考えられている坂本直寛が、聖園の武市安哉と比較しても、より高い西欧的知識と明確なキリスト教的理想郷建設理念をもっており、そしてなによりも「自治」の思想をもっていたと思われるからである。このような彼の格調高い理念や思想が、必ずしも北光社開拓の実践的成果と結びつかなかったのはなぜであろうか。この問いを根底におきながら、北光社が北海道開拓に果たした役割を精神史的、かつ宗教社会学的観点から考察することが本章の課題である。なお、ここでキリスト教的移住開拓の実践的成果を判定するための客観的判断基準としては、

一、移住民の定着率
二、教会・学校をつうじた教育による地域への貢献度
三、自治的コミュニティ形成への貢献度

などが考えられる。

ところで、北光社に関する歴史的史料としてはまず、『北見市史』における北光社関連の記述(二次史料)があり、その内容は以下のようになっている。

北見市史編さん委員会『北見市史』上巻、北見市、一九八一年所収
「北光社設立とその推移」
「結成 その一 坂本直寛の人と思想」 小池喜孝氏(市史編集委員)執筆(七三九〜七七一頁)
「結成 その二 坂本直寛の宗教思想と北海道開拓」 小池創造(市史編さん委員)執筆(七七二〜八〇八頁)
「規模」〜「黒田農場」 鈴木三郎氏(市史編集委員)執筆(八〇九〜九六〇頁)
北見市史編さん委員会『北見市史』下巻、北見市、一九八三年所収
「キリスト教、日本基督教会北見教会」 小池創造氏執筆(三一七〜三五〇頁)
北見市史編さん委員会『北見市史』資料編、北見市、一九八四年所収
「池田七郎「北光社移民史」」(三六五〜四五一頁)。これは、黒田農場(北光社を受け継いだ農場)事務所に残されていた文書(後述)などに拠って昭和二十一年(一九四六)に書かれたもので、『北見市史』上・下巻の歴史的記述の多くがこれに依拠している。

そしてこれらの記述が依拠した一次史料の一部は『北見市史 資料編』に集録されている。
同右『北見市史』資料編所収

坂本直寛「北海道の発達」[1]（一四一～一四六頁）
坂本直寛「予が拓殖事業を発起した元由」[2]（一四六～一四九頁）
坂本直寛「予が北征及移民の困難」[3]（一四九～一五四頁）

なお、この資料編には、第一次移住者であった伊東弘祐が後年記憶をたどって記したと思われる「北光社農場開拓記録」が掲載されており、移住渡航の経緯に関する部分が上巻に引用されている。[4]

さらに、同じくこの資料編に掲載されている前記の池田七郎「北光社移民史」では、黒田農場事務所に次の一次史料が残っていたことが記されている。

「社則内規書類綴」（明治二九年九月以降）
「合資會社北光社規約並に旧移民規則綴」（同右）
「北光社土地貸附台帳　大正四年一月」

さらに、一次史料として、北光社設立や坂本直寛の言動についてリアルタイムに報道あるいは掲載している当時の新聞、そして坂本直寛自身の著作としては次のものがある。

『福音新報』明治三十年一月の複数記事。詳細は本文参照。
『土陽新聞』明治三十年一月、二月、および明治三十四から同三十六年の複数記事。詳細は本文参照。
坂本直寛『予が信仰之経歴』メソヂスト出版舎、一八九五年
坂本直寛『予が信仰之経歴』（続篇）、教文館、一九〇九年。上記『予が信仰之経歴』とあわせて『予が信仰之経歴』正・続篇として教文館から出版。この二篇は合本されて高知県立図書館に所蔵。なおこれは次の『坂本直寛著作集』に収録されている。
坂本直寛著・土居晴夫編『坂本直寛著作集』全三巻、高知市立市民図書館、一九七〇年（ガリ版刷り）

坂本直寛著・土居晴夫編／口語訳『坂本直寛　自伝』燦葉出版社、一九八八年[5]（以後『自伝』と略記）
北海道立文書館所蔵「坂本直寛自筆文書」。坂本直寛の説教草稿を中心としたもので、孫の坂本直行氏が所蔵していたが、同氏の逝去後、平成元年（一九八九）に北海道文書館に寄贈された。なかでもとくに次の文書は重要である。
坂本直寛「海外移民論」明治二八年（一八九五）執筆、未公刊の自筆原稿（「坂本直寛自筆文書」目録番号四）
そのほか、北光社に関連した自治体史として次のものがある。
訓子府村史編さん委員会編『訓子府村史』訓子府村、一九五一年所収、「附録、北光社由来記」（二八八〜二九〇頁）
訓子府町史編さん委員会編『訓子府町史』訓子府町、一九七六年所収、「北光社農場」（一〇三〜一〇六頁）
続訓子府町史編さん委員会編『続訓子府町史』訓子府町、一九九八年所収、「第三節　北光社クンネップ原野踏査とその意義」（一六〜二二頁）
野付牛町編『野付牛町誌』野付牛町、一九二六年所収、「第一編第三章、土地」（六〜七頁）
そのほか、北光社または坂本直寛に関する間接的な史料になるものとして次のような著作がある。
米村喜男衛『北見郷土史話』北見郷土史研究会、一九三三年
『日本基督教会聖園教会史』日本基督教会聖園教会、一九八二年
吉田曠二『龍馬復活――自由民権家坂本直寛の生涯』朝日新聞社、一九八五年
松岡信一『幻視の革命――自由民権と坂本直寛』法律文化社、一九八六年
田村喜代治『北光社探訪――明治30年代の手紙が語る開拓者群像』北光虹の会、一九九三年

土居晴夫『龍馬の甥　坂本直寛の生涯』リーブル出版、二〇〇七年

第一節　「北光社」設立と北海道移住の経緯

一　「北光社」設立計画と坂本直寛

北光社設立にいたる詳細な経緯を示す史料はほとんど存在しないが、間接的な史料から推測される経緯についてはすでに前章(浦臼・聖園農場)で述べた。すなわち、北光社より一足先に浦臼に移住した聖園農場のリーダー、武市安哉が明治二十七年(一八九四)暮れに志半ばで急死した後の翌明治二十八年、押川方義、押川の弟子である信太寿之、そして土佐の片岡健吉、さらに土居勝郎ら聖園農場の後継者を中心として彼の遺志を継承すべく「北海道同志教育会」の企画が始まった。その際この企画に触発された土佐の同志仲間の間で新たな北海道開拓移住の話がもちあがり、それが北光社設立の発端になった。その後聖園農場を核として、「北海道同志教育会」と連動する形で土地の選定が始まり、前者とほぼ同時期に最初の移住が行われたという経緯である。

ここでは、後続の考察に必要な限りにおいて、北光社設立と移住の経緯に関するごく概略的な記述や説明にとどめ、本章の主旨に関する詳細な事項に関しては第二節以下で論ずることにしたい。

明治三十年に合資会社として設立され、同年五月からクンネップへの移住が始まった「北光社」の生みの親の一人は坂本直寛である。彼は嘉永六年(一八五三)土佐に生まれ、一七歳の時坂本龍馬の兄権平の養子となった。立志学舎英語普通学科で学び、抜群の英語力をもってとくにミル、ベンサム、スペンサーの英国自由主義思想に

図１　北光社本部跡にある坂本直寛顕彰碑

通渉した彼は立志社に入り、その巧みな弁舌で頭角を現し、植木枝盛とともに人民主権を盛り込んだ革命的な「日本憲法見込案」の起草に関わるなど、当時屈指の進歩的・革新的自由民権思想家、政治家として活躍した。

その後、明治十八年(一八八五)、高知教会でナックスから受洗しキリスト教徒となった。そして明治二十年、三大事件建白運動に関連して保安条例によって、片岡健吉、澤本楠弥、武市安哉などとともに投獄され、明治二十二年、憲法発布の大赦によって出獄した。

その間、獄中で彼は旧約聖書の申命記八章を読んで啓示を受けた。彼は「人はパンのみにて生きるに非ず、人はエホバの口より出る道(ことば)によりて生きる者なり」という語句に触発され、「神がモーゼをしてヘブライ国建設の偉業を為さしめた事績に倣って」、将来神によって拓殖事業を経営しようという思想をもつようになった(6)。

彼が当初この夢を託した事業は、榎本武揚らが進めていたメキシコ移民の企画であった。しかし彼は明治二十九年頃にこのメキシコ殖民事業からのいわば〝進路変更〟として北海道拓殖事業を決意するようになり、翌年には片岡健吉など自由民権運動の同志らと合資会社「北光社」を設立し、彼はその初代社長に就任した。

この進路変更の理由としては、このメキシコ殖民事業の実現の困難性、折からの日清戦争後の国際情勢、とくに戦後のロシアの進出に対する北辺防備の必要性(北門の鎖鑰論)の意識、そしてすでに明治二十六年同志武市安哉の指導のもとに樺戸郡浦臼に入殖した高知殖民会(聖園農場)が一定の成果をあげていたことに触発されたことなどが挙げられる。

二　「北光社」設立の目的と目標

北光社設立の構想がいつ頃から、どのような人々の間で、そしてどのような目的で生まれたのかについて、端的かつ明確に述べている史料はない。しかし、一般的な目的としてまず第一に考慮されるべきものは、当然の事ながら土佐の貧窮士族や農民の救済、もしくは投資による利殖という経済的な動機であろう。禄を失った士族は勿論のこと、毎年のように土佐を襲う台風被害、そして山岳地帯ゆえの分割相続さえ困難な狭い土地で苦しんでいた農民たちにとって、北海道の未開の大地は、それだけで限りない夢と可能性を示すものであったに違いない。そしてさらに、計画者たちの民権思想やナショナリズムと結びついた殖民思想、そしてキリスト教信仰が、なんらかの形でその内面的な動機として織り込まれていたと見ることができよう。

ところで、北光社設立の目的の理念的・宗教的な側面が文書として記録されている主要な史料としては、すでに挙げた坂本直寛の「北海道の発達」のほかに、「北海道に拓殖事業を興さんとする意見」(7)、移住者募集のために澤本楠弥が『土陽新聞』に掲載した「北光社の拓殖地」(8)が挙げられる。

坂本のキリスト教的な色彩の強い目標、理想については後に詳しく検討することとして、ここではいわゆる表向きの目標が語られている澤本の土陽新聞記事を紹介しておこう。彼は次のように述べている。

> 拓地殖民という声が一方から挙がると、世のなかの人々は一躍これに注目し、日本国民は新天地を洋の東西に求めてありとあらゆることを試みてはいるが、よくよく考えると、今日の我が国の政治的、経済的および社会的問題を解釈する上で、そのもっとも近道は北海道の拓殖事業である。我々同志は深く感ずるところあって、もっぱらこの事業に力を注いで剛健な理想の新村落を北海の天地に造り、自分の希望に合わせてこれを形造り、これを陶冶し、そうすることによって国に報い、国民を救おうというかねてからの志をかなえようと望み、それ以来相談し合ってひとつの集団を組織した。北光社それである。…(中略)…よってここに楽天的村落を建設し、天を望んで地を開拓、天を頂いて立地し、圧制なく、束縛なく、迷信なく、罪悪なく、馬鹿げた義理や習慣や風俗もなく、家屋があり、幸福があり、自由があり、人情もある一種の理想社会を造り出すのも実に人生最高の快事ではないか。才能ある人々よ、ふるって北光社の旗印を見つけて集まり来ることを望む。〔口語訳引用者〕

ここには、北光社設立の企画に関わった士族たちに共通の自治的理想村建設への夢が端的に表現されていると見ることができる。しかし、この澤本の文章に関する限り、その目的はあくまでも「政治的、経済的および社会的」次元に留まっており、キリスト教的聖村建設という理念は少なくとも表面には出ていない。

これに対して、後述するように坂本の発言や著述には、キリスト教的聖村建設の理念が高らかにうたわれている。しかし、このことをもって『北見市史』の記述のように、「彼らが国家的背景も援助もなく、独立と自由に基づく自治的・民主的・理想的近代国家の形成と確立を目ざし、北光社農場という小さなキリスト教的・自由民権的聖村(坂本の言い回しによると、潔き義に生きる神の国)建設によってその志を実現しようとしていたことが明らかにされた」[9]とまでいいきれるかどうかは疑問である。坂本のキリスト教的思想がどこまでほかの計画者たちに共有されていたのか、そもそもグループ内での坂本の地位やイニシャティブがどの程度のものだったのか、その後の北光社の現実的成果と合わせて検討されなければならない。

三　移住地選定と規約制定

北光社の設立に向けて彼らはまず移住地選定の作業に取りかかった。当初は候補地として天塩国天塩川沿岸を想定していたが[10]、後に、この地が御料局の用地であることもあって、道庁技師内田瀞（土佐出身、札幌農学校第一期生）の助言をえてクンネップ原野を新たな候補地に定めた。明治二十九年（一八九六）八月、坂本は澤本楠弥、前田駒次（浦臼・聖園農場）とともに現地調査を行い[11]、この地が適地であることを確認した上で最終決定が行われた。

農場は三カ所に設定した。すなわち、第一農場―クンネップ原野、五六七万坪（現北見市豊地、北光、北上、上常呂、常川の一部）、第二農場―野花南、五一万坪（現芦別市野花南）、第三農場―クンネップ原野、三〇〇万坪（現訓子府町東部地区）、計九一八万坪。しかし最終的には、第三農場は出願のみで終わり、第一農場も最終出願の段階で約三五八万坪に縮小した[12]。

明治二十九年九月頃から澤本楠弥を中心に北光社規約の草案作りが始まり、これをもとに明治三十年一月二十六日高知市において総会が開催された。この総会では「北光社規約」[13]と「北光社移住民規則」[14]が制定され、同時に役員選出が行われた。さらにこれらの決定に基づいて移民募集が行われた。

「北光社規約」は第一条から第一五条で構成されているが、ここに合資会社「北光社」の基本的性格を見ることができる。

北光社の目的は「拓殖事業」であり(第一条)、資本金(当初九万円、実際の出願時には七万五千円に減額)の出費は年度ごとの分割出金、その支出額は本人の申し出によると定められた(第三条)。役員は社長、副社長、理事、農業技師、事務員、雇人と定められ(第九条)、総会は正副社長と代議員三名から構成され、毎年一回定期総会が行われる。この代議員は出資金五〇〇円を一個の投票権として四〇個の投票権を代表する(第七条)。

役員にはその地位に応じた月俸が支給され、さらに毎年の収支決算後純益がある場合には賞与が与えられる(第九・一二条)。また役員および社員に対しては、一〇年後の事業成功の報酬として規定の範囲で土地が分与される(第一〇条)、さらに本社所得資産のなかから各社員の出資額に応じて分配される(第一三条)。

一方、「移住民規則」では、移住民の募集に際しての条件、権利義務などについて規定されているが、移住の翌年(明治三十一年)に改正されており、若干の変更が見られる。

移住民は「独立移住民」と「補助移住民」のふたつに分類され、前者は渡航費および生活費を自弁し、後者には生活費および必要物品が貸与される(第一条)。配当される土地は同じ(五町歩)であった(第二条)が、起業後九年目に、独立移住者にはその開墾地の三分の二、補助移住者には三分の一の所有権が分与されるとした(第三条、ただし、この項目は、翌年の改正で、それぞれ全地と一〇分の四に変更された)。またその開墾地に対して三年目から独立移住者は一反歩につき六七銭、補助移住者は一円の小作料を納めることとされた(第四条)。

第一一・一二条は移住民の生活上の心得が定められており、姦淫、飲酒、賭博に類した遊技の禁止、そして勤勉力行、質素倹約などの項目が見られる。これらは坂本ら指導者たちのピューリタン的生活信条が強く反映されたものとして注目すべき規定である。ただし、この第一二条は明治三十一年(一八九八)の改正に際して、質素倹約などのピューリタン的な規定が脱落し、その代わりに品行方正、神への敬畏、忠臣愛国などの国家主義的な規

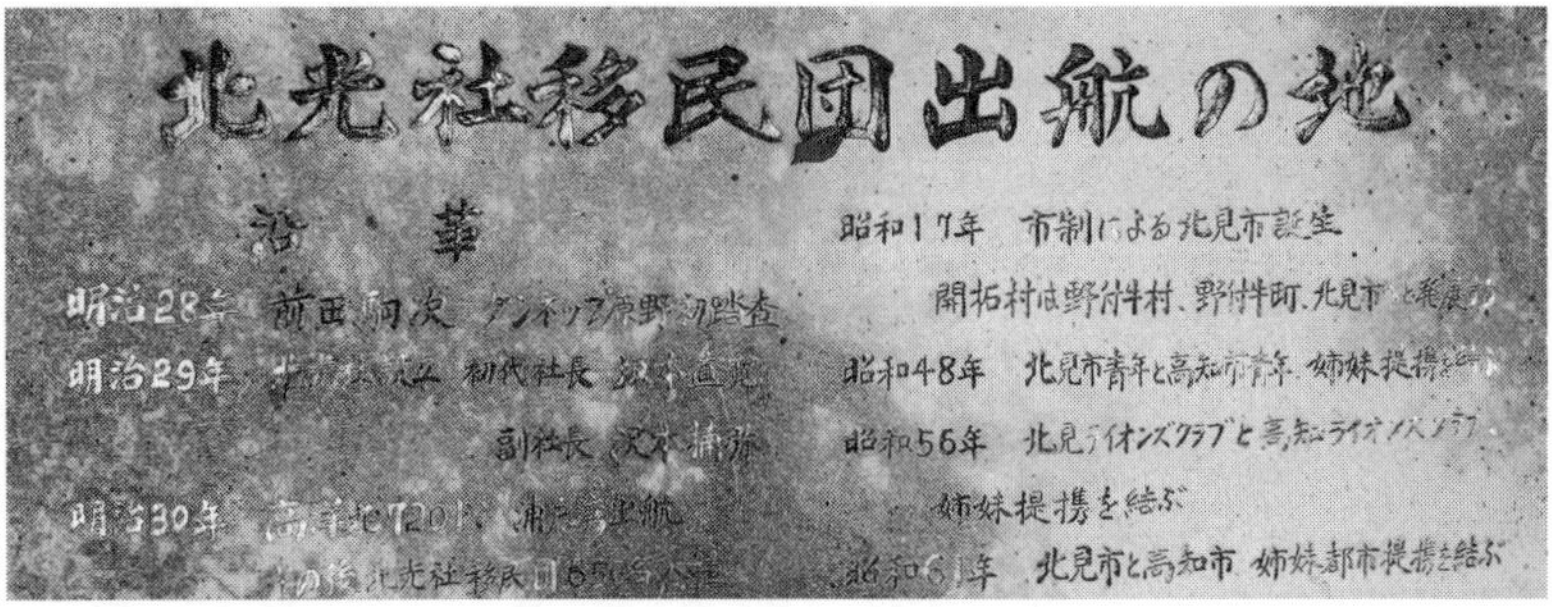

図2　高知市農人町にある「北光社移民団出航の地」記念碑

定が入っていることは、明治三十年四月に制定された拓殖務省令第三号の「北海道移住民規則と」[15]何らかの関係があるものと考えられる。[16]

四　移住とその後の経緯

実際の移住の経緯については、『北見市史』の記述、その元になっていると思われる前出の坂本直寛の自伝『予が信仰之経歴』続編第五「予が北征及び移民の困難」[17]、第二団の移住民の一人である伊東恒吉(弘祐)の「北光社農場開拓記録」[18]などがある。これらの記述には一致しない点が多々見られるが、その概略は次の通りである。移民団は坂本直寛引率の第二農場野花南へ向かう第一団と、澤本楠弥引率の第一農場野付牛へ向かう第二団とふたつに分かれた。第一団は明治三十年(一八九七)三月十一日須崎港を出発し、三月二十五日に小樽に上陸し、坂本は二十六日には移民団を列車で目的地へ向かわせ、一行とはここで別れた。移民団のそれから後の引率責任者と野花南農場の管理者名が記載されておらず、第二農場の経営の実態は不明である。彼はこの後札幌、函館で説教などを行った後、四月二十日に網走に到着して第二団の網走到着を迎えた。第二団は四月四日浦戸港を出帆し、難航海の末、五月三日網走に到着して、五月七日本部の宿舎に到着した。その後、移住民は八個の班に割り当てられ、それぞれの割り当て地に入った。

ところで、この航海から移住にいたる状況はかなり悲惨なものであった。第二団の航海に発生した麻疹の伝染によって到着後も含めて三五名以上の子どもの命が失われたという。また、到着後の状況は、想像以上に粗末な住居(草小屋)、悪路のための荷物輸送の困難、野火、水害などの災害、さらに農耕不適地による地積の減少(四割減)など、その苦労は想像を絶するものであった。

現地入りした移民総数については、諸記録に相違があるが、ほぼ一一二戸と推定される。それ以来、明治三十六年(一九〇三)までにのべ二二一戸が移住したが、その間逃亡者が相次ぎ、この明治三十六年の時点で残ったのは六二戸である。残存率(定着率)は二八%とかなり低い。この理由については、まず第一に、浦臼の聖園農場などと比較して、この地が気候・土地などの自然条件が厳しかったこと(巨木の密生、湿地帯、泥炭層の存在、そして三本の川に挟まれていることからたびたび起こった洪水被害など)が挙げられる。このほかに社会的・精神史的原因も考えられるが、それについては後の節で述べられる。ただこの件と関連して特筆すべきことは、北光社社長坂本直寛の〝戦線離脱〟である。

彼は移住からわずか三カ月後の八月に、なぜか社長の地位を澤本楠弥にゆずり、いったん高知に帰った後、翌三十一年五月家族とともに浦臼の聖園農場に家を建て、移住してしまった。その理由については後の個所で考察する。

坂本の後を継いだ澤本は困難な状況のなかで、洪水被害の処理(明治三十六年)、交通・輸送条件の整備、道庁や支庁との交渉による救済工事の請負などに努力して離脱者を防ぎ、北光社を支えた。さらに地域社会への大きな貢献として、北見地方の鉄道敷設の基礎を築いた。しかし彼も明治三十七年貸付期間の延長を北海道庁に申請した後に、前田駒次を支配人に指名してこの地を去り、故郷へ帰ってしまう。

北光社は北海道庁から八年期限で各班に貸し付けられた耕地のうち、明治三十六年までに開墾した貸付地について成功検査の申請をした。その結果同年三月各班に対して道庁から貸付地の付与が許可された。この第一回付与においては、当初の貸付地に対してその開墾達成度は六年間で六〇％弱であった。澤本は残り二年で残地の完成が困難であることを承知で北海道庁に期限延長と起業方法変更を申請したが、実際に完成したのは大正二年（一九一三）であった。

後を引き継いだ前田駒次は「半地分与」（所定期間内に開墾が終了した場合、補助移住者にはその半分を無償で譲渡すること）、「土地売却」、「不良地返還」の三つを柱とする抜本的対策を打ち出すことによって、移住者の開墾意欲、独立意欲を高め、またこの地方への単独移住民の増加をもたらすことによって、一時成墾地の増加と北光社農場の経営の安定をもたらした。しかし、こうした成り行きから次第に彼は公的職務につくようになり、明治四十年（一九〇七）には道議会議員に当選した。政治的活動に多忙になった彼は当然ながら北光社の運営には支障をきたすことになり、その結果として大正三年、北光社農場は黒田四郎に譲渡されて黒田農場となり、ここに十七年間にわたる北光社の歴史は幕を閉じた。その際、北光社からは農地とともに小作人一三二戸（六〇〇余人）が移譲され、新地主と小作の間に小作契約が結ばれ、北光社時代より数段厳しい条件にさらされることになった。

さて、以上の事実から、北光社の開拓移住事業全体を本章冒頭に挙げた基準に照らして客観的に評価するとき、定着率の点でも後に触れる宗教教育の点でも、ほかの開拓団体と比較して、成功の部類に数えることはできないであろう。自治的コミュニティ建設への貢献に関しては、屯田兵とともに現北見市の発展の基礎を築いたこと、そして澤本や前田が個人的なレベルで地域社会の発展に大きく寄与したことは間違いない。しかし、少なくとも北光社内部に坂本直寛が思い描き、力説したような自治独立の精神やエートスが育成され、その精神が地域をリードしたとはいえない。総じて、後述するような坂本の新聖村（ピューリタニズムに基づく理想郷）建設の理想にはほど遠い結果に終わったものと評価せざるをえないであろう。その最大の問題点はやはり北光社における信仰的基盤の弱さにあったと考えられる。

五　「北光社」とキリスト教活動

坂本直寛の同志、武市安哉のピューリタン的理想郷建設という理念に導かれた浦臼・聖園農場では、移民団が初めて札的川のほとりに着いた翌日にはすでに自分たちの住居よりも先に《祈りの家》を造り、礼拝した。そして入殖の翌年にはもう伝道所が設立され、移住者のほぼ全員がキリスト教徒になり、日曜ごとの礼拝は開拓作業の苦難を克服する力を移住民に与えたという(19)。これに対して同じ理想を掲げて北見に移住した北光社のキリスト教活動はどうだったのだろうか。

すでに述べた坂本の移住直後の戦線離脱に象徴されるように、ここでのキリスト教活動ははるかに停滞していた。明治三十年(一八九七)一月に高知で総会が開かれ、選出された役員名簿に、伝道師市村柳馬の名前が見られる。しかし、最初の渡航者のなかにこの人物の名前はなく、市村柳吉が含まれているのみである。さらに、市村柳吉の長男で伝道師である市村竹馬が明治三十三年に初めて北光社を訪れており、市村「柳馬」とはこの市村「竹馬」の誤記である可能性が高い(20)。つまり、北光社移住民の中には当初伝道師が不在であったということである。

公式の記録によれば、最初の礼拝は、明治三十三年五月二十五日、市村柳吉の自宅においてであった。その時の礼拝者は、市村柳吉、前田駒次ら北光社の幹部五名で、すべて高知教会出身であったという(21)。恐らくこの時点では、移住民全体のなかでのキリスト教徒の数はこれに澤本楠弥を加えたただ六名あまりに過ぎなかったに違いない。

明治三十三年頃から先述の市村竹馬や旭川滞在中の北アメリカ長老教会宣教師ピアソン牧師が北光社を訪ねて伝道を行い、同年六月には北光社移民戸田安太郎が聖公会長老D・M・ラングより北光社で最初の先例を受けたという記録がある。(22)『福音新報』によれば、この頃から日曜集会が催され、二〇～三〇名の参加者があった。明治三十五年(一九〇二)の北光社在住信徒数は三一名である。その後、明治三十六年七月に、北光社は伝道師を迎えて集会所兼牧師館を新築し、翌三十七年(一九〇四)二月、ついに北光社講義所(伝道所)が設立された。この後屯田兵村に市街地が形成されるに伴って、教会と伝道の活動の中心は次第に北光社農場から人口増加の市街地へと移っていった。

以上のような経緯のなかで、北光社におけるキリスト教活動の停滞は、その原因ともなっている坂本の不在と合わせて、移住初期の逃亡者がきわめて多かったことの精神史的原因のひとつといえるであろう。それは本来宗教がもつ精神的統合力、そしてエートス(倫理観)やコミュニティ・アイデンティティ形成力がここでは発揮されなかったからにほかならない。

さて、以上に見たような坂本の理想と北光社の現実と乖離の原因はどこにあるのだろうか、まず坂本直寛の思想から検討したい。

第二節　坂本直寛の拓殖思想

一　自由民権運動とキリスト教信仰

坂本が自由民権運動家からキリスト教信仰に入っていった内面的なプロセスの詳細については定かではないが、少なくともこのような事例は当時の自由民権運動家に多く見られた類型的現象である。明治期の日本人キリスト教徒に見られる一般的な特徴は、その入信動機が「罪」の意識と「悔い改め」による救いというものではなく、キリスト教をひとつの優れた世界観・人生観と見るような知的な側面の優位である。当時の信者に士族が多かったこともそのことと関連があると考えられる。坂本直寛をはじめ、片岡健吉、武市安哉らの信仰もこの類型に入るであろう。

とくに高知の自由民権運動家たちとキリスト教との強い関連性のきっかけを与えたのは板垣退助である。彼は西欧諸国の政治の実態に触れた時、西欧文化とキリスト教との深い結合に驚き、新しい日本の政治の理念はキリスト教を基礎にしなければならないと考えた。ここから、立志社を媒介としてキリスト教の高知伝道に対する彼の熱心なサポートが生まれる。このように自由民権思想家たちにとっては、キリスト教は彼らが学ぶべき西欧民主主義思想の根底にあるものであり、一般的に、封建社会からの脱却、人間開放、自由平等の思想として彼らの共感を呼んだのである。(23)

自由民権運動とキリスト教との強い関連性は、このような外面的な思想的共通性のほかに、自由民権運動とキリスト教の勃興・普及の同時性や両者の社会的基盤の同一性が考えられる。つまり、政治的状況としては前者は薩長藩閥専制政府に対する没落士族、インテリ士族の反政府闘争、後者はキリスト教の信教の自由を求める反政府闘争であり、自由民権とキリスト教とは当時天皇制の確立を急ぎつつあった明治政権にとっては、自己のよって立つ基盤に対する批判者としてともに弾圧の対象となっていたのである[24]。

しかしこのような外面的な関連性を超えて、より思想的、論理的な必然性があったかどうかは疑わしい。むしろ心理学的・社会学的な要因を想定しなければならないであろう。その際注目すべきことは時代的背景である。片岡、坂本をはじめとする立志社関係者のキリスト教入信は明治十八年(一八八五)以降のことで、立志社はすでに廃止され(明治十六年)、自由民権運動の到達点としての自由党も明治十七年末には解党している。すなわち、彼らのキリスト教入信は、自由民権運動が下降期に入った頃、つまり彼らの「非政治化」の過程と時期を一にしているのである。

ドイツの社会学者、マックス・ヴェーバーは彼の宗教社会学的著作のなかで、宗教と政治の関係について次のような一般論を述べている。

特別に反政治的な救済宗教信仰の担い手になるのは、ただ被支配階層やその道徳主義的な奴隷反乱だけではなく、むしろとりわけ、政治的影響力を失ったかあるいはそれに嫌悪感を持ったために政治的関心を失った教養人諸階層であった[25]。

この現象(救済宗教信仰)が典型的に現れるのは、貴族であれ市民であれ、支配階層が官僚制的・軍事的な統一国家権力によって非政治化されるか、あるいはなんらかの理由でみずから政治から身を引いた場合、つまり、彼らの知的教養を、その究極的な思想的・心理的な内面的帰結にまで展開させることの方が、外的、現世的世界における彼らの実践的活動よりも、彼らにとって一層重要性を増した場合である[26]。

このようなヴェーバーのテーゼは、坂本をはじめとする多くの自由民権運動家たちのキリスト教入信の心理学的、社会学的分析として妥当するであろう。

そしてさらに、そのなかでも「新天地での理想郷建設」を求めて北海道に移住した武市安哉や坂本直寛については、ウェーバーの次の指摘が見事に当てはまるように思われる。

知識人が追求する救済は常に内的窮乏からの救済であり、従ってそれは、非特権階層に特有な外的窮乏からの救済に比べて、一方ではいっそう生活から遊離した性格を、他方ではいっそう原理的、体系的に捉えられた性格をもっている。…(中略)…《意味》問題としての《現世》というコンセプトを完成させるものこそ、まさに知識人にほかならない。こうした要請(現世の一貫した意味への)と、現世の諸々の現実やその諸秩序との葛藤、また現世での生活営為のさまざまな可能性との葛藤は、特殊な知識人的現世逃避を生み出す。この現世逃避は、絶対的孤独への逃避であったり、あるいは——より近代的には——、人間の諸秩序によって乱されていない《自然》や現世逃避的なロマン主義への逃避であると同時に、また人間的因習によって汚されていない《民衆》の中への逃避でもありえる。(27)

ただ後に詳論するように、坂本直寛の場合には、北海道移住は少なくとも主観的には政治世界からの隠退ではなかった。しかしその政治思想は、当時の政治、政治家に対する失望がキリスト教信仰、とくに旧約の預言者の思想への共鳴を通じて、政治の宗教化、倫理化の方向、そしてよりナショナリズムの方向(自由民権運動に最初から内包されていた国権論的要素)へと変質していったのである。このこともまた、やはりヴェーバーのいう「意味問題」としての神の摂理とナショナリズムの結合といえるのではないだろうか。

元来、明治期の自由民権運動は、「民主主義」といっても、個人の人権と自由を第一とするリベラル・デモクラシーというよりは、国家を優先するナショナル・デモクラシーの色彩が強かったといえよう。その要素としては、国家の対外的独立への強い意欲や国家権力との一体性の意識、そしてさらに国民的連帯の意識などが挙げられる。それはまた、私的な市民的価値よりも公的な政治的価値の優位が指摘され、個人の利益よりは、個人の所属する集団の全体的利益、そして、集団的利益の形成や集団的統合をめざす政治機構が、経済や宗教、学問や芸術などよりも重視される傾向をもっている。(28)

坂本の場合、初期においては自由主義の個人主義的な要素に惹かれていたが、後に全体主義的なもの(ナショナリズム)に傾斜していった。その契機となったのはキリスト教、とくに旧約的な預言者の思想と神の摂理の思想であった。そして最後まで、彼は政治的価値の優位という民権運動に本来的に内在する方向性から脱することができなかったといえよう。

二　坂本直寛の開拓殖民思想㈠　殖民論――「海外移民論」

さて、こうしてキリスト教信仰をえた彼が、いかなるプロセスを経て北海道開拓移住を決意するにいたったのであろうか。その間の思想的経緯を知るための史料のひとつとして、明治四十二年(一九〇九)に出版された彼の自伝『予が信仰之経歴』の続編第三「予が拓殖事業を発起したる元由」、および彼が明治二十八年に書いた論文「海外移民論」がある。

まず自伝のなかで彼は、明治二十二年保安条例違反による投獄中に、旧約聖書(とくに出エジプト記、申命記と思われる)を読んで、「神がモーセをしてヘブライ国民建設の偉業を為さし給いたる事跡」に感銘したこと、そしてそこから将来、神によってある事業、すなわち拓殖事業を行いたいとの希望をもったことが書かれている。(29)

さらに、「海外移民論」は明治二十八年、日清戦争直後に書かれたもので、未公刊の自筆原稿であり、これは榎本武揚、安藤太郎などによるメキシコ移民組合の企画に賛同して書かれたものである。

ところで、この原稿が書かれた時点では、彼にはまだ北海道開拓移住の構想はなかった。従って、この史料は直寛の北海道移住構想のいわば〝前歴〟として重要なものと考えられる。

このメキシコ移民組合が政治的にどのようなスタンスをとっていた団体なのか不明であるが、明治二十五年に書かれた板垣退助の『殖民論』以来、人口増加など社会問題の認識とともに世界列強に対抗した殖民への一般的な世論の高まりを背景にしていることは間違いない。

この原稿ではまず彼の国権論的な主張が目を引く。すなわち彼は日清戦争を当時のほとんどすべての日本の知識人と同様に「義戦」と捉えている。彼はこの戦いをダビデのゴリアテに対する戦いになぞらえ、小国日本が大国清を倒したのは、天皇の稜威と軍隊の忠雄、国民の愛国心のほかに、「天佑」、つまり神の摂理があったとしている。そして十字軍がヨーロッパに植民通商の精神を喚起することによってその後の発展を遂げたように、日本国民が世界に雄飛して大業を計画することによって大和民族の膨張を計る一大好機をえたと説く(一章)。

さらに、日本が戦後に処すべきこととして、陸海軍の拡張、立憲政体の完成、教育による国家独立の精神の涵養、実業の発達と国民富強を挙げ、そして、孤島の国であることに満足せず、大国日本を世界に膨張させ、積極的に海外移民を企てるべきであると述べている(二章)。

こうした国権主義的、膨張主義的な考え方は、条約改正問題に対する政府批判のなかで根付いていた自由民権運動の国権論的な側面が、日清戦争の勝利を契機としてさらに拡大して、日本国内の政治的・社会的矛盾から対外的な問題へと関心が移り、欧米列強に肩を並べて強国の仲間入りを果たしたいというナショナリズムの性格を強めつつあることをうかがわせる。

ここだけを見るなら、このような主張は、植民地支配による経済的利害の観点こそ露骨には表れていないとはいえ、基本的には、欧米列強の帝国主義、植民地化思想となんら変わらないものといってよいであろう。

また、彼は日本の人口膨張や国土の狭さから航海、通商貿易の必要性や海外移民の必要性を力説し、日本は戦争に勝ったのだから、今度は平時の事業を拡張して世界列強と競争すべきであり、そのことが日本人たる者の天職ではないかと述べている(三章)。

さらに彼は「殖民」がなぜ必要か、その理由を次のように述べている。つまり、世界の殖民史を見る時、旧世界と新世界(殖民地)がいかに相互的に恩恵を与える関係にあるかがわかる。新世界は伝統や習俗から自由であるため、そこに新たなコミュニティを創ることによってそこで社会政策、政治上の実験をすることができる。例えば英国は、オーストラリアにおける実験によって、諸々の法律改正、とくに死刑廃止をえることができたのだ、と(六章)。

ここまでは坂本独自のものというよりは当時の知識人のナショナリスティックな論調とそれほどの相違はない。しかし、殖民事業に於ける宗教教育の重要性を力説する点において、ピューリタン、坂本の本領が示される。まず第一に、殖民事業の困難に打ち勝つ精神、つまり、豪毅、耐久、正直、潔白等の徳性を備えること、そして第二に、殖民地を衰朽、堕落させる元因である浮世の快楽、つまり、賭博、飲酒、色欲等の悪行による風俗の乱れを防ぐために宗教教育が必要であることを強調する。古来殖民地の盛衰栄枯は皆その移民の精神徳性の如何に関わっていると述べ、さらに新世界での経済的成功の原因は、個人の正直に基づく企業であると述べて、アメリカのピューリタン成功の原因を暗に示唆している(七章)。

ところで彼は国内における殖民の模範的例として、同志武市安哉がすでに拓いている浦臼の「聖園農場」を挙げ、その成功の原因を、組織形態の良さ、宗教教育による純量潔白な殖民精神と風俗を挙げている。このように、かつての同志、武市の開いた聖園農場の存在が彼の移住構想に大きなインパクトを与えたことは間違いない。

さて、以上の坂本の論述から何が読みとれるであろうか。すでに述べたように、彼の開拓殖民に関する着想の出発点は聖書からの啓示、つまり宗教的なイデー（新天地への旅立ち）であった。しかしこの時点ではまだそれは漠然としたイメージにすぎず、それが具体的な姿を取るようになったのはこのメキシコ殖民計画であった。そして北海道拓殖移住の構想はその〝進路変更〟の結果であったことを押さえておかなければならない。

まず第一に、当初の新天地への脱出という宗教的イデーが殖民思想と結びついたとき、すでに明らかなナショナリズム的色彩を帯びていることに注目しなければならない。つまり、彼の拓殖思想の内部には、最初から国権論ないしナショナリズムが含まれていたということである。それが彼の初期の自由民権論とどうつながっているのか、そして明治十七年（一八八四）から同二十九年までの一二年間の空白期間を経て、彼のこの民権論から国権論への思想的変遷のプロセスに、彼のキリスト教信仰の傾向がどうかかわっているのか、という問題が残る。

第二に、彼は宗教教育の意義が、殖民地の風俗を純良潔白に保ち、殖民の倫理的徳性を喚起するところにあると捉えており、その模範をアメリカ開拓に成功したピューリタニズムおよび北海道浦臼の聖園農場に見ている。しかしそれにもかかわらず、彼のこのような拓殖における宗教教育の決定的重視が、後の北光社事業の現場ではなぜ簡単に放棄されたのかが問題となる。

こうしてみると、彼の拓殖思想のなかには、最初から政治的動機と宗教的動機が分かち難く混ざり合っていること、しかも、宗教的理想、道徳的・倫理的な徳性の涵養は、最終的には日本という国家の膨張発展、富国強兵という政治的理想の背景に後退していることが読みとれるのである。

さて、彼のメキシコ移住がなかなか実現しない間に日清戦争が終わり、日本を巡る国際情勢は緊迫し、とくにロシアの動向に対する彼の〝政治的〟関心が後の進路変更を決定することになる。

三　坂本直寛の開拓殖民思想(二)　自治的コミュニティ論――「北海道の発達」

こうして彼が北光社設立への参画を決意した直後、そしてクンネップの現地視察に出かける直前の明治二十九年(一八九六)八月十一日、札幌農学校教授新渡戸稲造主宰の第二回夏期講話会(会場―北海道禁酒倶楽部)で行った講演の筆記録が「北海道の発達」である。(30)

この講演は、先の「海外移民論」とは対照的に、むしろ彼の自由民権思想の「民権」的な側面がより色濃く出ていると見ることができる。この講演で注目されるのは、北海道開発の当局者の拓殖方針に対する彼の批判である。つまり、当局に明確な拓殖方針がないこと、そして当時の「大土地所有」と「小作主義」の弊害への批判である。この方法では小作人をただ疲労させ、自由を与えず牛馬の如く労働させるのでは「北門の鎖鑰」(対ロシアへの戸締まり)としての役割を果たせないと彼は主張する。

さらに彼は北海道殖民の現状に触れ、最初に来た殖民の多くは山師的人物もしくは内地の失敗者であって、私利私欲に捕らわれ、道義心に欠けていると断ずる。また彼は、北海道開拓当局の保護政策が道民の「依頼心」を強めたとし、ヨーロッパ諸国の植民地は英国以外は本国政府の干渉あっては皆失敗していると述べる。従って彼によれば、北海道も英国植民地のように政府の干渉を受けず、また政府に依頼してはならない。北海道人はおおいに自治の精神を養成しばければならないと述べ、北海道の「北門の鎖鑰」としての役割を果たすためにはとくに「自治独立の精神」が必要と説いている。

そして最後に、植民地と宗教との関係については、「海外移民論」の議論をさらに発展させている。つまり、彼によれば、オーストラリアにおける英国教会の感化力、そしてウィリアムペンの建設した北米ペンシルベニアにおける基督教の偉大な力を思い起こさなければならない。殖民地の「品格」が高まったのは、教会の力によってであり、「敬神の念」と「博愛」の精神をもって開拓移住の唯一の方針としたためである。

さらに彼は当時の北海道沿岸の村落における風俗的な退廃を引き合いに出して、品格を育てるためには自治の精神が必要と説く。

人は品格を必要とする。品格は自治の精神から生まれる。自治の精神なければ村落の品格はない。これがなければ立派な殖民地とは云えない。要するに、人は正直で真面目でなければならない。いわゆる小作主義をとり、地主だけが多く儲けて小作の利不利を顧みないようでは自治の精神を人心に吹き込むことはできない。小作人とするよりも小地主として少なくとも小土地を与え、自治独立の人としなくてはならない。また教育もしなくてはならない。〔口語訳引用者〕

そして、人の品格を高めるものこそ宗教であり、今日の北海道の有様を見ればとくに宗教的道徳の修練を必要としている。つまり、清教徒のような「心志」(エートス)は宗教によらなければえられないと主張する。

さて、この講演はまさに北光社を設立して北海道拓殖事業に乗り出そうとしていた坂本直寛の格調高き理念や思想を示すものとして、注目すべき点を含んでいる。すなわち、まず第一に、当時の藩閥政府の拓殖方針であった「大土地所有制」、つまり華族、官僚、政商に大土地を払い下げる(結果的に小作農場が増える)という政策に真っ向から対立する開拓理念、つまり「自営農主義」を示している点である。

次にこの講演の核心ともいえるものは、彼の「コミュニティ論」である。ここにはかつての自由民権の闘志としての面影が感じられる。初期の移住者の私利私欲に走った山師根性、北海道人の「依頼心」を強化した政府の保護主義、そこから出てくる「自治の精神」の欠如などを厳しく批判する彼の論は、今から百年も前に、すでに現在なお残存する北海道人の「官依存」体質の根源を見抜いていたものとして注目に値するであろう。

そして第三に、「海外移民論」と同様に、この自治の精神を育成する宗教的道徳教育の重要性の指摘である。ここで彼は自治の精神とエートス、倫理的品格との強い関連性を強調し、彼の北海道開拓移住の目的がまず第一に、宗教的教育・感化を伴った理想郷(聖村)建設であることを印象づけている。

「片岡健吉宛て書簡[31]」で彼は、北海道に拓殖の事業を設計し、将来日本社会にひとつの潔き義に生きる神の国を作りたいと述べており、また、「北海道に拓殖事業を興さんとする意見[32]」では、伝道と教育をもって将来ここに聖村を建設する考えであることを述べ、さらに次のように熱く語っている。

我が北海道は、いわゆる《北門の鎖鑰》である。殖民たるものはこのことをいつもよく心構えておかなければならない。まして、最近欧米諸強国が東アジアに権力を振おうとして互に政略を画しつつある時勢だけになおさらのことである。また、北海道の地はいわゆる新開の殖民地であるため、ここに善良なる習慣を作ることがきわめて肝要である。もしこのような土地に最初に悪習慣を作るならば、その将来は推して知るべしである。今日この地における社会の状態はすでに嘆息せざるをえないものである。もし今すぐに厳粛・勤勉・高潔なる良風俗を興し、現に流行している飲酒・博奕・風儀壊乱などの悪弊に反対する殖民地を建設し、自ら治めて国民自治の基を開かなければ、北海道の将来はきわめて憂慮、慨嘆すべき状態に陥る恐れがある。従って、模範的な殖民地を設置して良村落を建設し、それによってほかの殖民地を感化することはまさに今日の急務である。これが我々が北海道に拓殖の事業を経営する理想であり、目的である。[33]〔口語訳引用者〕

四　坂本直寛の開拓殖民思想㈢　北海道文化論――「北海道の農業に就いて」

ところで、もうひとつ、彼が北海道拓殖の意義に関してキリスト教とは別の観点から論じた注目すべき論考として『福音新報』明治三〇年二月一二日号に掲載された「北海道の農業に就いて」がある。この論考はその日付からして、同年二月九日付けの「片岡健吉宛て書簡」とほぼ同時期、つまり、彼が北海道移住を決意した直後に書かれたものであると推測されるが、ここで彼は一種の「北海道文化論」を展開しており、その論旨は現在においてもなお傾聴すべき内容を秘めている。

ここで彼はまず、北海道の農家は馬力を使うために、内地より遥かに広い一戸当たり約五町歩の農地を耕作できるという優位性について述べ、この優位性を生かして、食料としての耕作以外に亜麻、大麻、菜種などを栽培することを奨励する。

さらに、彼は北海道が内地とは異なって寒冷地であることに着目し、北海道の衣食住は気候風土に即した独自のものであるべきことを主張している。

北海道はその位置から見れば北緯約四一度二〇分から同五五度三〇分の間に横たわる島であり、気候は寒冷である。従って内地とは事情が異なっているのであるから、拓地殖民の方法もまたおのずから特別な考え方をしなければならない。私はここで北海道の衣食住に付いて多少の私見を述べたい。第一に家屋の構造や移民の衣食等はこの地の環境に適するものを考案して将来の北海道生活の基礎を築くべきである。北海道の生活は内地とくに暖地の慣行に習うよりはむしろ欧米北部国民の生活に習う方が優れていると考えるべきである。〔口語訳引用者〕

このような考えから、彼は北海道農業は米作よりは麦などの穀類を主力にし、製粉して東シベリアなどに輸出すること、そして玉葱、馬鈴薯を生産して豚肉、牧牛、養鶏を盛んにして北海道の食生活も西洋流にすべきことを主張し、このことは人種の改善にも役立つと述べている。さらに、彼はこのような主張の根拠として、外患、すなわち外からの紛争によって津軽海峡が遮断された場合にも北海道民が生き残ることを可能にする自立農業、つまり自立経済システムを構築することの必要性を説いているのである。

こうして彼は最後に、このような方針を貫くことによって北海道が日本の先進地になりえることを格調高く、次のように語っている。

北海道の将来の発達については、もし先に述べたような生活上の方針に従って進めた場合、北海道の生活社会はむしろ内地より卓越したものになることも不可能ではない。またそれだけでなく、私がはじめに述べたように、移民の品性に関する教育を適切に行った場合は我が日本帝国の将来における真の文化は北海道で形成され、北海道は我国の改善・進歩の先進地となり、あたかもアメリカ合衆国における新英蘭（ニュー・イングランド）と同じ地位を占めるのも困難なことではない。すなわち、北海道は物質的にも精神的にも我が帝国の「母国」としての地位を手に入れるべきである。いわゆる後なるものが先になるべきだということである。このような理想と希望をもって北海の拓殖事業を企画することもまた快いことではないか。我々はこのような理想と希望をもって北海の殖民地を設置しようと望むものである。〔口語訳引用者〕

その後の歴史が示すように、米食からパン食への食生活の転換[34]はならなかったが、その後の北海道農業は食料自給というレベルをはるかに超えていまや国内の食料供給地にまで発展した。ただし、それ以外の政治的、経済的、文化的自立という点では坂本の理想とは程遠い（むしろ正反対の）結果にいたっている。しかしいずれにせよ、ここで展開されている坂本の北海道文化論は、その先見性、合理性の点で卓越したものである。もしその後の北海道政官財界の指導者たちが坂本の思想を幾分でも具現化していたなら、北海道の歴史は現状とはまったく異なったものになっていたことであろう。

さて、以上に見てきた坂本の北海道開拓思想は、先に挙げたキリスト教的移住団体としての成功要件のうちのふたつ、すなわち、自治的なコミュニティ形成への貢献、そして教会・学校を通じた倫理教育の実践を充分に満たしうるものであると同時に、より一般的な北海道開拓思想、すなわち、北海道の政治・経済・文化のあるべき姿という観点からも、きわめて大きな可能性を内蔵していたものであったといえよう。しかし、実際はほぼすべての面で彼の理想は挫折したといわなければならない。そこで、その原因はなにか、それを明らかにすることが次節以降の課題となる。

第三節　キリスト教的理想郷建設の挫折とその原因

一　「北光社」の構造的限界――小作主義と身分的二重構造

北光社における聖村建設の実が上がらなかったことの原因として、先ず第一に考慮されるべきものは社会学的な要因、つまり北光社それ自体に内在する構造的な問題である。この点に関しては、聖園農場などほかのキリスト教的移住団体との構造的な比較もまた考慮されるべきであろう。

聖園農場の場合、会社組織ではなく、当初の資金は旧同志、同信者、財界人から寄付として集めた。従って出資者兼移住者の色彩が強く、移住した人々は、事実上移住直後から自営農的であった。[35] これに対して北光社の場合は、資本金九万円の合資会社であり、出資者(＝社員)と移住者とははっきり分かれていた。しかも、すでにみた坂本の自営農主義とは反して北光社は明確な小作主義をとっていた。もちろん、成墾後の土地分与の約束(自営農化)があったとはいえ、九年後という期間は艱難辛苦に耐え、独立への意欲を維持しつづけるにはあまりに長すぎたであろう。たとえ北光社での小作料徴収が比較的甘く、厳しい搾取的なものではなかったとしても、坂本が自ら主張していたように、身分的支配関係を前提とする「小作主義」から自立・自営のエートスが生まれることはない。

さらに、当時の移民団はいまだ封建的な階層・身分社会の残骸を引きずっていた。リーダー(企画者、出資者である士族)と一般移住者(大部分は農民)との理念的・知的ギャップ、キリスト教徒とそうでない者との倫理的ギャップはそう簡単に埋められるものではなかったと考えられる。大多数の移住者たちは坂本たちの自由民権思想にもキリスト教にも関心がなかったか、あるいはむしろ反感さえもっていたことがほかの史料からもうかがわれる。(36)

一般に、坂本が考えたようなピューリタン的倫理がエートスとして根づくことが可能な社会の担い手はある程度の自由と知的教養を備えた市民層である。坂本自身、このことを知っており、前述の「海外移民論」、「北海道の発達」でも彼は「中産階級(市民層)」の存在を必要な条件と考えている。しかし、坂本自身が嘆くように、残念ながら日本ではまだ「中産階級」は育っていなかった。つまり坂本のような知的リーダーの思想や理念の社会的受け皿が欠如していたことになる。一般論としては、農民層はこうした(倫理的・合理的な)理念の受け皿になることは困難である。(37)北光社の「小作主義」に加えて、このような「市民的階層の不在」に坂本の誤算があったと考えられる。つまり、坂本直寛の「思想」は、その社会層的受け皿の欠如のために「エートス」とはならなかったのである。

さらに、ピューリタンの新天地開拓との根本的な相違として、北光社団体がもっている身分と目的意識の二重構造がある。そこには、前者にみられる「契約」というモチーフが決定的に欠けている。すべて「契約」というものは、本来「自発性」と「対等な関係」を前提にして成り立つものである。しかし「メイフラワー契約」にみられるような、対等な諸個人による新たな民主的コミュニティ建設への契約という性格を、とくに北光社の移住者たちに見出すことはできない。この点でも、聖園農場やインマヌエル団体との差異が明らかであろう。[38]国家による「上からの開拓」を乗り越えて、自分たちの手によって民主的で自治的なコミュニティを建設しようとするような自営・自治の精神、そのような精神の成立に対するピューリタニズムの影響力に一定の限界を与えたものは、こうした封建的身分社会の残存と農民主体の開拓移住という歴史的現実であった。もしこのような身分的、知的ギャップを乗り越えて知的リーダーのキリスト教的理念が農民のエートスのなかに根づき、コミュニティ・アイデンティティが形成可能であるとすれば、それはやはり教会を媒介とした宗教的感化、土地と結びついた農民的敬虔の醸成が必要となるであろう。彼が目指した「聖村」とは、本来はまさにそうした世界を指していたのではなかろうか。

二　宗教教育の欠如

『北見市史』によれば、入殖の翌明治三十一年(一八九七)、移住者の集会が開かれ、到底こんなところにはおられない、もう少しましな所か大きな市街地の近辺に移りたいという結論に達し、早くも五〇名前後の集団がこの地を去った。また、女たちの愚痴をいう集会も盛んになったという。[39]つまり、入殖者に心の拠り所、精神的統合の場が欠如していたということである。もし早い時期に教会があれば、こうした心の問題はかなり解決されたはずである。

前述のように、坂本は開拓の困難を克服するための宗教教育の重要性をあれほど力説していたにもかかわらず、北光社では、当初教会建設やキリスト教による教育の努力はほとんどなされなかった。すでに述べたように、ここでは最初の礼拝が行われるまでに三年、教会ができるまでに六年余りを費やした。つまり、入殖直後、想像を絶する厳しい条件のなかで、人々が心の拠り所をもっとも必要としていた時期に、その苦しみを癒やし、連帯感と生きる意欲を与えるものがまったく欠けていたのである。初期に逃亡者が相次いだこと、そして北光社移住者の定着率がかなり低かったことの最大の原因のひとつはこの点にあるということができる。また、入殖二年後の明治三十二年には最初の学校(訓子府尋常小学校)が建てられたが、[40]ほかの移住団体に比較しても遅すぎる印象をぬぐえない。

一方これと比較して、浦臼の聖園農場では、入殖の翌年にはもう伝道所が設立され、移住者のほぼ全員がキリスト教徒になり、日曜ごとの礼拝が行われていた。これが開拓作業の苦難を克服する力を移住民に与えていたことは間違いない。[41]さらに、注目すべきことは開拓の当初から始められた日曜学校である。明治二十七年春から、聖園農場本部で、児童を集め、武市安哉自ら聖書の話を聞かせ、さらにまもなく、札的川のほとりに仮の会堂を作って、大人の礼拝と日曜学校、児童の学問指導を始めた。[42]

また、浦河の赤心社でも、入殖後間もなく、小さな小屋を日曜学校としてキリスト教の教えを説くとともに、寺子屋式の教育を行った。日曜日を安息日としてどんなに多忙な時期でもここに集まって祈りを捧げ、講話を聞いたという。また明治十九年には信者の手で教会が建てられ、北海道における組合派教会の最初のものとなった。[43]

これらの例から、定着率とコミュニティ・アイデンティティ形成という観点から見た場合、キリスト教的開拓移住団体の最低の条件は、安息日としての日曜礼拝と教会を媒介とする教育であったことがわかる。そしてこの教育はまた、自治の精神の問題とも関連している。なぜなら、より自律的で民主的なコミュニティ形成のためには、自由意志と倫理的人格を互いに尊重し合う「市民」を育てる教育が必須だからである。つまり、坂本直寛の「思想」が「エートス」を産み出さなかったもうひとつの原因は、宗教的感化ないし教育の欠如であった。

もちろん最大の責任を負うべきは北光社の精神的・宗教的支柱であるべき坂本の不在であろう。当初「小生は伝道と教育をもって将来聖村を建設する考えである」[44]〔口語訳引用者〕と述べていた坂本は、なによりもまず真っ先に伝道所を作ってキリスト教精神、倫理の普及に努めるべきであり、また彼が説く「自治の精神」涵養のための教育実践に努めるべきであった。

三　坂本直寛の「聖園農場」への移住（戦線離脱）と「北光社」における彼の地位

さて、すでに見たように、このような聖村建設についての高邁な理念と理想に燃えてクンネップに移住したはずの坂本直寛が、三カ月も立たないうちに北光社運営の責任を澤本楠弥や前田駒次に委ね、浦臼の聖園農場に移り住んでしまったのはなぜであろうか。これは大きな謎である。

ところで、彼自身はその経緯について、『自伝』のなかで次のように語っている。

北光社農場に移民を入れた当初、この地は将来の居住地であると思ったが、心の中で一つの疑いが生じた。果たして神が私の永遠に住むべき所として定められたのかどうかということである。私は政治活動に未練があったし、そのために石狩原野に住む方が都合が良いと思った。決心がつきかねていたが、その年の七月の北光社株主総会で、実務は澤本氏が担当することになり、私は必ずしも北見に居る必要がなくなった。そこで石狩に住む方が、神の御旨にかなうのではないかと思うようになった。八月下旬、北見を発ち、武市農場に立ち寄ったとき、主に在る兄弟の一人が私に住むのに適した土地を売ってくれることになり、そこに家屋を建築することにして高知に帰った[45]。

この記述から注目されることは、まず第一に、ここには、彼の熱情溢れる弁説とは異なって、少なくとも北光社の開拓移住事業に自己の全存在を賭けようとする決意がほとんど感じられないということである。また、彼は人生のほぼ最後まで政治的活動への未練を捨てきれず、実際に聖園に移った後の彼の行動は、この北光社離脱の最大の理由が政治活動への未練であったことを物語っている[46]。後に詳述するように、このようなあいまいさが北光社における彼の挫折の重要な原因のひとつであることは明白である。

第二に、彼の意図がそのとおりだったとしても、彼の北光社からの離脱はあまりに淡白、軽薄な行動に過ぎる。「実務は澤本氏が担当することになり、私は必ずしも北見に居る必要がなくなった。」という、さりげない彼の言葉の背後に、総会の場での彼に対する不信任(約束と現実との乖離や社長としての直寛の経営責任に対する)に近い批判、圧力があったことを想定するのが自然であろう。これは理想主義的な言論知識人である坂本と、農業経営や地域政治の実務家であった前田や澤本との間の人間的な対立にもつながるかも知れない。つまり、彼は好むと好まざるとにかかわらず、北光社にはもはや留まれない状況に陥ったのではないかということが考えられる。

そして第三に、上記のことと関連して、そもそも北光社事業の全体を通して、つまり、その立ち上げ、移住地の調査・選定、実際の移住のあらゆる段階において、彼が終始中心的な位置を占めていたわけではなかったということが考えられる。北光社に関するさまざまな史料から、全体として彼は、むしろアウトサイダー的な存在であったという印象を否めないのである。

北光社事業の中心リーダーとしての坂本直寛像の根拠になっているのは、彼が北光社の初代社長に指名されたという客観的資料と彼自身の著述である。その概略は第一節の二で述べたとおりであるが、とくに『自伝』における坂本自身の著述では次のように語られている。

私が将来興すべき事業はメキシコか、はたまた北海道か、いずれか天の御旨にかなう方を選択したいと思い、神に祈り求めた結果、北海道を撰んだ。片岡健吉氏をはじめ友人たちは皆、私に北海道に行くことを勧めたのであった。ここにおいて同志の人々は拓殖会社を設立し、(私が総代の一人として北海道に渡って)土地の貸し下げを願い、道庁の許可を得て、いよいよ拓殖地を開くことになった。ひとつの土地を選定し、ここに移民を送ることとなり、土地を願い、その許可を得て、いよいよ殖民地を開くことになった。これが北見の国常呂郡クンネップ原野に開設した北光社農場である。
それより先、明治二十九年五月二日、私は高知を出発し、東京に立ち寄り数日滞在し、十七日に札幌に着いた。当初の計画では、天塩國の天塩川流域に農場を開きたかったのであるが、同地はすでに御料局の用地に編入されていた。それに代わる便利な場所では大地積の貸し下げはなく、いろいろ調査した結果、右に述べたクンネップ原野を撰定し、貸し下げを受るに至った。…(中略)…私は友人三名とともに八月二十日札幌を出発し、陸路クンネップ原野におもむいた。(47)

この記述は、北光社の設立、移住地譲渡に関する当局への申請、交渉、移住候補地の選定、明治二十九年(一八八五)八月のクンネップ原野への現地調査旅行とその結果としての移住地最終決定(さらにほかの史料からみた明治三十年四月の移住団引率の状況も含めて)など、いずれも坂本自身のイニシアティヴで行われているかのような印象を与えている。しかし、このような北光社をめぐる坂本の主導性という点に関しては、それを疑わせるに充分な北海道側の史料が多々存在する。以下にそれらを紹介したい。

『野付牛町誌』

明治二十八年八月、土佐の人澤本楠弥、前田駒次の兩人従者一人を從へ、石狩國浦臼より馬六頭を用意し中央道路を經て相の内驛に來り此所に一泊してムカ川を渡り訓子府九號線附近の高臺に出で訓子府原野(現在の上常呂驛附近一帯をクンネップ原野と云ひたり)を展望し其の有望なるを認めて歸國したりと云う(48)

『訓子府村史』所収「附録、北光社由来記」

この北光社なるものは土佐の国で興業を目的として結社した片岡健吉を中心とする団体であって株主は土佐の住人で占められ、北見開発がその大事業であった。そこでこの土地の選定であるがまず最初に北海道庁に出向き同郷人である道庁技師内田瀞に相談したところ内田技師は北見地方の有望なることを力説これを指教してくれたので、片岡は直ちに澤本楠弥、前田駒次の両名を実地調査に当たらしめた。先ず片岡健吉の命を受け北見の探検を行った澤本楠弥、前田駒次は明治二十八年八月浦臼出発、この報告を受けた片岡は翌二十九年この地一帯の予定存置を道庁に願うとともにこの年八月澤本楠弥現地責任者として入地、…(49)

安藤武雄編『北見市史』一九五七年

常呂村から分割される二年前の明治二十八年八月土佐の人澤本楠弥、前田駒次の二人は今一人とともに石狩國の浦臼から馬六頭を用意し、中央道路を通って相内に来た。(50)

さて以上の史料で共通の根拠となっているのは、前田駒次からの直接の聴取や履歴書、備忘録である。例えば、米村喜男衛『北見郷土史話』では、「開拓者は語る(一八)、御召拝謁を賜った前田駒次さんの話」として次のように記録されている。

武市農場も稍準備の出來た二十八年に、敬友である維新の志士で、後に衆議院議長等をやった片岡健吉、林勇三《〔ママ〕》等六名が相謀って、同志の救濟を主としてこの北見に大農場を建設して又一方吾國の新天地開拓といふ大望の下に、帝都の方でも多數名士の賛成を得て北光社農場を開發する事になったので、其支配方を前に浦臼で經驗を持ってゐる私に是非行ってくれ……と云ふ所から片岡氏の同士である澤本楠彌氏と共に、案内人を連れて北見入りをしたのである。…(中略)…この視察は道廳の好意により充分調査も出來、翌二十九年の春には郷里である土佐から十戸の先乗を連れて再度の北見入りを致しました。(51)

さて、以上の北海道側の史料から注目すべき事の第一は、いやしくも北光社の初代社長であった坂本直寛の名前が一度も出てこないことである。その理由として推測できることは、第一に、これらの史料の典拠となっている前田駒次の坂本直寛に対するなんらかの感情からくる意識的な無視、そして第二に、北光社における坂本の実質的な地位が、とくに彼に言及するほど重要なものではなかったことである。私はこの両者が複合していると考える。

注目すべき点の第二は、クンネップ初調査の時期が坂本の記述、および澤本楠弥の記述から推定されるものと食い違っていることである。明治二十九年八月に、坂本がクンネップ原野の調査に同行し三人を「友人」としているが、この友人とは、澤本楠弥、前田駒次、そのほか一名のことであること[52]が澤本の記述や聖園教会に残っている記録から確実である。とすれば、北海道側の史料に共通している明治二十八年という時期は明治二十九年の間違いではないのかという疑いが生ずる。

この疑いをある新たな史料に基づいて実証しようとしたのが坂本直寛の孫土居晴夫氏である。その史料とは、近年、高知市立市民図書館で彼によって発見された坂本直寛の片岡健吉宛書簡である。明治二十九年二月八日付の書簡には次のように書かれている。

拝啓、過日も申し上げましたように、私は祈りと熟考の末に断然北海道の拓殖を決意しました。また由比、大脇なども大いに賛成し、ともに願主となってこの事業を助けようということになって、改めて私も希望を厚くした次第です。かの天塩の原野ですが、ほとんど十万石に近い原野は地味の点でも運搬の便の点でもきわめて希望に満ちた土地であって、我々の理想とする社会を建設するための良い兆しであると思っています。願わくは土佐の兄弟たちの企てが、少なくとも日本信徒の原動力としてかの地に拓殖の事業を設計し、将来日本社会にひとつの潔き義に生きる神の国を作りたいものです。先生も何卒御賛同くださり、かつ願主の御一人となって頂きたいと思いますが、かねてからの考えについては土居氏が上京したときに、いづれ申し上げるつもりです。御多忙中とは察しながら、御意見を頂ければ幸いと存じます。　草々

直寛

二月四日

片岡老台[53]

〔口語訳引用者〕

この書簡からわかることは、明治二十九年二月の時点で移住の候補地は(少なくとも坂本の認識では)天塩であったということである。土居氏によれば、もしこれが事実とすれば、クンネップ原野初調査の時期を明治二十八年とする先の北海道側史料は誤りで、それを明治二十九年(一八九五)とする坂本、澤本資料が正しいということになる。

また、澤本楠弥の長男孟虎の著書から、澤本楠弥は明治二十七年十月から二十九年七月まで、郷里の水利組合委員長の職など多忙をきわめており、彼が明治二十八年に北見に来ることは不可能であることがわかった[54]。さらに、訓子府村史によれば、明治二十八年の現地調査に行く前に、彼らが道庁の内田瀞を訪れ、そこで北見を推薦されたとなっているが、内田は明治二十六年十月から二十九年四月まで休職して雨竜郡深川村妹背牛で農場を経営しており、明治二十八年に彼は道庁にはいなかった[55]。

これらの根拠から、土居晴夫氏は北海道側史料の明治二十八年八月というクンネップ原野初調査の時期を明治二十九年八月に訂正すべきことを主張した[56]。ちなみに、平成十年(一九九八)三月に出された『続訓子府町史』は、土居氏の説をそのまま受け入れ、時期の訂正、変更を行っている[57]。

しかし、この土居説のすべてを受け入れることには疑問が残る。このような見方は、あまりに坂本直寛中心の史観に偏りすぎてはいないだろうか。現在見ることのできる限りでの諸史料の検討から、この一連の経緯についての私の推論は以下のとおりである。

少なくとも明治二十八年の時点では、北光社設立構想や移住地の選定の実際的な準備作業が始まっていた。そしてすでにこの時点で、関係者たちの間で天塩と北見の両方が候補地として挙がっていた。それには内田瀞の助言があったにちがいない。それに基づいて前田は明治二十八年に単独あるいはそのほかの者(少なくても澤本や坂本ではない)とともに天塩と北見に行き、現地調査を行った。従って、前田が明治二十八年にすでにクンネップ原野に調査に行っているという証言は誤りではない。そして翌二十九年に移住地がクンネップ原野に決定した後、八月に坂本と澤本に案内、同行を頼まれた前田はもう一人とともにふたたびクンネップに出かけた。このことは坂本の自伝や澤本の記述、片岡健吉あて書簡の記述と矛盾しない。

ただひとつの誤りは、晩年に前田が『野付牛町誌』の編纂などに際して証言をした際の記憶違いである。彼は明治二十八年の最初のクンネップ行きについて、翌年の調査旅行と混同した結果、同行者として澤本楠弥の名を誤って語ったと思われる[58]。

このような私の推論の根拠としては、以下の点が挙げられる。第一に、『聖園教会史』には、明治二十八年に前田は天塩や北見方面の視察のため長期間聖園を出ているという明確な記述がある[59]。その典拠は定かではないが、ここでは北見と天塩の両方が入っていることが注目される。このことは明治二十八年の時点ですでに、クンネップ原野が候補地に挙がっていたことを推測させる[60]。

第二に、明治二十八年、内田瀞は確かに休職中ではあったが、『聖園教会史』によれば、明治二十七年二月に市来知のキリスト教会堂で開かれた冬季学校(空知集治監の教誨師、留岡幸助の発起、札幌農学校の支援)で講義しており(現在の三笠市にある市来知は浦臼から直線距離にして二〇キロほどの近い位置にある)、その際、聖園農場からも何人か参加している[61]。この冬季学校は毎年開かれており、その過程で前田らと内田との接触が十分考えられる。つまり、明治二十八年もしくはそれ以前にも内田から北見の土地などについての情報を聞くチャンスは充分あった。従って、明治二十八年に内田が道庁にいなかったからといって、この年に北見に行くはずがないという証拠にはならない。そもそも、土居氏が「道庁を訪ねた一行に北見が将来大いに有望だと力説したのは内田技師であったと『訓子府村史』にある」[62]と解釈した『訓子府村史』の原文（本章二七一〜二七二頁）のなかでは、「北海道庁に出向き」の主語はなく、むしろ片岡と読める。また、それが明治二十八年であったとも書いていない。つまり、土居氏が論拠としている史料の読み方に問題があるといえるであろう。

第三に、前田が北光社設立の準備・計画について、片岡のイニシャティヴを強調し、坂本には一言も触れていないことも、坂本とは別のルート（恐らくは片岡健吉、林有造と前田をつなぐルート）[63]でこの準備・計画が進行していたことを推測させる。北光社設立が、明治三十年（一八九六）三月に公布された「北海道国有未開地処分法」[64]、そして同年四月の「北海道移住民規則」の制定を先取りし、まさにタイミングを合わせて驚くほど迅速に行われたことからも、内田を介した北海道庁側との交渉が活発に行われていたことを推測させる。坂本と前田との接触がなかったことや高知の仲間との連絡がそれほど密でなかったために、明治二十九年二月の時点では坂本はこうした経緯（北見も候補地として考えられていたこと）を良く知らなかったとも考えられる[65]。

さて、すでに述べように、明治二十九年の現地調査の同行者について前田は坂本を完全に無視していること（恐らくは意識的に）は、その後の経緯（坂本の責任放棄）にも関係して、前田の坂本に対するあまり好ましくない感情も想定できるが、他方、客観的にもこの時点での坂本の立場がそれほど重要なものではなかったことを推測させるものである。

一方、坂本の自伝に記されたクンネップへの移住引率の経緯に見られる彼の行動もまた、北光社のリーダーとしてはいかにも奇異に思われる一面を示している。すでに述べた移住引率の経緯（第一節の三）のなかで、注目すべきことに、小樽港に着いた後、彼はそこで団を離れ、移民だけを汽車に乗せて空知へ出発させた。彼自身は二十八日札幌日本基督教会で説教し、そこから汽車で室蘭へ、三十一に日室蘭から船で函館に行き、四月四日には函館の日本基督教会で説教している。

この事実からは、坂本がこの移住に際していかにも傍観者(ないしは随行員)的な存在であったという印象を受ける。この旅は彼にとっては〝伝道旅行〟のついでだったのであろうか。いかに「札幌に所用があった」としても、野花南行きの移民たちを、彼らだけで行かせたというのは社長という立場からしてあまりに無責任ではなかろうか。事実この後野花南に着いた移民たちがどうなったのかは不明であり、八月、高知への帰途に野花南に立ち寄ったという記述以外に、坂本がそのことを気にかけている形跡は見られない。

ちなみに、澤本に率いられて北見入りした移民団の一人による回顧録(伊東弘祐「北光社農場開拓記録」)では、船中の出来事のみならず、網走到着直後の講話に関しても澤本楠弥を北光社社長として誤って記録している。[66]このこともまた、少なくとも一般移住民の意識のレベルでは坂本はきわめて影の薄い存在であったことを示すものであろう。

さて、それではなぜ坂本が北光社社長になったのであろうか。恐らく高知の自由民権運動家グループのなかでの彼の序列の高さと、巧みな言論[67]による宣伝効果への配慮が彼を社長に選任させたのではないかと思われる。それは多分に名目的、名誉職的な選任であり、実務的な戦力としては最初から澤本や前田が想定されていたのではないだろうか。すでに見たように、前田からの聴取、北見やクンネップ地域での歴史記述のなかで、坂本が完全に無視されている事から考えても、彼は名目上の社長に過ぎず、北光社設立の経緯(場所の選定も含めて)についてもその初期の段階からそれほど積極的に参加してはいなかったのではなかろうか。

「理論」と「弁舌」の知識人である彼は農業経験が豊かで実務派の前田駒次や澤本楠弥とは最初からウマが合わず、少なくとも北光社のなかで軽視されていたのではないか。それが彼の早期の離脱につながっているのではないかと推測される。

四　坂本直寛におけるキリスト教とナショナリズム

北光社がキリスト教的背景をもった開拓移住団体としては成功したとはいえない理由として、信仰上の中心的リーダーであるべき坂本直寛のキリスト教信仰上の特質もまた問題にされなければならない。

『北見市史』の小池喜孝氏は、彼の対外的国権論が国内民主主義(民権論)の上に立つものであり、また彼の拓殖事業の真の目的は「コミュニティ(自治区)」の確立であったとして、「ここには民権と国権の両思想が、キリスト教精神によって統一されたコミュニティ(自治区)の姿が描かれている」[68]と肯定的な表現でまとめている。前段は正しいとしても、すでに「海外移民論」に関してみたように、拓殖事業の目的がコミュニティの確立であるという指摘は少なくとも部分的に誤りであると思われる。また、「キリスト教精神によって統一された」とはどういう意味であろうか。[69]あえて推測するなら、トレルチが述べているように、キリスト教倫理が本来的にもっている二重原理、つまり民主主義的原理と貴族主義的・保守主義的原理がここで共働しているという意味なのであろうか。[70]しかし、ここで取り上げた史料における坂本の論旨を見る限り、「北門の鎖鑰」論、つまり「対外的な日本国家の発展」という思想と「キリスト教精神」との論理的つながりは見出せない。

明治期の日本のキリスト教信仰とある種のナショナリズムとの結合あるいは混在が、かなり類型的な現象であったとはいえ、本来、国家や民族という枠を超えた普遍的な愛(同胞愛)を信仰上の核心のひとつとするキリスト教精神は「ナショナリズム」とは相容れないものであろう。[71]もし両者の間になんらかの関係があるとすれば、それは旧約聖書に見られる民族宗教的な要素(異教徒との戦い)である。キリスト教徒としての坂本直寛のなかで際だっているのは、旧約聖書に登場する英雄や預言者への思い入れの深さである。彼はいつも自分の置かれた境遇をこの旧約世界の英雄たちに投影しつつ、自己と世界の解釈を行っている。[72]

従って、坂本の場合、民権と国権の思想がキリスト教精神によって統一されてコミュニティ思想になったのではなく、彼のコミュニティ思想のなかに、キリスト教のなかの旧約的な要素と結びついたナショナリズムがいわば《不純物》として混ざり込んでいるといったほうが正しいであろう。そして結局、このナショナリズムと結びついた拓殖思想がもう一方の自治思想の発現を妨げたと考えられるのである。[73]

五　坂本直寛における政治と宗教

坂本直寛の思想における政治と宗教の関連について知ることのできる手がかりのひとつは『自伝』のなかの「政治と宗教」と題された次の一節である。

従来、私が信奉してきた政治上の思想は、抽象的な自由主義、すなわちきびしい個人主義であって、国家の興廃はいつにこの主義の消長にかかわると信じていた。それゆえに、努めて急進的な進歩説を唱えていた。…(中略)…しかし実は国家の興廃には、目に見えない、しかも偉大な「力」、つまり国民の品行如何がかかわっていた、…(中略)…そしてその力とは全能の神が私たちに与えて下さる聖火であって…。[74]

こうして彼の思想のなかで政治と宗教がまさに渾然一体となる。

さらに注目すべきことは、彼が晩年の明治三十七年から同三十八年にかけて『福音新報』に発表した一連の論文[75]で、日露戦争を「義戦」とし、韓国への進出を正当化する根拠として彼が繰り返し「神の摂理」を挙げていることである。いずれにせよ、戦争や植民地化を正当化するために「神の摂理」を持ち出す論法は危険なものといえるであろう。これは前述したような、知識人に固有の「意味」追求の過程で生まれた神の摂理とナショナリズムとの結合である。

また彼は、明治三十四年(一九〇〇)から同三十六年に『福音新報』に連載した一連の論文、「青年ヨセフ」、「魔西(モーセ——引用者註)」、「曠原之異人エリア」では、旧約の英雄、預言者の人格や業績、境遇を当時の日本の政治家と比較することによって、彼らのなかに、理想的改革者あるいは政治家像を求めている。(76)

このように戦争遂行を含めた政治的行為に神意や神の摂理を結びつける考え方は、一種の政治の宗教化であり、一般的にこうした「祭政一致」の思想や政治形態は危険なものとして近代国家では否定される。何故なら、絶対的な真理の基準たるべき神意を持ち出すことによって、あらゆる殺戮や残虐行為も神の名において「正当化」されることが可能だからである。彼が好む旧約の神は戦う神であり、この神の命令は《異教徒》の殺戮に正当性を与えるのである。このような正当化は少なくとも「国際正義」という近代的理念を無意味化してしまうであろう。

このように、坂本の思想のなかには、政治と宗教がナショナリズムを媒介として結びついた、いわば危険な結合が見られる。彼には、ヴェーバーが論じているような「政治と宗教との原理的葛藤(同胞倫理＝愛の無宇宙論対責任倫理)」(77)やトレルチのいう「福音の非政治性」(78)という視点が欠けていると同時に、政治の宗教化(「心情倫理化」)という危険な兆候さえ見られる。こうして彼の政治思想は次第にリアリティを欠いたものになってゆくのである。(79)

浦臼移住後、彼は石狩川洪水の救済に関連して明治三十二年(一八九八)、「北海道同志倶楽部」評議員に就任(翌年脱退)して政治活動を再開し、その後しばらくの沈黙期間を経て、明治三十五年二月に『北辰日報』に迎えられた。このことについて、彼は『自伝』で「公然と社会に出て語る時が来た」ことを喜んでいる。(80)しかし、そこでの彼の主張については史料が皆無である。また、その後すぐに彼は夕張で結成された「大日本労働至誠会」

会長に就任するが、不思議なことに、彼自身はこのことについては一言も触れていない。「労働者の品位向上」と「会員互助」という、この会のいわば倫理的な綱領に賛同して会長に就任はしたものの、炭鉱労働者の悲惨な生活を背景に社会主義的な労働運動を志向する夕張支部長南助松などとの思想的相違が、この件をあまり触れたくない思い出にしたのではないか。[81] いずれにせよ、こうした彼の一連の活動は、彼がとりあえずは政治的なステイタスを欲していたこと、そして彼の政治思想がより《倫理的》な方向に向かい、いわゆる現実政治のリアリティとは離れたものになっていることを示している。

また、彼の場合には、武市とは異なって、俗的で罪深い政治世界への幻滅が必ずしも政治からの隠退や、まったく異なった宗教的原理に即した世界への飛躍を意味してはいない。武市の場合、政治的理想の実現というモチーフ、とくにナショナリズム(国権論)とのつながりがほとんど見られず、むしろ一貫して、移住前後の彼の精神を支配しているのは政治的世界そのものへの「幻滅」である。しかしそれ故に一層、教会を中心とした「宗教的共同体」形成とコミュニティ・アイデンティティ形成への推進力が強かったといえよう。村人の心の支えとなる教会が速やかに建設され、信者数も急速に増えていることがその表れである。

一方、終始宗教と政治との間を揺れ動いていた坂本の姿は、「衆議院議員辞職の告示書」のなかで、政治と拓殖事業とのかけもちを強く否定している武市安哉の姿勢とは対照的である。武市は次のように語っている。

私が議員の職を辞するのはやむえないことである。議員の職につきながら拓地移民のことを配慮することが可能ではないかという人もいるが、それはいったいどういうことか。心がひとつのことに集中していなければ、正確な仕事はできないというのは世間の常識である。いまもし議員の職と拓地移民の仕事を兼ねて行えば、私の心はたちまち政治と実業の境を行ったり来たりして、このふたつの仕事が荒廃することになるだろう。大事に臨む者は鎧の両端にその心をつけてはならない。[82]〔口語訳引用者〕

ここに武市と坂本とのメンタリティの相違が鮮明に表れているといえよう。(83)

さらに、すでに見たように、坂本直寛の政治思想、とくに高く評価されるべき「自治独立」の思想も徹底されなかった。前掲「北海道の発達」に見られるあの格調高いコミュニティ論はいったいどこに消えてしまったのか。一部には、坂本が北光社の設立に際して、あるいは総会で自作農主義を中心とするコミュニティ論を主張したが、株主に受け入れられず、そのことが彼の戦線離脱の原因になったと推測する研究者もいるが、(84)このことを裏付ける史料については不明である。

少なくとも、この「自治・独立」の精神の方向が、かつて彼が鋭く批判してきた中央の藩閥専制政府や、まさに当初から薩摩藩閥の牙城ともいうべき北海道行政府に対するものとしては出てくることはなかった。例えば、中央藩閥政府に対して、北海道全体を新しいキリスト教的理念に基づくひとつのコミュニティとして自治権を確立しようという発想と実践が何故生まれなかったのであろうか。やはりここにも彼のナショナリズム、すなわち「北門の鎖鑰」論が陰を落としているように思われる。つまり、彼の自治思想は最後まで「下から」ではなく「上から」のものであった。そしてさらに、彼の《愛国心》の対象は常に「日本国」であって「北海道」ではなかったのである。

坂本直寛は間違いなく誠実で世俗的な欲望や野心をもたない人格者であったが、他方、実務にうとい、理論と演説の人であった。北光社の社長という職責は、北光社設立と移住にいたるまでの孤立した預言者、イデオロークとしての意味しかもたなかったといえる。(85)こうした彼の資質、人格は前田駒次や澤本楠弥とは対照的であり、北光社では彼らとはなじまない、浮いた存在であったように思われる。ここには知識人特有の「現世(合理的体系化が困難な雑然とした世界)からの逃避」傾向を見ることができよう。こうして彼は早々とクンネップを去り、結局、宗教的教育による自治的コミュニティの建設を放棄した。

他方、坂本がその本領を発揮したのは伝道活動においてであった。晩年の彼は、軍隊伝道や十勝監獄伝道、廃娼運動などに挺身し、リバイバルに成功して聴衆に霊感と感動を与えた優れた伝道者であった[86]。彼の信仰上の特質のひとつとして、そのエモーショナルな性格が挙げられる。その意味で彼は一種の預言者であったといえよう。彼の本領は彼自身が崇拝した預言者のように全身全霊をもって「語る人」であった。彼は預言者のように実践ではなく言葉によって人々を感動させた。しかしそれを生活実践につなげる受け皿としての合理的市民階層が欠如していた。北光社での坂本が、リーダーとしても教育者としてもさしたる実績を挙げることがなかったのもここに原因がある。

他方、北光社のリーダーとしての坂本の思想と行動を総合的に高く評価する一連の人々もいるが[87]、少なくとも移住以後の坂本をめぐる状況を見る限り、いずれも過大評価の感を否めない。また、坂本ら自由民権運動家たちの北海道開拓移住事業への転回を政治からの逃避とみるか、それとも新たなものへの挑戦と見るかという点に関して、小池創造氏は次のように語っている。

一部の人が評するように、同じ思想と理想をもった聖園農場や北光社開拓農場の創設は政治の現実に失望し、民権運動に挫折した土佐のキリスト教徒が北海道の拓殖事業に転向したという説は、彼のこの講演〔「北海道の発達」——引用者注記〕を初め、諸論文からは到底見出しえない説である。彼の目標と姿勢、その思想と使命の中にはいささかも敗北的・逃避的な陰も言葉も見えない。そればかりか、新天地北海道にキリストの光を輝かさんとする希望と方向が《北光社》の社名及びその規則にもみなぎっており、なによりも彼自身の歩みと行動がそれを証している[88]。

しかし、これまでに見た彼の歩みと行動は、どう見ても輝かしい方向を切り拓いたとはいえない。
たしかに、坂本直寛の言葉と文字が高邁な思想、そしてある種の「開拓者精神」を語っていることは疑いない。

図3　北見市の北光社本部跡にある記念碑

とくに北光社事業は坂本自身の自覚としては「逃避」ではなく、「挑戦」であったかもしれない。しかし、問題は実践的成果である。精神史的・社会学的な観点からみた客観的事実としては、ヴェーバーの一般理論が語っているごとく、知識人に固有の逃避的行動の一環と評価できるであろう。

そのことよりもむしろ問題は、このような過去の自己、政治世界からの断絶という自覚、つまり《否定媒介》的なモチーフが坂本には欠如していたことにあると見なければならない。むしろ武市のような、政治への幻滅、過去の世界や自分のあり方に対する厳しい拒否と断絶を契機として農民と一体になった生活実践こそが、新天地での開拓に際して精神史的、社会学的成果をもたらすものとなる。ここに、知的リーダーが担う宗教的理念や思想が何らかの社会学的成果をもたらす場合、つまり思想・理念がエートスに結実する際の要件がなんであるかについて、ひとつの示唆が与えられているといえよう。

それは、まず思想や理念それ自体における俗なる価値（政治）と聖なる価値（宗教）との明確な分離、そして理念の受け皿としての市民層の存在、さらにその受け皿が農民階層である場合には、彼らの生活、利害と結びついてエートスを形成するための教会をつうじた宗教教育と実践であった。

こうして「北光社」における坂本直寛のキリスト教的開拓者精神は、その格調高い思想性の残像をこの北の空間に、そしてその種子を北の大地に残しながらも、決してエートスとして結実することはなかった。ほぼ一世紀の時間を超えてなお、その種子は発芽し実を結ぶ生命力を内蔵しているであろうか。その可能性を切り拓く鍵はまさに我々の手中にある。

（1）　原史料は明治二十九年（一八九六）八月十一日、札幌農学校教授新渡戸稲造主宰の第二回夏期講話会（会場―北海道禁酒倶楽部）で坂本が行った講演の筆記録であるが、これは、昭和四十七年（一九七二）、北海道大学附属図書館内の「記念文庫　佐藤昌介」に含まれていたものが発見されたとされている。北見市史編さん委員会『北見市史』上巻、北見市、一九八一年、七九九頁参照。

（2）　この史料は次の書に拠っている。「予が信仰之経歴（続篇第三）」坂本直寛著・土居晴夫編『坂本直寛著作集』下巻、四九、高知市立市民図書館、一九七〇年所収。その原史料は坂本直寛『予が信仰之経歴』メソジスト出版社、一八九五年。

（3）　この史料は次の書に依っている。「予が信仰之経歴（続篇第五）」坂本直寛著・土居晴夫編『坂本直寛著作集』下巻、四九。その原史料は坂本直寛『予が信仰之経歴』続篇、教文館、一九〇九年であり、前註（2）の原史料と合わせて高知県立図書館に所蔵されている。

（4）　前掲『北見市史』上巻、八五二～八五四頁。

（5）　この坂本直寛著・土居晴夫編／口語訳『坂本直寛　自伝』（燦葉出版社、一九八八年、以後『自伝』と略記）の前身は前記の坂本直寛著『予が信仰之経歴』であり、後に直寛の孫である土居晴夫氏によって編纂されて『坂本直寛著作集』全三巻の下巻として収録され、それを土居氏が口語訳したものが本書である。
（6）　前掲『自伝』、八六頁参照。
（7）　前掲『坂本直寛著作集』中巻、三七、一一二～一一七頁。原史料は、『土陽新聞』明治三〇年一月二九日号に掲載されたものである。
（8）　『土陽新聞』明治三〇年一月五日号。
（9）　前掲『北見市史』上巻、八〇一頁。
（10）　前掲坂本直寛「予が拓殖事業を発起したる元由」（前掲『北見市史』上巻、七八七頁）参照。ただ、当時の天塩国は現在の留萌支庁全域、上川支庁の北半分、宗谷支庁の豊富町までを含んでおり、また「天塩川沿岸」といってもその範囲は広大である。ここでいわれている最初の候補地が具体的にどの地域であったのかは今のところ不明である。
（11）　この事実の典拠は、『福音新報』明治二九年九月二五日号掲載記事「北海道北見たより」および同一〇月二日号掲載記事「北見上常呂クンネップ原野探見」、さらに坂本直寛「予が拓殖事業を発起した元由」。なおその時期の特定については本章二七〇～二七六頁参照。
（12）　前掲『北見市史』上巻、八〇九～八一一頁。第三農場については明確に述べられていないが、出願し、受理されたものの、結局は開墾せずに返還したものと思われる。
（13）　前掲『北見市史』上巻、八一八～八二三頁。「草案」、「北光社規約」はそれぞれ、黒田農場事務所に残されていた文書「社則内規書類綴」と「合資會社北光社規約並に旧移民規則綴」の前半を典拠にしていると思われる。なお『北見市史』上巻本文中（八一八頁）の「明治三十一年…」の記述は「明治三十年…」の誤り。
（14）　前掲『北見市史』上巻八三八頁以下。この記述の典拠は前出の文書「合資會社北光社規約並に旧移民規則綴」の後半であると思われるが、この規則はさらに、『土陽新聞』明治二九年九月一〇日号にも掲載されている。
（15）　この規則は本道へ移住する者に対する府県知事の証明方法を定めたもので、それまで多かった私利を貪る不正な移民の来道を防ぎ、正式許可の移民に対して優遇措置を採ることを目的として制定されたものである。前掲『北見市史』上巻、八三八頁参照。

(16) 恐らく、この「北海道移住民規則」の優遇措置の適用を受けるために、天皇を頂点とする中央集権的・絶対主義的国家体制への《忠誠》を表現する必要に迫られたものと推測される。
(17) 前掲註(3)を参照。前掲『自伝』では九四～九八頁。
(18) 前掲『北見市史』上巻、八五二～八五四頁。
(19) 日本基督教会聖園教会編『聖園教会史』日本基督教会聖園教会、一九八二年、二四頁および三四～三五頁参照。
(20) 田村喜代治『北光社探訪――明治30年代の手紙が語る開拓者群像』北光虹の会、一九九三年、五四～五五頁参照。
(21) 同右、一一頁参照。
(22) 北見市史編さん委員会『北見市史』下巻、北見市、一九八三年、三一九頁。その典拠は、『福音新報』明治三四年八月二一日号に掲載された「北光社近況」の記述である。
(23) ただし、彼らには、神の前での「自由」、「平等」という本来のキリスト教的理念と自然法概念から出てくる「自由」、「平等」の理念とを区別する視点はなかったと思われる。
(24) 高橋信司「自由民権運動とキリスト教」『高知短期大学研究報告』第一五号、一九六四年九月、五～六頁参照。
(25) Max Weber, *Wirtshaft und Gesellschaft*, (5. Redivierte Auflage, J. C. B. Mohl) S. 357(マックス・ヴェーバー、武藤一雄他訳『宗教社会学』創文社、一九七六年、二七九頁)。
(26) Max Weber, *Ibid*. S. 306(同右訳書、一五七頁)。
(27) Max Weber, *Ibid*. S. 307f.(同右訳書、一六〇～一六一頁)。
(28) 松本三之介『明治精神の構造』日本放送出版協会、一九八一年、六四～六五頁参照。
(29) 前掲『自伝』、八六～九〇頁参照。
(30) 北見市史編さん委員会『北見市史』資料編、北見市、一九八四年、一四一～一四六頁。
(31) 土居晴夫「北光社移住史新考」『土佐史談』一一八号、一九六七年一一月、一五頁。前掲『北見市史』上巻、七八一頁にも掲載。なお。この史料の詳細については後記本章二七三～二七四頁参照。
(32) 前掲『坂本直寛著作集』に所収(中巻、三七、一一二～一一七頁)。なお、初出版については前掲註(7)参照。
(33) 前掲『坂本直寛著作集』中巻、三七、一一六～一一七頁。
(34) この考えは、当時の開拓指導者、とくに開拓使のお雇い外国人たちの共通認識であった。

（35）前掲『聖園教会史』、二五～二六頁参照。
（36）田村喜代治前掲書、五一頁参照。
（37）ヴェーバーの宗教社会学的諸論文にある農民の宗教意識に関する箇所を参照されたい。Max Weber, *Wirtschaft und Gesellschaft*, S. 285f.（前掲マックス・ヴェーバー、武藤一雄他訳『宗教社会学』、一〇七～一一〇頁）、Max Weber, *Gesamtausgabe (MEG) I/19*, S. 105f.（『世界の大思想II－7、ウェーバー　宗教・社会論集』河出書房、一九六八年、一三四頁）。
（38）本書第二章一〇一頁、第四章二〇一～二〇四頁参照。
（39）前掲『北見市史』上巻、八七九～八八〇頁参照。この記事の典拠は明らかではない。
（40）前掲『北光社探訪』、四七頁参照。
（41）浦臼町史編さん委員会編『浦臼町史』浦臼町、一九六七年、二八九頁には、古翁の思い出話として次のような記述がある、「…大自然のうちにはぐくまれ、祈りに感謝をもって日々楽しく過ごした。聖日は厳守され、賛美歌の声は大森にこだまして、教会生活は部落をあげて全戸もれなく守られていた。」
（42）前掲『聖園教会史』、三五三～三五四頁。
（43）浦河町史編纂委員会編『浦河町史』上巻、浦河町、一九七一年、六九九～七〇〇頁、および本多貢著『ピュリタン開拓――赤心社の百年』赤心株式会社、一九七九年、一六頁参照。また本書第一章、四六頁参照。
（44）前掲『坂本直寛著作集』中巻、三七、一一二頁。
（45）前掲『自伝』、一〇六～一〇七頁。
（46）彼は浦臼移住の翌年（明治三十一年）、石狩川氾濫の大水害に見舞われたことから、土居勝郎らと救援のため、板垣退助内務大臣に働きかけて、政府から救済金を引き出すことに成功した。さらに石狩川治水規成会と災害救援運動団体として創立された北海道同志倶楽部に評議員として参加した。その後、後述するように、彼は明治三十五年（一九〇二）には『北辰日報』の主筆に迎えられ、そしてすぐに夕張で結成された大日本労働至誠会会長にも就任した。これら一連の行動は、まさに彼の《政治活動復活》を表している。佐藤忠雄『新聞にみる北海道の明治・大正』北海道新聞社、一九八〇年、一六六～一六八頁参照。
（47）前掲『自伝』、八八頁。なお、カッコ内の部分は、原本にはあるが、口語訳ではなぜかカットされている。筆者にとっては重要と思われるので加えたものである。

(48) 野付牛町編『野付牛町誌』野付牛町、一九二六年、六～七頁。
(49) 訓子府村史編さん委員会編『訓子府村史』訓子府村、一九五一年所収、「附録、北光社由来記」、二九〇頁。なお、訓子府町史編さん委員会編『訓子府町史』訓子府町、一九七六年ではこの史料をもとに、多少表現を変えた記述が一〇三頁にある。
(50) 安藤武雄編『北見市史』北見市、一九五七年、二八三頁。
(51) 米村喜男衛『北見郷土史話』北見郷土史研究会、一九三三年、二八九頁。
(52) この一名とは、武内羊之助である。池田七郎「北光社移民史」前掲『北見市史』資料編、三六九頁)。
(53) 土居晴夫前掲論文、一五頁。
(54) 同右、一九頁、続訓子府町史編さん委員会編『続訓子府町史』訓子府町、一九九八年、二〇頁註(1)参照。
(55) 土居晴夫前掲論文、一八頁参照。
(56) 同右、一八～一九頁参照。
(57) 前掲『続訓子府町史』、一六～一八頁参照。
(58) 晩年の前田駒次は記憶力が衰え、とくに年月の錯覚が多かったことは、彼の談話などを基に「北光社移民史」を書いた池田七郎氏も指摘している(前掲『北見市史』資料編、四三五頁)。
(59) 前掲『聖園教会史』、四三頁参照。
(60) 北見市市民部市民の声をきく課編『歴史の散歩道——北見市開基九十年市制施行四十五年記念』(北見市、一九八六)では、典拠は明らかではないが、「前田は明治二十八年、北光社幹部の依頼で予定地クンネップ原野を単身で踏査にあたり、その結果を北光社に報告したことが北光社設立の出発点となりました。」と明確に書いている(四〇六頁)。
(61) 前掲『聖園教会史』、三七頁参照。
(62) 土居晴夫前掲論文、一八頁。
(63) 初代道庁長官として殖民地選定に尽力した岩村通俊を兄に持つ林有造は、片岡健吉や武市安哉と並んで早くから北海道に着目しており、北光社設立に関わる重要な人物である。田中彰・桑原真人『北海道開拓と移民』吉川弘文館、一九九六年、一一四頁参照。
(64) この法の趣旨・目的は、開墾・牧畜などに対しては、無償で大面積の土地を貸し与えることによって会社や組合組織による開拓移住を優遇することであった。永井秀夫・大庭幸生編『北海道の百年』山川出版社、一九九九年、六八頁参照。

(65) 前掲池田七郎「北光社移民史」でも、北光社設立の経緯に関する中心人物として記述されているのは澤本楠弥のみで、坂本直寛はまったく出てこない。
(66) 前掲『北見市史』上巻、八五二頁、八五四頁参照。
(67) 自由民権運動の闘士であった頃、彼は植木枝盛、馬場辰猪と並んで三大論客と称されていた。
(68) 前掲『北見市史』上巻、七六九頁。
(69) 金田隆一氏も、「直寛の民権論と国権論の思想的併有は、キリスト教信仰によっても矛盾なく統一され、いっそう深化している」と、同様の趣旨のことを述べている。金田隆一「北海道における坂本直寛の思想と信仰」(永井秀夫編『近代日本と北海道』河出書房新社、一九九八年、二九八〜三〇〇頁参照。
(70) E・トレルチ「政治倫理とキリスト教」、『トレルチ著作集3』ヨルダン社、一九八三年、八九〜九三頁参照。
(71) トレルチは、キリスト教倫理が政治思想や政治倫理に間接的に影響を与えることはあっても、キリストの理念から直接的かつ本質的に演繹された政治倫理は存在しないと述べている。また、キリスト教倫理が、民主主義の倫理や保守主義の倫理に影響を与えることはあっても、愛国心という純粋に国家主義的な倫理はキリスト教的倫理とはまったく無関係であるとしている。同右、七六頁、八〇頁参照。
(72) 詳細については後述の本文(二八〇頁)および註(75)に記された史料を参照。
(73) 晩年の著作でもなお彼は、韓国への拓殖移民を力説している。その内容は帝国主義的西欧列強の植民地主義の論理とほとんど変わらない。これはまさに「自治」の思想とは正反対のものである。坂本直寛「韓国に於ける我邦の経営」(『坂本直寛著作集』中巻、三九、一二二〜一二五頁参照。
(74) 前掲『自伝』、六四〜六五頁。
(75)『坂本直寛著作集』中巻三九「韓國に於ける我邦の經營」、四〇「對韓経営に就て我黨の士に望む」、四一「宗教上より日本の天職を論ず」(以上一九〇四年)、下巻四七「韓國と其救拯」(一九〇五年)。
(76)「青年ヨセフ」(『福音新報』明治三四年一二月二五日〜明治三五年一月一五日号)、「魔西」(同、明治三五年七月一〇日〜八月二一日号、「曠原之異人エリア」(同、明治三六年七月一六日〜八月二七日号、および北海道立文書館所蔵「坂本直寛自筆文書」目録番号五九)。なお、その全体的な解説については、吉田曠二『龍馬復活——自由民権家坂本直寛の生涯』朝日新聞社、一九八五年、一八一〜一八五頁参照。

(77) Max Weber, *Wirtschaft und Gesellschaft*, S. 352f.(前掲マックス・ヴェーバー、武藤一雄他訳、二七六〜二八五頁)、Max Weber; *MEG I/19*, S. 490f.(前掲『世界の大思想 II―7、ウェーバー宗教・社会論集』、一六七〜一七四頁)参照。

(78) トレルチ前掲書、九〇頁参照。

(79) 前掲『坂本直寛著作集』中巻四〇「對韓経営に就て我黨の士に望む」で、彼は「唯飽くまでも義の為に戦ふにあり、結果の如きは神の聖意に任せて可なり。」と述べている(一二六頁)。これは、マックス・ウェーバー流にいえば明らかな「心情倫理」であり、「責任倫理」に基づくべき政治の世界との危険で不純な混同であるということになる。Max weber; *MEG I/19*, S. 497f.(前掲『世界の大思想II―7、ウェーバー宗教・社会論集』、一七三〜一七四頁)、Max Weber; *MEG I/17*, S. 247f.(前掲マックス・ヴェーバー、濱島朗訳『現代社会学体系5、ウェーバー社会学論集』青木書店、一九七一年、五三六〜五三九頁参照。

(80) 前掲『自伝』、一三〇〜一三一頁。

(81) 佐藤忠雄前掲書、一六八頁参照。

(82) 前掲『福音新報』一一一号(明治二六年四月二八日号)。

(83) ただし、早逝した武市を例外として、政治活動への執着をもっていたのは坂本だけではない。坂本の戦線離脱の後、北光社の社長になった澤本楠弥は七年後に北光社を去り、郷里で代議士出馬に向けて活動した。また、その後を引き継いで北光社の再建に活躍した前田駒次も、明治四十年以来七期の道議会議員を勤め、その結果北光社運営はおろそかになり、このことが大正三年、黒田への譲渡による北光社消滅の最大の原因となった。一方、聖園農場でも、武市の死後土居農場としてこれを引き継いだ土居勝郎は、明治三十六年以来四期の道議会議員を勤めている間、農場経営は放置され、明治四十二(一九〇九)年、農場は北海道拓殖銀行に譲渡されてしまった。このように見てくると、北海道開拓移住事業における、土佐の自由民権運動家たちに共通の問題点が指摘されるかも知れない。それはすなわち《政治への執着》である。前掲『北見市史』上巻、八九八〜八九九頁、九〇八〜九二一頁、『浦臼町史』、二九八頁参照。

(84) 前掲『北見市史』上巻、七七〇頁、上元芳男「北海道開拓のクリスチャン農民における生活・信仰・音楽について」上元芳男著作選集刊行実行委員会編『探求の歩み――上元芳男著作選集』馬場敏明、一九九六年、二三頁参照。

(85) 彼が聖園農場においても孤立していたことは、内務省から支給された資金の配分をめぐる村民の誤解、そして石狩川治水のための請願書を持参して上京した際の使途不明金をめぐる批判と村内での村八分状態などが物語っている。前掲『自伝』、一一六〜一二四頁、および吉田曠二前掲書、一七七〜一七八頁参照。

(86) 前掲『自伝』、一三一〜一九二頁参照。なお、ここでの「リバイバル」とは、通常の「信仰復興」という意味を超えて、坂本の説教を通じて聴衆に聖霊が下り、会場全体が特殊な感動状態に陥ったことを意味している。

(87) 土居晴夫氏や『北見市史』の著者である小池喜孝氏と小池創造氏、そして『龍馬復活』の著者吉田曠二氏などの著述はみな、坂本直寛を名実ともに北光社設立および事業のリーダーであるとする立場から書かれている。また武田清子氏は「藩閥政府がそのイデオロギーをもって一方的に確立してゆく天皇制体制のもとにあって、キリスト教にもとづいた自由民権の尊ばれる社会の形成が不可能と見きわめられた時、このような日本国に対して、彼らははっきりと〝否〟を宣告したのである」と述べている(武田清子「近代日本思想史における坂本直寛」、前掲『自伝』、二一七〜二一八頁)。しかし、すでに見たような坂本の思想のナショナリズム的傾向と北光社事業の現実を考える時、これはどう考えても過大評価と思われる。

(88) 前掲『北見市史』上巻、八〇七〜八〇八頁。

第六章　遠軽・北海道同志教育会（学田農場）
——遠軽教会との関係とその特質

はじめに

前章で論じられた北見・北光社とほぼ時を同じくして明治三十年(一八九七)、現遠軽町に入殖した北海道同志教育会(学田農場)もまた、キリスト教徒によって企画された移住団体である。この組織の発案者は当時の日本のキリスト教、長老派教会の中心人物であり、東北学院の創立者で北海道への布教にも功績のあった押川方義であった。この組織の最終的目的は、日本国と北海道の将来を担う人材を養成するキリスト教主義に基づく私立大学を設立することであったが、まずそのために、会員を募って資金を集め、それを基にこの地に小作人を入れて学田を開拓し、そこから生ずる利益を年々積み上げることによって、三〇年後に目的を達しようとしたものであった。そして、現地で実際にこの組織の結成、移住開拓を進めたのは、彼の東北学院時代の教え子で当時の札幌北一条教会の牧師、信太寿之であった。

この組織は明治二十九年(一八九六)一月に結成され、翌明治三十年五月、およそ三〇戸一二〇人からなる新潟からの第一回移民団がこの地に入殖した。その後、後述するような経緯をへて、明治の末ころ北海道教育同志会は解散した。その間、この団体に所属する一部のキリスト教徒が中心となって明治三十七年には現在の遠軽教会の前身となる集会所が作られた。

ところで、キリスト教的開拓移住団体の場合、とくに重要となるのは団体としての開拓事業と移住民の精神的支柱となった教会との関係のあり方である。これらの団体は移住後すぐになんらかの形で住民の定期的な集会や礼拝が行われ、数年後には教会が設立されて団体の開拓事業を内面から支えると同時に、団体の本来の目的が挫折した後も現在に至るまで存続して地域の発展と連帯になにがしかの貢献を果たしているというのが通例である。すでに見たように、赤心社では元浦河教会、インマヌエル団体では聖公会インマヌエル教会と利別教会(組合教会)、聖園農場では聖園教会(長老派)、北光社では北光教会(長老派)、そして学田農場では遠軽教会(長老派)がそのような役割を果たしている。しかし、学田農場と遠軽教会との関係はほかの団体と比較した場合、かなり異なった状況にあり、このことがこの団体の開拓の成果や地域への貢献のあり方の独自性に影響を及ぼしているとみることができる。

本章では、北海道同志教育会について、その設立の動機や経緯、その挫折の原因などについて精神史的、宗教社会学的観点から考察し、ほかの同種団体との比較に基づいてその特性を明らかにするとともに、『遠軽町百年史』(下記参照)などにおける、この団体に関するこれまでの通説に若干の修正・補完を加えることを目的とする。ところで、北海道同志教育会および遠軽教会に関する直接的・間接的史料・文献はほかの同種団体と比較してもきわめて少なく、しかも現在参照可能な一次史料はごくわずかで、ほとんどが二次史料である。そのおもなものを挙げると以下のようになる。

(一次史料)

信太寿之「旅行日誌」(以後「旅行日誌」と略記)。会の組織化と資本主の勧誘のため、明治二十八年(一八九五)六月十九日に札幌を出発して八月十五日、故郷の秋田に帰るまでの間に断片的に記録されたもの。全文が遠軽町『遠軽町百年史』遠軽町、一九九八年、一〇八〜一一〇頁に掲載されており、原史料は遠軽郷土資料館に保管されている。

信太寿之「学田地探検日記」(以後「探検日記」と略記)。雑記帳に走り書きした二葉の日記で、全文が『遠軽町百年史』一一〇頁に掲載されており、原史料は遠軽町郷土館に保管されている。

信太壽之・西勝太郎「北海道同志教育會第一学田地探検報告書」(以後「探検報告書」と略記)明治二十九年(一八九六)十月付で探検の結果を公表したもの。全文が『遠軽町百年史』一一〇〜一一二頁に掲載されている。

北海道同志教育會「旨意書」・「會則」。明治二十九年一月に公表されたもので、全文が『遠軽町百年史』一〇四〜一〇八頁に掲載されており、原史料は遠軽町郷土館に保管されている。

「北海道同志教育會第一學田地　資本主心得」、「北海道同志教育會第一農場小作規程」前者は明治三十年(一八九七)、後者は明治三十一年に書かれたもので、全文が『遠軽町百年史』一一三〜一一七頁に掲載されており、原史料は遠軽郷土資料館に保管されている。

「北海道同志教育會報告書」。明治三十年四月五日付で東北学院労働会発行の機関紙『芙蓉峰』誌上に発表されたもので、同年三月二十三日、東京都日本橋区呉服町柳屋方で行われた評議員会の内容を記録したもの。出席者は押川、信太のほか、本多庸一、川崎芳之助であった。ここで役員の選任や会員募集の状況や、資本金募集の収支報告などがなされている。全文が『遠軽町百年史』一一九〜一二一頁に掲載されている。

「開村二十五年史原稿」(一九一六年)　学田二五年祝賀記念祭総裁信太寿之の指示によって編纂されたものであるが、印刷刊行はされなかった。当時の学田農場地域内の農家一一名(農村側)の略伝と、付録としてそのほかに市街地居住者三六名(市街側)の略伝が記載されており、現在は遠軽町郷土館に保管されている。

(二次史料)

遠軽町『遠軽町史』遠軽町、一九七七年。北海道同志教育会に関するかなり詳細な記述があるが、それが依拠した史料については明確ではない。

遠軽町『遠軽町百年史』遠軽町、一九九八年。北海道同志教育会に関して上記をやや変更・補完したものが掲載されている。依拠した史料については前記と同様。

『遠軽町學田開拓親睦会　百回記念誌』遠軽町學田開拓親睦会、一九九八年。上記『開村二十五年史原稿』を基にして印刷・刊行されたもの。

『遠軽日本基督教会五十年史』日本基督教会遠軽教会、一九五四年。昭和十九年四月から当教会の牧師を務めた南義子氏がさまざまな史料や証言を基に記述したもの。根拠となった史料についての記載はない。非売品。

『北海タイムス』大正一一年八月七日号特集記事「信太壽之氏の事業と氏の性格」(以後「北海タイムス特集記事」と略記)。信太の略歴や業績を詳細に紹介したもの。根拠となった史料の記載はない。

そのほか、間接的な史料・文献のおもなものとしては以下のものがある。

崎山信義『ある自由民権運動者の生涯――武市安哉と聖園』高知県文教協会、一九六〇年

日本基督教会聖園教会編『聖園教会史』日本基督教会聖園教会、一九八二年

札幌北一条教会歴史編纂委員会編『日本キリスト教会札幌北一条教会一〇〇年史――1890–1995』札幌北一条教会、二〇〇〇年(以後『札幌北一条教会一〇〇年史』と略記)

I・G・ピアソン著、小池創造・吉田邦子訳『六月の北見路　北辺のピアソン宣教師夫妻』日本基督教会北見教会ピアソン文庫、一九八五年(以後、『六月の北見路』と略記)

北海道総務部行政資料室編『開拓の群像　上』北海道、一六九六年

第一節　北海道同志教育会設立の経緯

一　北海道同志教育会事業の概要

明治二十九年（一八九六）一月、「北海道同志教育会」が結成され、その「旨意書」および「會則」が発表された[(1)]。それによれば、この組織の目的は、日本の近代化を促進させ、日本国と北海道の将来を担う青年に高度の教育を授ける私立大学を設立して独立自営の人材を養成しようというものであった。このため、まず会員を募って資金を集め、それを基に北海道の未開の殖民地を借り受け、小作人を入れて学田を開拓し、そこから生ずる利益を年々積み上げることによって、三〇年後に私立大学建設の目的を達しようとしたものであった。会長には押川方義[(2)]、副会長兼会計には本多庸一[(3)]、もう一人の会計は川崎芳之助、そして農場監督として信太寿之がなり、さらに評議員として、片岡健吉[(4)]、小崎弘道[(5)]、海老名弾正[(6)]、仁平豊次、田村顕允、島田三郎[(7)]、江原素六[(8)]が名を連ねている。彼らは、北海道に移住した伊達亘理藩の家老で伊達教会の創立者である田村顕允を除けば、まさに当時の日本キリスト教界を代表する人物ばかりである。

「會則」、「北海道同志教育會第一學田地　資本主心得」、「北海道同志教育會第一農場小作規程」からこの会の組織と財政的計画についてその概略を述べよう。この会は会員、資本主、小作人から構成され、会員は出資した額によって名誉会員、特別会員、通常会員に分けられた。資本主とは、借り受けた土地に資金を投入し、それぞれ小作人を入れて一戸分（五町歩）以上を開墾する者とされ、あらかじめ一戸当り二〇〇円を会に出資する一方、小作人から年毎に定められた小作料を徴収するものとされた。この小作人の募集、管理、小作料の徴収と資本主への払い込みなどは会の事務所が行うことになっている。こうして当面は会費や資本主からの出資金を元に第二、第三の開墾地を増やしてゆき、九年後からは三、〇〇〇町歩に拡げた開墾地から直接小作料を徴収し、その利益を積み立てていって三〇年後には大学を建設しようというのが大まかな計画であったと思われる。

この企画が動き出したのは前年の明治二十八年夏からで、押川方義と信太寿之によってであった。それ以来、主として信太が資本家や移住者の勧誘に奔走した。そして移住候補地の視察探検の結果、移住学田地として上湧別原野(現遠軽町)が決定され、「湧別原野第四小作植民地」として開放された現在の遠軽町に含まれる土地約四万八千坪(一、六〇〇ヘクタール)[9]を借り受けた。その後聖園農場から北見・北光社を経て学田に先に入った野口芳太郎らによる小屋掛けなどの受け入れ準備が完了して、およそ三〇戸一二〇人からなる新潟からの第一回移民団が学田に入殖したのは明治三十年五月七日であった。この日は遠軽町開発の基礎をつくった歴史的な日とされている。

その後、第二回移民団として、明治三十一年に主として山形県から七〇戸ほどが入殖、さらに第三回移民(明治三十二年)が山形県から一二ないし一三戸、第四回移民(明治三十三年)として山形県から三、四戸が入殖したがそれ以後は打ち切られた。その間、凶作や明治三十一年の大洪水などで移住した者のなかから大量の脱落者が出たが、少数の残留者だけでなんとかもちこたえ、明治三十三年以降は薄荷栽培の成功で一時的に黄金期を迎えたが、信太の信部内農場そのほかの事業の失敗もあって事業不振となり、明治の末ころ(史料がないので不明)北海道教育同志会は解散した。解散後の学田農場はすべて信太個人の所有地になったと推測されている。[10]

二　発案者とその時期

北海道同志教育会の最初の発案者が、東北学院の創始者で信太の恩師である押川方義と押川の推薦で当時札幌日本基督教会(北一条教会)の牧師であった信太寿之のどちらであったのかについては、諸史料・文献によって相違があり、確定することは難しい。まず、「北海タイムス特集記事」は、明治二十八年(一九九五)、日清戦争(明治二十七年八月勃発)で国家の為に日々倒れる同胞を見ながら安閑として牧師の職にある自分を恥じた信太が、当時の北海道にもっとも欠けているものは教育事業であると考えてこの学田事業を発案し、恩師である押川の賛成をえたという書き方をしている。(11)ちなみにこの記事は信太に関する記述としては現存するもっとも古いものであるが、残念ながらそれが依拠した史料は不明である。全体として信太寿之の功績を讃える論調に貫かれており、また、詳細な点では『遠軽町史』と異なる点や不正確な記述が見られる。さらに、『札幌北一条教会一〇〇年史』では、信太がこれを計画して、それに賛同した押川が会長を引き受けたと記述している。(12)さらに『開拓の群像上』では、信太の熱意に押川が感動し、進んで会長を引き受けたと記述されている。(13)ただし、これは上記北海タイムスの記事を典拠にしたものと思われる。

他方、『遠軽町百年史』では、その時期には触れていないが、押川の命を受けた信太が実質的な企画、実行を担当したと記述している。(14)また、藤一也『押川方義――そのナショナリズムを背景として』では、明治二十八年十月に押川がこの事業を起こし、その実質的企画者が信太であったと記述している。(15)これらの相矛盾するする文献・史料からその発案者を断定することは困難であるが、少なくとも「旨意書」のきわめてナショナリスティックな論調はまさに押川の思想そのものである。従って、この発想の主導性は師である押川にあると見るのが妥当と思われる。

この企画が生まれた時期については、後述するように明治二十八年六月に信太が会の組織化と資本主勧誘のために四国方面に出かけていることから、明治二十八年初頭から遅くても五月までの間であったと推定される。

三　動　機

この種の開拓移住の動機としては通常政治的、経済的、宗教的の三要素が考えられる。「旨意書」の文面から見る限り、まずいわゆる愛国の情、つまり独立自営の人材を養成して国家永遠の大計を立てようとする政治的動機が優勢である。ただし、こうした政治的色彩の強い文面は同種移住団体の対外向けの公的文書には類型的に見られるものであり、必ずしもその真意が表明されているとは限らない。しかしいずれにせよ、押川方義が熱烈なナショナリストであり、その弟子である信太にもその影響が強く見られることは間違いないであろう。

経済的動機に関していえば、押川や信太をはじめとするこの事業の主催者には、聖園農場の指導者、武市安哉に見られるような郷里の貧窮農民の救済という動機[16]や赤心社に見られる士族授産という動機[17]はほとんど見られない。問題は信太寿之に当初から事業家、経営者としての経済的野心がなかったかどうかであるが、それは不明である。ただ後述するように、少なくとも結果的には、学田に移ってからの信太の生きざまは(政治への志向を強くもった)事業家そのものであったといえるであろう。

宗教的動機についても不明な点が多い。ほとんどの史料・文献は信太らが最終目的とする私立大学がキリスト教主義の大学であることを当然の前提としている。しかし、旨意書を含めて少なくとも記録としてはそのような文言はどこにも見られない。ただ、赤心社などほかのキリスト教的移住団体の規約書や趣旨書など公的な文書にはキリスト教の語が出てこないことが通例であること、そしてこの事業の企画者・賛同者がすべてキリスト教徒であること、また後世に伝えられた初期移住者の意識のなかにそのような要素があったことが想定できることなどから、この前提はおおむね正しいであろう。次節で述べるように、少なくともこの事業の発案と草創期には明確なキリスト教的理念があった。しかしそれでもなお、信太自身が最後まで真に〝キリスト教主義〟の大学を考えていたとは断言できないように思われる。というのは、後述の野口芳太郎との不和に見られるように、その後の信太自身の言動からその痕跡がほとんど見られないからである。

こうしてみると、この事業の目的、動機としてもっとも強調されるべきものは取りあえずは押川や信太の〝教育への情熱〟ということになるであろう。しかしこれだけではいまだ抽象的である。いったい彼らはどのような質の教育を考えていたのか、そのより具体的な像を考えるとき、事業開始前後の間接的状況証拠からひとつの仮説が成立すると思われる。それを次節で紹介したい。

四　武市安哉の「開拓労働学校」構想の継承としての同志教育会

聖園農場の創設者でカリスマ的リーダーであった武市安哉は明治二十七年(一八九四)十二月二日、青森発函館行きの青函連絡船中で急死した。それは仙台で押川方義とかねてから共同で計画していた「開拓労働学校」の設立についてツメの会談をした直後のことであった(18)。この開拓労働学校というのは、夏は働き、冬は学問をするという自給自足の学校で、宗教と労働と学問を統一した教育機関であり、武市はそのための用地も聖園内に確保していた。もちろん武市のこの構想については、聖園農場の幹部たち(そのなかには野口芳太郎も含まれる)や明治二十七年から説教のため聖園を訪れ、また明治二十八(一八九五)年一月(武市が死去して間もない時期)の第二回北海道冬季学校（於岩見沢）に参加して[19]聖園農幹部と親交・交流を深めていた信太寿之も知っていた。

ところで、聖園農場も北光社もともに武市や坂本直寛（北光社初代社長）ら高知（土佐）の自由民権運動家であり、同時に高知教会のメンバーであるグループが母体となって企画・実践されたものであるが、そのなかでキー・マンの位置を占めていたのは北海道同志教育会の評議員の筆頭に名を連ねている片岡健吉であった。彼が残している『片岡健吉日記[20]』によれば、武市が死去してわずか一〇日あまり後の十二月十四日に、後に同志教育会の会長、副会長になる押川方義と本多庸一が片岡宅（東京と思われる）を訪れ、さらにその一週間後には同じく同志教育会の評議員になる島田三郎にも会っている。日記には会談の内容は書かれていないが、そのタイミングから考えて、この時に武市の遺志を継ぐ何らかの教育機関についての構想が話題になった可能性が否定できない。またそれから二カ月後の明治二十八年（一八九五）二月十日には片岡が押川を訪問しており、この時にさらにその構想を煮詰めた可能性も考えられる。もしこの仮説が正しいとすれば、それから実際に信太が動き出すこの年の六月までの間に押川とその弟子信太との間で役員組織を含めた同志教育会の構想がほぼ固まっていたものと考えられる。

信太の「旅行日誌」によれば、明治二十八年六月十九日、信太は同志教育会の組織化と資金集めのために札幌を出発した。同月二十八日には仙台日本基督教会で押川と会い、七月二十二日には高知で片岡と会い、さらに翌二十三日には高知教会のメンバー約二〇名（片岡を含む）を集めて学田（同志教育会）のための集会を開いた。この集会は、それによっておおいに触発された高知教会のメンバー、そして同時に東京で頻繁に開かれていた土佐会のメンバーに北光社設立へのモチベーションを与えたのではないかというのが、ほかの状況とも考え合わせた筆者のもうひとつの仮説である[21]。その後信太は八月四日、東京で植村正久、島田三郎（評議員）、江原素六（評議員）と会って学田事業について相談している。

札幌に戻った信太は同年十一月十一日、札幌の山形屋旅館で武市の後継者となった聖園農場の土居勝郎（武市の娘婿）に会い、学田事業費として五〇〇円を借りる約束をした。この事実は押川、信太の事業に聖園の幹部たちも積極的に協力する姿勢をもっていたことを示している。このことは、聖園側にはこの事業が武市の遺志の継承と見なされていたと仮定すれば極めて合理的なものとして理解できるであろう。

一方、『片岡健吉日記』によれば、翌明治二十九年（一八九六）一月二十四日、信太が片岡宅を訪問し、その後片岡は小崎弘道とも連絡を取っているが、この前後に同志教育会の「旨意書」、「會則」が作成・公表されたと思われる。その間、二月六日には学田事業に五〇〇円を貸すことを約束したばかりの土居勝郎が高知を訪れて高知教会メンバーに北海道殖民談を語っているが[22]、そこでは当然、学田事業と北光社設立を話題にしたに違いない。さらに片岡は二月二十五日に高知から上京した土居（三月四日まで東京に滞在）に会い、三月三日には押川、信太に会っているが、この時、片岡、土居、押川、信太の間で学田事業について、とくにその土地選定の問題について話し合われた可能性が高い。そしてさらに七日に北垣国道[23]にあったのは、土地選定の助言を受けるためと思われる。

学田の土地選定は明治二十八年末から同二十九年秋にかけて信太を中心に行われた。「旅行日誌」によれば、信太は二十八年十一月十三日に天塩に行き、増毛を視察した。彼が天塩に行ったのは、恐らくその年の秋に、北光社設立の土地視察のために片岡からの依頼で聖園の前田駒次がすでに天塩を視察し[24]、有力な候補地になっていたためと思われる。ここにも片岡―聖園を軸にした同志教育会と北光社の関連性がうかがわれる。その後明治二十九年の夏から秋にかけて湧別原野の探検が行われ、明治二十九年十月付で「第一学田地探検報告書」が信太寿之、西勝太郎[25]の連名で出されており、そこで北見国紋別郡上湧別原野が適地であることが報告された。

ところで、『遠軽町史』および『遠軽町百年史』によれば、野口芳太郎の妻ハルの証言から[26]、この探検には信太、西のほかに聖園農場から野口芳太郎と土居勝郎（途中から浦臼に引き返した）が同行している。この事実はきわめて興味深い。何故なら、これとほぼ同じ時期に聖園農場の前田駒次が高知から来た坂本直寛、澤本楠弥とともに北光社の土地選定のため北見、クンネップ原野への視察旅行に出かけているからである。[27]これだけの幹部が一度に聖園農場を留守にしたということは、このふたつの探検が聖園農場という組織を挙げて、しかも一貫した計画のもとに(手分けして)行われたものであり、また、このことが武市の遺志を継ぐ聖園農場にとってきわめて重要な事柄であったと考えなければ理解できないであろう。さらに、このように同志教育会(学田農場)が聖園農場および北光社と密接な関連性をもっているということを示しているのは、当初農業事務員として学田に入り、その後郵便局長を勤めながら遠軽教会の設立に中心的役割を果たした野口芳太郎の存在である。彼は武市安哉の思想に共鳴して聖園農場の幹部となって活躍した後、明治二十九(一八九六)年秋から冬にかけてクンネップ原野で翌年の北光社移住民の受け入れ準備作業に従事した後、翌年三月には学田農場の移住民受け入れ準備のために学田ですでに活動していたのである。[28]この事実もまた北光社および学田農場設立に際しての聖園農場の強い関与を示すものであろう。『遠軽町史』をはじめとする同志教育会(学田農場)に関するこれまでの史的叙述や言及には、聖園農場や北光社とのこのような密接な関連性についての認知や指摘はまったく欠如している。[29]

五　事業の挫折とその原因

キリスト教的開拓移住団体のなかで、曲がりなりにもその当初の目的を果たし、長く存続したのは赤心社のみであり、[30]インマヌエル団体は四年後には早くもキリスト教理想村という当初の目的を実質的に放棄せざるをえなかった。また聖園農場は一五年、北光社も一六年で組織的としては解体した。そしてこの北海道同志教育会事業もまた開始後ほぼ一四年で挫折、解散した。これらの結果に共通する原因の第一は、なんといっても北海道の過酷な気候による不作やとくに明治三十一年(一八九八)に北海道各地を襲った大洪水などの災害によるメンバーの大量脱落である。

しかし、この学田農場の場合、脱落者の比率が飛び抜けて多いことが特徴的である。『遠軽町百年史』によれば、第一回入殖三〇戸のなかで残ったものはわずか七戸のみであった。その理由は、天候不順による不作のほかに、約束違反、つまり、会の資本主が思うように集まらなかったために移住時の約束(小作人一戸に対して一〇〇円を貸与することなど)に反して十分な支給ができなかったことにあるという。[31] この点ではこの事業の財政計画の杜撰さもまた挫折の原因として指摘できるであろう。三〇年というあまりに長大な計画もさることながら、会員や資本主の応募数予測などに甘さがあったと思われる。

さらに、開拓事業あるいは地域の発展を左右する要素として、事業と教会を核にした信仰生活の状況が挙げられる。この団体の場合、ほかの同種団体に比較しても、移住民の間での目的意識の共有や信仰などの内面的絆、精神的連帯という点ではきわめて弱かったと思われる。その点については次節で考察したい。

第二節　遠軽教会設立の経緯と学田事業との関係

一　学田農場における信仰生活

すでに述べたように、キリスト教的移住団体の場合、移住後の早い時期から信者たちの会合がもたれ、やがて教会が建設されて、過酷な条件のなかでの開拓事業を内面から支えるという環境が形成されるというのが通例であった。明治十四年(一八八一)に現浦河町に入殖した浦河・赤心社の場合、その趣意書や同盟規則のなかには日曜集会への出席を義務づけていること以外にはキリスト教的な意図はまったく盛り込まれておらず、しかも一貫して会社経営は移住民の内面的生活としての教会とは形式的に分離されていた。この点では北海道同志教育会と共通点をもっているといえよう。しかし他方、実際に移住してきた者も含めて赤心社の幹部のほとんどがキリスト教徒であり、一般移住者のなかにもかなりのキリスト教徒がいた。そして移住の当初から日曜日午前の集会は厳守され、そこでキリスト教講話や修養談がなされていた。また会社から与えられた草小屋で日曜日には安息日学校が開かれていた。そして入殖から四年後の明治十八年に学校兼会堂が建てられ、翌年には浦河公会が設立されている。[32]移住者の全員がキリスト教徒であった今金・インマヌエル団体の場合は、最初からキリスト教徒の村を作ろうという目的があったこともあり、移住当初から組合教会派、聖公会派が共同で毎日曜日の集会をもった。移住三年後の明治二十九年に聖公会派が、そして明治三十一年には組合教会派がそれぞれの教会を建設した。[33]浦臼・聖園農場でも最初から移住者のなかにキリスト教徒が多く、リーダーの武市安哉の感化のもとで移住の翌日から日曜の礼拝を欠かさず続け、一年後には第一次移住者全員がキリスト教徒になった。そして入殖の翌明治二十七年(一八九三)には早くも教会(日本基督教聖園講義所)が設立されている。[34]北見・北光社の場合は、同志教育会と同様、幹部以外の一般移住者にキリスト教徒はきわめて少なかったこともあり、キリスト教的活動は停滞した。最初の公式の礼拝が行われたのが入殖三年後の明治三十三年(一九〇〇)、そして教会(伝道所)が設立されたのは入殖七年後の明治三十七年であった。[35]

さて、移住直後の学田農場における信仰生活はどうだったのであろうか。まず上記の諸団体とは異なって、移住者のなかにキリスト教徒はほとんどいなかったと思われる。しかし、『札幌北一条教会一〇〇年史』によれば、「入植と同時にその有志と土地の信徒を中心に、信太は伝道集会を開いた。開発計画が破綻した後も、農場に残った人々に信太は聖書を語り、この人々が初穂となって、一九〇六年に日本基督教会遠軽伝道教会が建設された。[36]」と記述されている。さらに、『北海道開拓功労者関係資料集録　上』によれば、「明治三十一年、信太は洪水のあと農場に残った人々を自宅に呼んで、キリストの福音を説く集会を続ける(これが明治三十六年三月創立の遠軽日本教会に発展)。[37]」と記述されている。その典拠は不明であるが、常識的に考えるなら、彼が元は札幌北一条教会の牧師であったことや、とくに洪水被害で多くの移住者が逃亡したり、退去した後の状況を考えると少なくとも彼が住民にキリストの福音を説く機会があったことは十分可能であったと思われる。

しかし他方、奇妙なことに、『遠軽日本基督教会五十年史』にはこのような事実がまったく記録・報告されていないばかりか、この団体の信仰生活の分野における信太の存在はまったく無視されている。例えばそこには次のような記述がある。

かゝる事情の下に開基當初より基督教的理想は掲げられていたにもかゝわらず、入植者の悉くが信仰者であるという北海道開拓當時随所にみられた事情と遠軽の場合は異なり、政治的な要素を含むものであるだけに、第一義的なものが信仰に集注〔ママ〕されなかったことは残念であった。しかし農場監督信太氏は東北學院出身であるところから、同窓の舊知に秋葉定藏氏あり、同氏は基督者であった。彼は信太氏の提唱する教育同志會の主旨を是として教育係として三十一年五月渡道したのであった。[38]

この記述を読む限り、この『遠軽教会史』の基礎になっている証言などをした遠軽教会関係者の間では、信太寿之が学田に来る直前まで札幌日本基督教会北一条教会の牧師であったことはおろか、彼がキリスト教徒であることすら認知されていないように思われる。[39] これは学田農場と遠軽教会に関連した全体的状況からしてきわめて奇妙なことといわなければならないであろう。

いずれにせよこのことから推測できることは、少なくとも、信太は遠軽教会の設立やその後の運営にはほとんど関わっていないのではないかということである。明確な根拠はないが、その原因として想定しうることは、信太がこの事業を機会にキリスト者としての活動を事実上放棄したこと、またはなんらかの理由から教会とは意識的に距離を置いたことなどであろう。だとすれば、次節で論ずる信太と野口芳太郎との不和がそのひとつの背景になっていることが考えられる。

二　信太と野口の確執

『遠軽日本基督教会五十年史』では、信太と野口との間の確執について次のように述べられている。

移民に苦澁を與えた第一のものは約束の違反であった。移民の狀情かくの如くである時、野口氏は信仰的理想と精神的基礎が農場から失われることを極力おそれたのであった。…(中略)…かくて所信の相異から信太氏と袂を頒ち農場事務主任を辭し、郵便局を設置、局長となる傍ら北見青年會なるものを設立した。又これが教育と信仰的發達に力を注ぎ、自宅を開放して傳道につとめ、平素は數名の信徒が交々奬勵、感話をなし集會を續けた。(40)

この記述のみでは、二人の確執の具体的な内容は明らかではない。しかし、全体的な記述の基調から推測できることは、信太の事業重視というスタンスに対して信仰(精神的基盤)を重視しようという野口の意向が合わなかったということであろう。学田農場に来た野口が描いていた理想像は彼が以前にいた聖園農場のあり方だったのではなかろうか。

聖園の武市安哉も北光社の坂本直寛もともに高知の自由民権運動家であり、その運動の挫折から転じて新天地、北海道に新たなキリスト教的理想郷建設の夢を抱いて移住してきた。しかし、結局は政治的活動への執着を棄て切れずに北光社を投げ出した坂本とは対照的に、衆議院議員という身分を捨てて北辺での開拓に身を投じた武市の思想は、政治的手法による民衆の救済をきっぱりと断念し、キリスト教教育による人間の内面からの救済に賭けようというものであった。ただし、伝道だけで農民たちの経済的窮乏を救うことはできない。そこで生活の基盤である土地と労働の上に築かれる生活と内面的信仰が一体となった共同体の建設を志した結果として生まれたのが聖園農場であった。短い期間ではあったが、信仰を最優先する武市の聖園での生き様は移住民に大きな感化を与え、聖園農場の枠を超えた影響力を北海道の各地に及ぼした。武市の遺志を継いだ前田駒次は北光社を発展させ、大久保虎吉が美深教会を作り、そしてその影響を受けた近藤直作が佐呂間教会を作った。さらに武市の影響力は聖園からアメリカやブラジルへの移民を介して実に海外にまで及んでいる(41)。

学田農場に来た野口芳太郎もまさにその一人であった。このような武市の感化を強く受けた野口にとって、学田における信太の事業優先というスタンスは受け入れがたかったのではないだろうか。こうして学田から去った野口は北見青年会を作り、それが母体となって明治三十七(一九〇四)年に遠軽教会が設立されることになる。その間の二人の関係や信太の教会設立に対するスタンスがどうであったかを知るための史料はない。

三　札幌日本基督教会(北一条教会)における信太寿之告訴問題

他方、北海道教育同志会事業を契機に信太の関心や信条に大きな変化(信仰・伝道から事業へ、宗教から政治へ)が起こったことを示唆する事例として、札幌北一条教会での信太寿之告訴問題がある。明治二十六年(一八八三)十月、日本基督教会札幌教会講義所の主任者として迎えられた信太は、翌明治二十七年、宣教師三名と押川方義によって按手を受け、日本基督教会の教師となった。さらに翌明治二十八年十月には札幌日本基督教会建設式が行われ、信太寿之牧師の就職式も行われた。また彼は着任以来、地方の巡回伝道とともに、教会内においても講義所内に書籍館を設けるなど、多様な活動に取り組んでいた。ところが、明治二十九年八月十七日付けで、突然信太から宮城中会に対して牧師辞職願が、また同日付で教師退職願が提出された。理由は「他に画策する事業の為」、「感じる所有之」とされていた(42)。そしてこれと同時に、七名の札幌教会員より中会に対して信太寿之牧師に対する告訴がなされたのである。

この告訴は最終的には、押川を中心とする宮城中会の判断で「告訴」ではなく「報告書」として処理され、信太の教師退職が受理されることになったのであるが、告訴の理由については史料が残っていないために不明である。しかし、この間の信太の一連の行動から、その理由を容易に想像することが可能である。

彼が辞表を提出した年の前年、つまり、札幌日本基督教会建設式が行われ、信太寿之牧師の就職式が行われる前の明治二十八年夏頃、すでに彼の〝変節〟ははじまっていた。このころまでにすでに「北海道同志教育会」設立を決意した信太は、広く全国に賛同者を募り、計画実現に奔走していたのである。すでに述べたように、彼は七月から八月にかけては高知に出かけて同志を募り、十一月には土地選定のために天塩国の増毛を視察し、北海道同志教育會「旨意書」が発表された翌明治二十九年(一八九六)一月と同年三月には東京に出かけている。『札幌北一条教会一〇〇年史』によれば、この間、一月から六月までの礼拝出席者は平均七五名で、信太が赴任した明治二十七年に比べて教会活動は停滞したという(43)。これでは牧師としての活動がおろそかになり、教会信徒から抗議が出るのも無理はないであろう。つまり、告訴の理由は、信太が北海道同志教育会事業にかかりっきりで教会運営をなおざりにしたことにあると考えられる。

こうして牧師としての宗教的活動を事実上放棄し、もっぱら政治的な関心からの事業に身を挺した信太にとって、学田における伝道や教会設立にはほとんど関心も意欲ももつことができなかったのではなかろうか。

四　北見青年会

『遠軽日本基督教会五十年史』、『遠軽町史』に拠って、遠軽教会設立の経緯の概略を辿ってみよう。学田を離れた野口芳太郎は、明治三十二年(一八九九)に禁酒北見青年会を結成し、明治三十四年には青年会館を作って、高等小学校程度の夜学を開設した。明治三十七年には会館が落成し、以後毎年十二月から四月まで冬季学校を開き、毎土曜日討論会、談話会、講演会、農事研究を行って青年の知識開発や精神修養、また地域の文化の発展に貢献した。これはその後の遠軽教会の母体となった。またこの青年会の幹部もキリスト教徒主体で最初から後の遠軽教会との連続性が強いものであった。その後、これは学田農場創設そのものの趣旨に従って大正六年(一九一七)には北見キリスト教青年会と改称したが、それが陰に陽に遠軽教会のバックボーンとなった[44]。こうした野口の活動は、まさにその師、武市安哉の理念を継承したものといえよう。

一方、大正三年三月には、学田青年会が「学田部落」を区域として、北見青年会の下部組織から独立して組織された。この分離独立が北見青年会の本来的なキリスト教的性格とどのような関連があったかは不明である。しかし、たしかなことはこの時点ですでに学田農場が決してキリスト教徒の主要な地盤ではなく、同時にまた、学田農場創設の趣旨が農場内ではもはや失われていたということであろう。

さらに、大正六年一月にこの青年会が北見キリスト教青年会に変わったのを契機に、その一部であった向遠軽青年団が独立組織となった。ちなみにこの青年団の会館の土地は信太寿之から寄付を受けている[45]。このような一連の動きを見ると、遠軽教会を核にしたキリスト教的共同体の形成とはまったく別次元のものとして、学田農場の側でもより地縁的な色彩の強い地域共同体の形成が進んでいったことがわかる。

五　遠軽教会設立

明治三十七年(一九〇四)、野口芳太郎、秋葉定蔵などが中心となって、上湧別屯田兵舎の一部を二五円で買い取り、それを青年会の隣に牧師館兼用の集会所として建てた。翌明治三十八年七月にはピアソン宣教師の応援もあって、伝道教会となった。さらに明治三十九年には、ピアソンの斡旋により山下善之牧師(前伊達日本基督教会牧師)が招聘され、彼の積極的な伝道活動で着実に信者が増えていった。またこの間、中会部内教職の応援もあり、旭川、札幌、小樽方面から坂本直寛、星野又吉、貴山幸次郎、光小太郎などが来援した。経済的な面では、ミッションが援助し、例えば牧師謝礼は最初教会が一〇円、ミッションが五〇円を負担し、それから徐々に教会の分担額を上げていき、自給独立をめざした。ピアソン宣教師も山下牧師のために惜しみなく私財を投資して援助したといわれている。

このようにして教会の勢力が拡大するに従い、会堂建設の声が高まり、教会所有の土地に教会長老の小山田利七が郷里の山形県から移植した薄荷を三年間栽培して会堂建設費を捻出した。また、土地は現在の場所を佐竹宗五郎長老、秋葉定蔵がその所有地を寄贈し、こうして明治四十五年(一九一二)春、遠軽市街地に会堂が完成した(野口芳太郎はその二年前に死去)。

ところで、遠軽教会の設立から関わった初期のメンバーはどのような人々であったのだろうか。『遠軽日本基督教会五十年史』では、教会設立から一〇年後(大正二年)までの教会員として野口芳太郎、秋葉定蔵を含めて、四〇名の名前が挙げられている(故人も含む)。ここで興味深いことは、このうち、学田農場に移民として入って来た者は次に挙げる八家族一三人のみであるということである。すなわち、山口助蔵、山口ウン、野口芳太郎、野口ハル、青木伊勢松、青木槃子、三澤恒助、秋葉定蔵、秋葉イネ、佐竹宗五郎、佐竹ブン、清野寅次、小山田利七の諸氏である。(46)これは、移住開始から四年間でのべ一一〇余戸、五〇〇人以上にのぼる学田移住者の総数から見て、またこの事業の企画者がキリスト教徒であり、その目的がキリスト教主義の大学設立であったことを考えるときわめて少ないといえるだろう。(47)

それでは、学田関係者以外の信者はどのような素性をもった人々であろうか。ここできわめて注目すべき事実がある。それはこの初期の信者のなかに聖公会から転入してきたものがかなりいるということである。具体的には佐野次郎夫妻、山口助蔵夫妻、野口芳太郎夫人ハル、新野尾トク、谷津清作夫妻、三澤恒助、奥山喜作の各氏が挙げられている。(48)『遠軽日本基督教会五十年史』によれば、彼らは下湧別に本拠を置いて教派を超越して近隣地域(とくに上湧別の屯田兵村)への伝道活動をしていた聖公会の教職山中奈良吉の感化によって入信したものであり、その点で彼の超教派的伝道の功績を讃えている。しかしほかの文献は、山中の伝道が必ずしも超教派的なものではなかったこと、そしてこの聖公会から遠軽教会(長老派)への転入は決して平穏な形で生まれたものではなかったことをうかがわせている。

『六月の北見路』に収録されている坂本直寛記述の「第四章　北見リバイバル」には次のような経緯が記述されている。湧別の聖公会信者たちと伝道師である山中奈良吉との間に何年もの間トラブルがあり、信者たちは教会に行くのをあきらめていた。そこに坂本が北見に来たという話を聞いて、ぜひ湧別の聖公会の教会で説教をしてもらいたいと伝道師に頼んだが、彼はこれを強く拒否したために、同師と信者間の感情はさらに悪化した。信者たちは自分たちの伝道師に失望し、自分の教会を捨てて長老派教会へ加わりたいと思っていた。しかし、長老派教会の信者たちが、彼らの教会に戻り、教会を建て直すように説得した結果、多くの者は戻っていった。後でこのことを知った山中宣教師も自ら反省し、坂本と和解したという。(49)この叙述にはいささか(坂本サイドにおけ

図1　現在の遠軽教会

る）我田引水のきらいがないわけではないが、おおよそこのような状況があったことは十分理解できる。恐らくこのような事情を背景として、聖公会から遠軽教会への多数の転入者が生じたのであろう。他方でこの事例は、当時のキリスト教信者たちが一般的には教派性にはほとんど無頓着であったこと、そしてほかの地域でも見られるように、形の上では超教派的な伝道活動や異教派の連携・協力が見られるという当時の北海道特有の現象としても興味深い。

ともあれ、その後遠軽教会は山下善之牧師の熱心でかつ巧みな伝道活動などもあって順調に教会の勢力を伸ばし、大正十一年(一九二二)には北海道ではじめて自給教会となった[50]。この間この教会の発展に援助を惜しまなかったピアソンの記録によれば明治四十一年(一九〇八)当時、北見の北光社と比べて遠軽教会にははるかに多くの信者がいることを報告している[51]。こうした遠軽教会の発展は、学田農場とは別に、この地域の文化とモラルの醸成に大きな貢献をなしたことは確かであろう。

さて、このような経緯や状況を全体的に見るとき、北海道教育同志会(学田農場)の事業と遠軽教会の設立・運営との関係はかなり希薄なものであると判断できるであろう。遠軽教会は学田住民よりもむしろ市街地住民を中心とした北見青年会がその母体であるといってもよい。その点では、移住開拓と教会とが密接な関係を保っていたほかの団体、赤心社、インマヌエル、聖園農場、北光社とはかなり性格を異にしているといえよう。

結び

北海道同志教育会(学田農場)はキリスト教徒によって企画され、最終的にはキリスト教主義による私立大学の設立をめざした北海道への開拓移住団体であった。しかし、開拓者精神史的観点から見て、移住後一四年で解散したこの団体の実際の軌跡は、キリスト教的団体というには程遠いものであった。その理由は実際の移住者のなかにキリスト教徒がほとんどいなかったこと、また現地の最高指導者であり、かつては牧師であった信太寿之に移住者へのキリスト教的感化に対する意欲がほとんど見られなかったことにある。このことは、彼がこの事業を契機に自らの生き方をキリスト者から事業家へと変質させたことと関係しているであろう。たしかに遠軽教会の基礎を築いたのは野口芳太郎や秋葉定蔵など学田農場から出た少数のキリスト教徒であった。しかしこの教会を

図２　遠軽町の瞰望岩頂上にある開拓記念碑

実質的に支えたのはむしろ学田農場の外から集まった信者たちであった。

この事業の企画から解散、そしてその後幾度かの失敗の後、道議会議員当選とその直後の死にいたるまでの信太寿之の生涯、人物像には謎が多い。なぜ突然牧師の職を捨てて〝事業家〟になったのか、なぜ遠軽教会の設立に関わらなかったのか、その間の彼の思想と行動を合理的に跡づけることは難しい。ただいえることは、宗教者から事業家、そして最後は政治家へと変遷した彼の生涯は、奇しくもその師、押川方義とほぼ軌を一にしているということである。(52)

しかし、それにもかかわらず、

この北海道同志教育会が事実上現在の遠軽町発展の基礎を築き、この地域の発展に貢献したことは間違いない。それは本来の目的とは異なった、いわば副次的な結果としての貢献である。信太は学田事業の挫折の後も農業、とくに薄荷栽培や米作の推進、マッチ製軸工場の設置、また鉄道(軽便鉄道湧別線、石北線)の敷設や駅の敷地の寄付など、事業家としての才覚を遺憾なく発揮してこの地域の発展に大きな貢献をなした。(53) いま遠軽町のシンボル、瞰望岩頂上の開拓記念碑には彼の撰文が掲げられ、またその下の遠軽公園内には信太寿之翁の碑が建立されて、遠軽町は町の礎を築いた最大の功労者として彼を讃えている。

(1)　『遠軽町百年史』遠軽町、一九九八年、一〇四〜一〇五頁に全文が掲載されている。その一部をここに抜粋しておく。「…(前略)…嗚呼今の人を教ふる者豈生襟三省して學道を講ぜざる可けんや抑も一國民を率ひて愛國義俠の民ならしむるも遠望樂天の人たらしむるも或はまた盲目獣情の者たらしむるも失望厭世の徒たらしむも唯々教育の方針如何にあり故に聖賢深く之れを憂ひ蓋世の大器を以て政界の争野を避けて教育の険路に徐歩し以て人倫の基を立てたり嗟呼教育なる哉教育なる哉社會の改良國民の教化は獨り寺院教會の能くする所にあらず有爲の人物を養成して國家の根底を固め多能の技工を出して社會の形成を助け内鞏外美の文明國を造るは實に眞正なる教育に在って存す…(以下中略)…本道十一州沃野千里其中或は慈善事業の基本となり或は公共事業の資金となりたるものなきにあらずと雖も固より蒼海の一粟たるに過ぎず余輩北海の天地に俯仰し道民の将来を思ふ毎に其幾分を割き以て國家的事業に用ひんと欲したること久し今や漸く宿望の途に上らんとすと雖も不肖固より此大任を負ふに足らず偏に天下同志の諸彦に訴へ別紙會則の方法を以て原資七萬圓を募集し第一設計に依り先ず一千町歩の學田を拓き次で第二第三の設計を行ひ九年度を待って三千町歩を得其小作料凡そ年三萬圓となるを以て十年度より十三年度までに原資金七萬圓を返却し十五年度に至て普通學校を起し歳入三萬圓の内二萬圓を其維持に充て他の壱萬圓を以て年々學田を増し歳入を加へ向後卅年を期して大學校と成し以て北海の天地と無窮に存ぜしめ道民千歳の燈臺たらしめんとす嗚呼蜉蝣の人生に悠久の事業を試む固より容易の事に非ず…」。

(2)　ブラウン塾に学び、J・H・バラより受洗、日本基督公会創立に寄与した。仙台に伝道、明治十九年(一八八六)に東北学院を創立、後に院長となった。長老派教会の中心人物として北海道への布教にも大きな功績を残している。熱烈なナショナリストでもあり、晩年には憲政会代議士となった。
（3）日本メソジスト教会初代監督、青山学院院長、教育者。
（4）高知の自由民権運動家で国会議員（衆議院議長）、同志社総長などを歴任。聖園農場、北光社、学田農場のすべての創立に関わっている。とくに本書第四章二一一～二一八頁および本章三〇三～三〇五頁における論述を参照。
（5）同志社社長、日本組合基督教会会長、牧師。
（6）同志社総長、思想家、教育者。
（7）政治家、ジャーナリスト。明治十九年、植村正久から受洗。
（8）政治家、教育家、日本メソジスト教会日曜学校長。
（9）遠軽町『遠軽町史』遠軽町、一九七七年、一六八頁、および前掲『遠軽町百年史』、一一三頁に記述されている六名への貸付面積（坪数）を合計するとこの数字になるが、なぜか、前者では一、三二五ヘクタール、後者で約四〇〇万坪と記述されており、どちらも計算が合わない。さらに、遠軽町郷土館所蔵『開村二十五年史原稿』（二頁）や『北海タイムス』大正一一年八月七日号特集記事「信太壽之氏の事業と氏の性格」（以後「北海タイムス特集記事」と略記）では約三千町歩（約三、〇〇〇ヘクタール）となっており、大きな違いがある。
（10）以上の概要に関する記述は前掲『遠軽町史』および前掲『遠軽町百年史』に拠っている。
（11）「北海タイムス特集記事」。参考までに原文の一部を引用しておく。「二十八年日清戦争に同胞の日々國家の為に殉るゝを聞き安閑として牧師の職にあるを恥使命と確信する處に決死の覺悟を以て盡さんと欲す然るに當時北海道に最も缺くるものは教育事業なりしを以て此缺点を補ふ事を絶對の使命と信じ依って私立大學を起さんとす然りと雖も資金を得るに道なし且つ先達の士多く學校を立つるに寄附に限る是私立學校に養るる者の独立心の乏しき所以なり若かず本道至る所に存する不毛《ママ》の地を開き學田を造成し寄附に頼らずして私立大學校を設立し獨立自營的の人物を養成せんに乃ら北海道同志教育會なるものを組織して自ら會長の任に當り其歩武を進む其の主旨を恩師押川先生に告げ賛成を得て故片岡健吉…（中略）…諸氏の同情により北見國紋別郡湧別原野湧別川の上流に於て農耕適地一千五百町歩下流にて牧畜適地同上計三千町を得て第一學田農場として左の各項に基き學田造成事業に着手せり」。
（12）札幌北一条教会歴史編纂委員会編『日本キリスト教会札幌北一条教会一〇〇年史——1890-1995』札幌北一条教会、二〇〇〇年、三三頁。その史料的根拠は不明である。

(13) 北海道総務部行政資料室編『開拓の群像　上』北海道、一九六九年、一七四頁。
(14) 前掲『遠軽町百年史』、一〇八頁。
(15) 藤一也『押川方義――そのナショナリズムを背景として』燦葉出版社、一九九一年、一四八頁。ところで、信太は明治二十八年六月にはすでに資金集めの活動を始めていることから、十月というのは誤りであろう。
(16) 本書第四章一八八～一九〇頁参照。
(17) 本書第一章四三～四五頁参照。
(18) 『福音新報』第一九六号(明治二七年一二月一四日号)。
(19) 同右、第二〇三号(明治二八年二月一日号)。
(20) 立志社創立百年記念出版委員会編『片岡健吉日記』高知市民図書館、一九七四年、一四五～一五一頁。この史料の詳細については、本書第四章二二九頁註(91)参照。
(21) 詳細については、本書第四章二一二～二一八頁参照。
(22) 土居晴夫「安芸喜代香の明治二十九年日記」(一)、(二)(『土佐史談』一一三、一一四号、一九六六年三月、七月)による。
(23) 元高知県知事、明治二十五年から北海道庁長官で、明治二十九年四月からは拓殖務次官であった。
(24) 日本基督教会聖園教会編『聖園教会史』日本基督教会聖園教会、一九八二年、四三頁。
(25) この人物についての詳細は不明である。『遠軽町百年史』(一一〇頁)では、聖園から土居の配慮で同伴させた人物であろうと推測しているが、その根拠は明らかではない。いずれにせよ土地調査に関して専門的知識を持つ者である可能性が高い。
(26) 前掲『遠軽町史』、一六八頁、『遠軽町百年史』、一一〇頁。なお、第四章二一六～二一七頁参照。
(27) 坂本直寛著・土居晴夫編／口語訳『坂本直寛　自伝』燦葉出版社、一九八八年、八六頁。なお、この時期については諸説あり、その点に関する考証については、本書第五章、二七一～二七六頁参照。
(28) 北見市史編さん委員会『北見市史』上巻、北見市、一九八一年、八三八頁、前掲『遠軽町百年史』、一二一頁。
(29) 前掲『遠軽町史』(一七一頁)では「北海道同志教育会と北光社は別につながりはないようである。」と記述されている。
(30) その理由については、本書第一章五七～六〇頁参照。
(31) 前掲『遠軽町百年史』、一二八～一二九頁。
(32) 本書第一章四六～四七頁参照。

(33) 本書第二章九〇頁参照。
(34) 本書第四章二〇一～二〇三頁参照。
(35) 本書第五章二五二頁参照。
(36) 前掲『札幌北一条教会一〇〇年史』、三四頁。
(37) 北海道総務部行政資料室『北海道開拓功労者関係資料集録　上』北海道、一九七一年、一四五～一四六頁。
(38) 前掲『遠軽日本基督教会五十年史』、五～六頁。
(39) ただし、他方では、この『遠軽日本基督教会五十年史』の編集・刊行にたずさわった人々の間に、信太寿之に対する何らかの好ましくない感情があり、そのために半ば意識的にこのような書き方をしたという可能性もないわけではない。
(40) 前掲『遠軽日本基督教会五十年史』、六頁。
(41) これらの状況については、本書第四章二〇七～二一〇頁参照。
(42) 前掲『日本キリスト教会札幌北一条教会一〇〇年史』、三二頁。
(43) 同右、三三頁。
(44) 前掲『遠軽日本基督教会五十年史』、八～九頁。
(45) 前掲『遠軽町史』、一一七二～一一七三頁。
(46) 前掲『遠軽日本基督教会五十年四』、二四～二七頁。
(47) ただし、ほかの史料によれば、学田農場には熱心に伝道していたメソジスト信者がいたことから、この地域全体には長老派や聖公会信者のほかにかなりの数のメソジスト信者がいたらしい。この信者層はその後救世軍遠軽小隊に吸収されていったようである。前掲『遠軽町百年史』、一〇九一頁、I・G・ピアソン、小池創造・吉田邦子訳『六月の北見路　北辺のピアソン宣教師夫妻』日本基督教会北見教会(ピアソン文庫)、一九八五年、一九七～一九八頁参照。
(48) 前掲『遠軽日本基督教会五十年史』、二四～二七頁。
(49) I・G・ピアソン、小池創造・吉田邦子訳前掲書、一七二～一七四頁、一八一～一八四頁。
(50) 前掲『遠軽日本基督教会五十年史』、三一頁。
(51) I・G・ピアソン、小池創造・吉田邦子訳前掲書、八五頁。
(52) 宗教者から政治家へという類型は、キリスト教的開拓移住団体のほかの多くの指導者たちにも共通した特徴である。北光社の初代から三代目までのリーダーであった坂本直寛、澤本楠弥、前田駒次、そして聖園農場の二代目指導者であった土居勝郎らにあてはまる。そしてどの場合にも、彼らが政治活動に専心してゆく過程と平行して開拓事業の方は衰退していった。

(53)　その詳細については、前掲「北海タイムス特集記事」、前掲『遠軽町百年史』、一四〇～一四一頁、一四五～一四九頁参照。

略年表

【凡　例】

本略年表中に用いた略号は次のとおり。
（赤）赤心社関係、（イ）インマヌエル団体関係、（聖）聖園農場関係、（北）北光社関係、（学）北海道同志教育会関係

明治　十三年（一八八〇）　三月　（赤）「赤心社設立之趣意」書作成
　　　　　　　　　　　　　八月　（赤）赤心社設立総会開催（神戸）、役員選出
十四年（一八八一）　一月　（赤）赤心社第一回株主総会開催、委員一四名選出、「赤心社耕工夫規則」制定
　　　　　　　　　　五月　（赤）赤心社第一次移民団が西舎（現浦河町）に入殖
十五年（一八八二）　五月　（赤）赤心社第二次移民団が元浦河（現浦河町）に入殖
十七年（一八八四）　　　　（赤）赤心社第三次移民団が入殖
十八年（一八八五）　一月　（赤）社員相互の共済会的組織「永明会」設立
　　　　　　　　　　三月　（赤）「徳育会」設立
　　　　　　　　　　　　　（赤）学校兼会堂建設
十九年（一八八六）　四月　（赤）株主総会開催、混同農業に転換
　　　　　　　　　　四月　（赤）浦河に商店部開設
　　　　　　　　　　六月　（赤）浦河公会設立
二十四年（一八九一）　　　（イ）志方之善、丸山要次郎利別原野目名（現今金町）に入る、そのうち丸山要次郎は現地で越冬
　　　　　　　　　　　　　（赤）赤心社、「赤心株式会社」と名称を変更
二十五年（一八九二）　　　（イ）志方之善、家族とともに目名に移住

二十六年（一八九三）　四月　（聖）武市安哉、「北海道開拓用地払い下げ問題」に関する自由党調査員として来道、北海道移住の決意を固める
五月　（イ）天沼恒三郎、志方とともに犬飼毅に会って開墾委託の契約を結ぶ
六月　（イ）丸山要次郎家族、志方之善の母、高林庸吉一家、目名に移住
七月　（イ）天沼恒三郎一家、山崎六郎右衛門一家が目名に移住
八月　（聖）聖園農場（高知殖民会）、土佐から現浦臼町に入殖
（イ）川崎徳松一家、同志社学生たちが移住
二十七年（一八九四）　三月　（イ）「インマヌエル憲法」制定
（聖）市来知のキリスト教会堂で冬季学校開催、聖園農場から数人参加
（イ）川崎徳三郎、笹倉福松、天沼喜蔵一家、目名に移住
五月　（聖）聖園農場に第二次移住者入殖
（聖）聖園農場に「日本基督教聖園講義所」開設、礼拝と日曜学校、児童の教育をはじめる
十二月　（聖）聖園農場のリーダー武市安哉、青函連絡船上で急死
二十八年（一八九五）　七月　（イ）インマヌエル移住地、道庁へ未開墾地返上
（学）信太寿之、北海道同志教育会（学田農場）の企画の賛同者を募るため、高知を訪問
十一月　（学）信太、天塩を視察
二十九年（一八九六）　一月　（学）「北海道同志教育会「旨意書」・「会則」制定
二月　（北）坂本直寛、北海道開拓移住の決意を表明
三月　（イ）「日本聖公会利別講義所」落成
（聖）聖園農場幹部、前田駒次、北見・北光社へ移る
八月　（北）坂本直寛、札幌農学校新渡戸稲造主宰の第二回夏季講話会（於北海道禁酒倶楽部）で「北海道の発達」と題して講演
八月　（北）坂本直寛、前田駒次、澤本楠弥ら、北光社の土地調査のため、クンネップ原野視察旅行
十月　（学）「北海道同志教育会第一学田地探検報告書」公表

三十年(一八九七)　一月　(北)北光社、高知市で総会開催、「北光社規約」、「北光社移住民規則」制定
三月　(聖)聖園農場幹部、野口芳太郎、遠軽・学田農場へ転出
五月　(学)北海道同志教育会(学田農場)の第一次移住団、現遠軽町に入殖
五月　(北)北光社第一次移住団、現北見市に入植
(イ)インマヌエル移住地、一般移住者への開放
十一月　(聖)聖園教会設立
三十一年(一八九八)　(イ)「組合教会インマヌエル教会」設立
五月　(北/聖)坂本直寛、浦臼・聖園農場に転居
六月　(イ)「第一利別簡易小学校」建設
(学)北海道同志教育会、第二次移住者入殖
八月　北海道各地で大洪水起る
三十二年(一八九九)　(イ)「組合教会インマヌエル教会」現今金市街に移転
(学)第三次移住団入殖
(北)訓子府尋常小学校建設
三十三年(一九〇〇)　五月　(北)北光社、市村柳吉の自宅で最初の礼拝を開く
三十四年(一九〇一)　(聖)聖園農場、大久保虎吉一家、斉藤為熊一家などが美深に移住
(聖)聖園農場、佐藤精郎、武市政安がアメリカに移住
三十五年(一九〇二)　(学)野口芳太郎、遠軽で青年会館を作り、高等小学校程度の夜学を開設
(聖)聖園農場、小笠原尚衛家族など美深に移住
三十七年(一九〇四)　二月　(聖)「日本基督教会美深講義所」設立
二月　(北)北光社講義所(伝道所)設立
(学)「遠軽教会」設立
三十八年(一九〇五)　七月　(学)「遠軽教会」、ピアソン宣教師の応援により伝道教会となる
九月　(イ)志方之善、瀬棚村にて死去

三十九年(一九〇六)　(聖)美深の近藤直作、佐呂間に移住
　四十年(一九〇七)　(イ)「第一利別青年会」創立
四十一年(一九〇八)　(聖)聖園農場、石丸正吉、小笠原豊光がアメリカに移住
　(赤)赤心社、「北海道未開地処分法」により、これまで有償貸与を受けていた牧場地一千町歩の払い下げを受ける
四十二年(一九〇九)　(聖)土居農場、すべてを北海道拓殖銀行に譲渡
四十三年(一九一〇)　(赤)荻伏村が、模範村として内務大臣から表彰され、賞金五百円授与
四十五年(一九一二)　(イ)「慰満奴恵留部落住民申合規約」制定
　(学)遠軽教会、遠軽市街地に会堂完成
大正　三年(一九一四)　(イ)利別基督教青年会再興
　(北)北光社農場、黒田四郎に譲渡され、黒田農場となる
　四年(一九一五)　(赤)赤心社、製酪業開始
　十四年(一九二五)　(赤)赤心社、荻伏小学校付属農場〝愛荻舎(あいてきしゃ)〟設立
昭和　九年(一九三四)　(赤)赤心社、洋種薄荷の試作を開始
昭和　十八年(一九四三)　(イ)インマヌエルの両教会、日本基督教団に加入、「日本基督教団利別教会」となる
昭和二十九年(一九五四)　七月　(イ)インマヌエルの聖公会が教団から脱退し、「聖公会インマヌエル教会」となる

あとがき

私が〝北海道〟にこだわりつづけるようになって三十年になる。マックス・ヴェーバー研究のためのドイツ留学を境に、私の道産子アイデンティティから日本の中央(東京)に対する劣等感の部分がほぼ解消されたような気がした。それはわが北海道が持つ風土的・文化的独自性と国際性についての異国でのささやかな〝発見〟とともに生まれた変化である。その発見からえたものは、「日本の中央の頭脳と感性は決して国際的水準に達してはいない。一方、日本の中の異国、北海道は〝後進国〟どころか、むしろ、われわれの思考様式や感性の方がグローバル・スタンダードであり、しかも北海道には、これまでの日本文化にはない新たな可能性が豊かに内蔵されているのではないか」という、かなり大胆な発想であった。こうした実感の正しさの一端は、外交面では言うに及ばず、〝経済大国〟という側面でも日本の国際的ステータスが近年低下しつつあることによって実証されているように思う。

しかし、現実の北海道はどうか。その姿はこのような私の明るい展望とは程遠いものである。とくに戦後、北海道開発庁が設置されて以来、北海道の政治・経済は完全に公共事業依存、中央依存体質に浸かり切っていて、いまだ脱皮へのきざしが感じられない。そして、文化・精神面でも相変わらず東京に集中するメディアに〝洗脳〟され続けており、今のところ、〝自主・自立〟の気概もきわめて乏しいように見える。

明治以降の国策による北海道開拓移住が始まってはや一世紀半が過ぎようとしている。この間に北海道独自の風土に育まれたそれなりの精神文化が生まれていないはずはない。ただ、北海道人はそのことに気づいていないだけではないのか。つまり、北海道人は長い間〝われ〟を見失い続け、いまだ、地方分権の時代にふさわしい北海道人としてのアイデンティティを持ちえないでいるのではないか。まずこのことに気づくことが、北海道自立への出発点となるであろう。

ところで私も含めて北海道人の多くは、慣れ親しんだ郷里・共同体を捨て、過酷な環境にある新天地に開拓移住してきた人々、〝パイオニア〟を祖先に持つ。ここで、血と文化のルーツを訪ね、先人の想いと生きざまを知ることは、私たちのアイデンティティの掘り起こしにつながるのではないだろうか。北海道の精神文化のルーツを探り、そこから北海道自立へのヒントをえたい。本書に収録された一連の研究の背景として、純粋な学問的関心とは別に、こうしたきわめて個人的な想いもまた含まれていた。ただ、このような個人的な想いが本書のなかでわずかでも実を結んでいるかどうか、それは読者の方々の判断におまかせしたい。

本書は、これまでに学会誌、紀要等で発表された一連の諸論文を元に大幅に修正・加筆の上新たに執筆されたものであるが、当初の各論文の発表時期は本書での配置順とは異なっている。また執筆時期の差異もあって、今からみると、それぞれの論文における考察方法や重心の置きかたの点で若干の相違があり、全体としてかなり統一性に欠ける部分があることも否めない。しかし、基本的な方法・視角についてはそれほどの違いはないであろう。

本書の各章に該当する初出論文名と発表機関および時期は次のとおりである。

第一章　浦河・赤心社におけるキリスト教的北海道開拓者精神

（『旭川工業高等専門学校研究報文』第四〇号、二〇〇三）

第二章　今金・インマヌエル移住団体におけるキリスト教的開拓者精神

（北海道基督教学会『基督教學』第三九号、二〇〇〇）

第三章　天沼家所蔵文書と今金・インマヌエル団体北海道移住の経緯
（『旭川工業高等専門学校研究報文』第四三号、二〇〇六）
第四章　北海道開拓者精神史における「聖園農場」および武市安哉の思想の特色と意義
（『旭川工業高等専門学校研究報文』第三九号、二〇〇二）
第五章　「北光社」農場・坂本直寛のキリスト教的開拓者精神史におけるその特色と限界
（『旭川工業高等専門学校研究報文』第三七号、二〇〇〇）
第六章　北海道同志教育会（学田農場）と遠軽教会におけるキリスト教的開拓者精神
（『名寄市立大学紀要』第一号、二〇〇七）

最後に、本書の出版に至る研究の過程で実に多くの方々にお世話になった。赤心社関係では、現・赤心社社長で赤心社のリーダーであった沢茂吉の子孫である沢恒明氏には貴重な示唆をいただいた。インマヌエル団体関係では現在今金町に在住されている移住者のご子孫の方々にお世話になった。とくに今金町のお宅に何度もお邪魔し、天沼家文書の閲覧・コピーの便宜をはかって下さった聖公会の天沼修嗣氏、同じく丸山家に保存されている組合教会関係の文書を閲覧させて頂いた丸山敦子氏、そしてかつての合同教会の牧師相良愛光氏のご息女で現利別教会牧師の相良展子氏に大変お世話になった。また、聖園農場関係では、聖園教会の長老であり、病床にありながら書簡で貴重な示唆を頂いた故・村上寿雄氏、北光社関係では、『北光社探訪』の著者である田村喜代治氏、そして北海道同志教育会関係では、現・遠軽教会牧師の森下一彦氏に貴重な情報を提供していただいた。さらに、道内関係各市町役所の市町史編さん担当の職員の方々、とくに、赤心社関係史料の閲覧でご厚意をいただいた現・浦河町立郷土博物館の伊藤昭和氏、そして道外では、何度も足を運んだ高知市の市民図書館の職員の方々や、

「片岡家文書」などの閲覧でお世話になった高知市立自由民権記念館の職員の方々にもお礼を申し上げたい。
　更に、今回の出版に際してご尽力頂いた札幌大学の桑原真人教授、北海道大学出版会の前田次郎氏と成田和男氏、そして、これら一連の研究の初期の段階から理解と貴重な示唆を頂いた旧・北海道大学文学部哲学科宗教学講座の先輩、後輩にあたる土屋博・北海道大学名誉教授・元北海学園大学教授と宇都宮輝夫・北海道大学教授の各氏に心から謝意を表したい。

白井　暢明

平成二十二年春　名寄にて

人名索引

【か行】

【さ行】

【た行】

【な行】

【は行】

【ら行】

【わ行】

白井暢明(しらい　のぶあき)

1943年6月19日，室蘭市生まれ
北海道大学大学院文学研究科博士課程中途退学
北海道大学文学部助手，旭川工業高等専門学校教授などを歴任し，名寄市立大学教授，旭川工業高等専門学校名誉教授
著書
『未来を拓く北海道論』(ぎょうせい　1996)など
主論文
「天沼家所蔵文書と今金・インマヌエル団体北海道移住の経緯」『旭川工業高等専門学校研究報文』第43号, 2006.
「今金・インマヌエル移住団体におけるキリスト教的開拓者精神」.『基督教學(北海道基督学会)』第39号, 2004.
「「北光社」農場・坂本直寛のキリスト教的開拓者精神史におけるその特色と限界」.『旭川工業高等専門学校研究報文』第37号, 2000.
「マックス・ウェーバー「宗教社会学」における〝カリスマ〟と〝非合理性〟」『宗教研究』No.212, 1972. など

北海道開拓者精神とキリスト教
2010年3月25日　第1刷発行

著　者　　白　井　暢　明
発行者　　吉　田　克　己

発行所　北海道大学出版会
札幌市北区北9条西8丁目 北海道大学構内(〒060-0809)
tel. 011(747)2308・fax. 011(736)8605・http://www.hup.gr.jp

㈱アイワード／石田製本㈱

ISBN978-4-8329-6733-5